高等职业院校园林类专业系列教材

园林工程材料

李三华　陈乐谞　陈盛彬　主编

中国林业出版社

图书在版编目(CIP)数据

园林工程材料／李三华，陈乐谞，陈盛彬主编．—北京：中国林业出版社，2017.11（2020.4重印）

高等职业院校园林类专业系列教材

ISBN 978-7-5038-9374-2

Ⅰ.①园… Ⅱ.①李… ②陈… ③陈… Ⅲ.①园林设计－景观设计－建筑材料－高等职业教育－教材 Ⅳ.①TU986.2

中国版本图书馆 CIP 数据核字（2017）第 280459 号

国家林业局生态文明教材及林业高校教材建设项目

中国林业出版社·教育出版分社

策划、责任编辑：田 苗

电话：（010）83143557　　传真：（010）83143516

出版发行	中国林业出版社（100009　北京市西城区德内大街刘海胡同7号） E-mail: jiaocaipublic@163.com 电话：（010）83143500 http://lycb.forestry.gov.cn
经　　销	新华书店
印　　刷	固安县京平诚乾印刷有限公司
版　　次	2017年11月第1版
印　　次	2020年4月第2次印刷
开　　本	787mm×1092mm　1/16
印　　张	21.25　　彩插　4
字　　数	441千字
定　　价	45.00元

未经许可，不得以任何方式复制或抄袭本书之部分或全部内容。

版权所有　侵权必究

《园林工程材料》编写人员

主　编

　　李三华　陈乐谞　陈盛彬

副主编

　　马天乐　徐一斐　高建亮

编写人员（按姓氏拼音排序）

　　陈乐谞（湖南环境生物职业技术学院）

　　陈盛彬（湖南环境生物职业技术学院）

　　方永红（广州佑景覃方园林景观设计有限公司）

　　奉中华（湖南环境生物职业技术学院）

　　高建亮（湖南环境生物职业技术学院）

　　洪　琰（湖南环境生物职业技术学院）

　　李三华（湖南环境生物职业技术学院）

　　马天乐（长沙环境保护职业技术学院）

　　秦国权（岭南园林股份有限公司）

　　邵亚兰（岭南园林股份有限公司）

　　汤　辉（岳阳职业技术学院）

　　吴　霞（长沙一苇景观建材有限公司）

　　谢光园（湖南环境生物职业技术学院）

　　徐一斐（湖南环境生物职业技术学院）

　　朱楚艳（娄底职业技术学院）

　　邹水平（广东百林园林股份有限公司）

前　言

　　园林工程材料是园林景观建设的基本组成材料，是园林工程建设的物质基础，决定了景观建设形式和施工方法，广泛应用于园林景观、市政、道路、水利和建筑中。新材料的出现，促进景观建设形式的变化、结构设计和施工技术的革新，其质量、性能的好坏，直接影响建筑物和构筑物的质量和安全。

　　园林工程材料是一门专业基础课，涉及美学、建筑力学、园林建筑构造及结构技术、园林工程施工技术和经济学等方面的知识。它不仅为后续的钢筋混凝土结构、园林建筑施工技术、园林工程施工技术、工程造价与管理、园林规划设计、园林建筑设计课程提供必要的基础知识，也为解决景观建筑材料在应用中存在的问题提供一定的基础理论知识和基本试验检测能力。

　　本教材是笔者经过多年的课程建设，针对高职教育培养具备职业岗位所需知识、能力、素养的高素质技能型人才的要求，经过全体编写人员共同努力编写而成，汇集了园林工程材料、工艺、设施，融入材料标准、规范及应用案例，力求实用性与科学性、创新性、特色性相结合。全书包括概论、石材、木材与竹材、金属材料、胶凝材料、混凝土、烧结与熔融制品、聚合物材料、防水材料与土工合成材料和材料的综合应用等部分，图文并茂，通俗易懂。主要采用理论讲授、实物演练、现场教学、理实一体化等教学方法，学做结合。

　　本教材由湖南环境生物职业技术学院李三华、陈乐谙、陈盛彬等16位老师及合作单位专家共同编写。全书由李三华、陈乐谙统稿。具体分工如下：

　　李三华　单元1，单元6中6.2~6.7

　　陈乐谙　单元2中2.2，单元10中10.1

　　陈盛彬　单元10中10.5

　　马天乐　单元8中8.1，单元9中9.2

　　徐一斐　单元9中9.1

　　高建亮　单元10中10.2

　　汤　辉　单元4

洪 琰　单元 5
谢光园　单元 7 中 7.1 和 7.2
奉中华　单元 3
朱楚艳　单元 8 中 8.2 和 8.3
秦国权　单元 10 中 10.3
邹水平　单元 6 中 6.1
吴 霞　单元 7 中 7.3
邵亚兰　单元 2 中 2.1
方永红　单元 10 中 10.4

  本教材在编写过程中参考和借鉴了相关资料和图片，在此对作品作者表示衷心感谢。同时得到了湖南环境生物职业技术学院及合作单位的领导、同行的大力支持与帮助，在此表示感谢。

  由于编者水平有限，疏漏与错误之处在所难免，敬请专家和读者予以批评指正。

李三华

2017 年 8 月于衡阳

目 录

前 言

单元 1 概　述 ·· 1
  1.1　园林工程材料的发展 ·· 2
  1.2　园林工程基本建筑材料的分类 ······································ 2
  1.3　建筑材料技术标准 ·· 3
    1.3.1　技术标准的内容 ·· 3
    1.3.2　技术标准的分级 ·· 3
    1.3.3　技术标准的表示方法 ·· 3
    1.3.4　材料的检验 ·· 4
  1.4　建筑材料的基本性质 ··· 4
    1.4.1　材料的基本物理性质 ·· 5
    1.4.2　材料与水有关的性质 ·· 8
    1.4.3　材料的力学性质 ·· 11
    1.4.4　材料的热工性质 ·· 14
    1.4.5　材料的装饰性 ·· 16
    1.4.6　材料的耐久性 ·· 17

单元 2 石　材 ·· 23
  2.1　天然石材 ··· 24
    2.1.1　天然石材的类别 ·· 25
    2.1.2　天然石材的技术性质 ·· 26
    2.1.3　石材的加工类型 ·· 28
    2.1.4　常用天然石材 ·· 34
    2.1.5　天然石材的技术要求 ·· 42
    2.1.6　石材选用原则 ·· 42
  2.2　人造石材 ··· 43
    2.2.1　人造石材的类型 ·· 43
    2.2.2　人造石材的性质 ·· 44
    2.2.3　常用人造石材 ·· 44

单元3　木材与竹材 ················ 55
3.1　木　材 ················ 56
- 3.1.1　木材的分类 ················ 56
- 3.1.2　木材的特性 ················ 57
- 3.1.3　木材的加工处理 ················ 60
- 3.1.4　木材制品及应用 ················ 66

3.2　竹　材 ················ 69
- 3.2.1　竹材防腐 ················ 69
- 3.2.2　竹材加工 ················ 70
- 3.2.3　竹材的用途 ················ 70

3.3　其他木类材料 ················ 71
- 3.3.1　树皮 ················ 71
- 3.3.2　芦苇 ················ 71
- 3.3.3　藤制品 ················ 71

单元4　金属材料 ················ 77
4.1　黑色金属材料 ················ 78
- 4.1.1　铸铁 ················ 78
- 4.1.2　建筑钢材 ················ 78

4.2　有色金属材料 ················ 86
- 4.2.1　铝材及铝合金 ················ 86
- 4.2.2　铜及铜合金 ················ 87

4.3　金属紧固件和连接件 ················ 88

单元5　胶凝材料 ················ 95
5.1　石　灰 ················ 96
- 5.1.1　石灰的原料及生产 ················ 96
- 5.1.2　石灰的熟化 ················ 97
- 5.1.3　石灰的硬化 ················ 97
- 5.1.4　建筑生石灰产品的标记和技术要求 ················ 97
- 5.1.5　建筑石灰的性质、应用及储存 ················ 98

5.2　建筑石膏 ················ 99
- 5.2.1　石膏的原料及生产 ················ 99
- 5.2.2　建筑石膏的硬化 ················ 100
- 5.2.3　建筑石膏的主要性质 ················ 100
- 5.2.4　建筑石膏的应用 ················ 101

5.3 水玻璃 103
5.3.1 水玻璃的原料及生产 103
5.3.2 水玻璃的硬化 103
5.3.3 水玻璃的性质 103
5.3.4 水玻璃的应用 104

5.4 水 泥 105
5.4.1 通用水泥 105
5.4.2 专用水泥 116
5.4.3 特性水泥 118

5.5 沥 青 121
5.5.1 石油沥青 121
5.5.2 改性沥青 123

单元6 混凝土 129
6.1 建筑砂浆 130
6.1.1 砌筑砂浆 130
6.1.2 抹灰砂浆 133

6.2 普通混凝土 136
6.2.1 组成材料 137
6.2.2 混凝土的性质 142
6.2.3 混凝土外加剂及掺合料 150
6.2.4 混凝土的质量控制与评定 152
6.2.5 普通混凝土的配合比设计 154

6.3 轻混凝土 155
6.3.1 轻骨料混凝土 156
6.3.2 大孔混凝土 156
6.3.3 多孔混凝土 156

6.4 沥青混凝土 157
6.4.1 热拌沥青混合料 158
6.4.2 彩色沥青混凝土 159
6.4.3 透水性沥青混凝土 159

6.5 防水混凝土 159
6.5.1 普通防水混凝土 160
6.5.2 外加剂防水混凝土 160
6.5.3 膨胀混凝土 160

6.6 装饰混凝土 ………………………………………………………………… 160
　6.6.1 清水混凝土 …………………………………………………………… 160
　6.6.2 彩色混凝土 …………………………………………………………… 161
　6.6.3 露骨料混凝土 ………………………………………………………… 162
6.7 水泥制品、新型墙体及屋面材料 ……………………………………… 163
　6.7.1 水泥制品 ……………………………………………………………… 163
　6.7.2 新型墙体材料及屋面材料 …………………………………………… 165

单元7 烧结与熔融制品 …………………………………………………………… 173
7.1 烧结砖 …………………………………………………………………… 174
　7.1.1 烧结普通砖 …………………………………………………………… 174
　7.1.2 烧结多孔砖 …………………………………………………………… 174
　7.1.3 烧结空心砖 …………………………………………………………… 175
7.2 陶 瓷 …………………………………………………………………… 176
　7.2.1 陶瓷砖 ………………………………………………………………… 176
　7.2.2 琉璃制品 ……………………………………………………………… 181
　7.2.3 景观陶盆、陶器 ……………………………………………………… 182
7.3 玻璃及玻璃制品 ………………………………………………………… 182
　7.3.1 普通建筑玻璃 ………………………………………………………… 183
　7.3.2 安全玻璃 ……………………………………………………………… 184
　7.3.3 特种玻璃（功能玻璃） ……………………………………………… 186
　7.3.4 其他装饰玻璃 ………………………………………………………… 189

单元8 聚合物材料 ………………………………………………………………… 195
8.1 建筑塑料 ………………………………………………………………… 196
　8.1.1 基本组成 ……………………………………………………………… 196
　8.1.2 主要性质 ……………………………………………………………… 197
　8.1.3 常用的建筑塑料制品 ………………………………………………… 198
8.2 涂 料 …………………………………………………………………… 205
　8.2.1 组成 …………………………………………………………………… 205
　8.2.2 种类 …………………………………………………………………… 205
　8.2.3 涂料的选用原则 ……………………………………………………… 210
8.3 胶黏剂 …………………………………………………………………… 211
　8.3.1 基本要求 ……………………………………………………………… 211
　8.3.2 性能 …………………………………………………………………… 211
　8.3.3 组成材料 ……………………………………………………………… 212

8.3.4　常用胶黏剂 ………………………………………………………… 212

单元 9　防水材料与土工合成材料 217
　9.1　防水材料 218
　　9.1.1　刚性防水材料 218
　　9.1.2　柔性防水材料 220
　　9.1.3　防水材料的选用 227
　　9.1.4　在使用中应注意的问题 229
　9.2　土工合成材料 230
　　9.2.1　土工织物 231
　　9.2.2　土工膜 232
　　9.2.3　土工复合材料 233
　　9.2.4　土工特种材料 234

单元 10　材料的综合应用 251
　10.1　园林水电材料 252
　　10.1.1　给水材料 252
　　10.1.2　排水材料 255
　　10.1.3　园林供电材料 259
　10.2　水景材料 265
　　10.2.1　水池材料 265
　　10.2.2　驳岸护坡材料 267
　　10.2.3　喷泉、喷雾和喷灌材料 271
　10.3　园路铺装材料 280
　　10.3.1　园路铺装设计材料 280
　　10.3.2　园路铺装施工材料 285
　10.4　假山材料 289
　　10.4.1　天然假山材料 290
　　10.4.2　人工假山材料 294
　10.5　园林建筑材料 296
　　10.5.1　园林古建筑材料 297
　　10.5.2　园林新型建筑材料 304

附录　相关材料技术标准 ………………………………………………………… 325

单元 1
概 述

【知识目标】

(1) 了解园林工程材料的发展。

(2) 掌握园林工程基本建筑材料的分类,熟悉其技术标准,了解其发展趋势。

(3) 理解园林建筑材料基本性质的概念、表示方法及有关影响因素,掌握其与水有关的性质。

【技能目标】

能进行园林工程基本建筑材料的分类。

1.1　园林工程材料的发展

随着园林艺术的发展和科技水平的提高,现代园林工程材料的运用和发展呈现出新的面貌。

科学技术水平的不断提高大大增强了材料的景观表现力,使园林景观更富生机与活力。如表面用树脂黏附荧光玻璃珠的沥青路面,在夜晚既有助于行车安全,也为原本平淡的道路增色不少;而暗藏于人造石材中的光纤灯,则使人造石材显得华丽多彩,极大地增强了园林小品的表现力;现代水景在水中融入了高科技元素,人们可欣赏到飞流直下的巨瀑、喷数百米高的喷泉,将水的形与色、动与静发挥得淋漓尽致;彩色混凝土压模地坪又称"强化路艺系统",是在施工阶段运用彩色强化剂、彩色脱模剂、无色密封剂3种化学原料对未硬化的混凝土进行固色、配色和表面强化处理后得到的一种混凝土,其强度优于其他材料的路面,也优于一般的混凝土路面,其图案、色彩可选择性强,可以根据需要压印出各种图案,产生美观的视觉效果。因此工艺创新材料的出现引领风景园林向高档次方向发展。

近年来,高性能混凝土如透水性混凝土在路面上的应用,克服了普通混凝土路面的缺点,做到路面不积水、生态环保。绿化混凝土应用在公路、铁路等护坡上,既能保护坡体、又能让植物生长;防水混凝土应用在人工湖、桥梁等处能抵抗外界介质侵蚀,提高耐久性;陶瓷玻璃制品、金属材料和复合材料等新品种不断涌现,使园林工程建设丰富多彩;陶瓷透水砖,由于其铺设的场地能使雨水快速渗透到地下,增加地下水含量,因此在缺水地区应用前景广阔。所以利用复合技术生产多功能材料、特殊性能及高性能材料也是园林工程材料的发展方向之一。

国家致力于研究建筑废材(包括工业废材)的改造再生技术及其与成本的关系,以便更广泛地节约资源、减少地球垃圾,充分利用工业废渣、生活固态垃圾、旧建筑材料等再生原料制成的材料,如煤渣砖、矿渣砖、旧建筑材料用于园林中的花坛、景墙、假山等,因此环保材料的应用也是园林工程材料新的发展方向。

1.2　园林工程基本建筑材料的分类

园林工程基本建筑材料是指构成园林建筑物或构筑物的基础、梁、板、柱、墙体、屋面、地面及室内装饰工程所用的材料。

园林工程基本建筑材料按化学成分可分为无机材料、有机材料和复合材料(表1-1)。

表 1-1 建筑材料按化学成分分类

无机材料	金属材料	黑色金属：钢、铁	
		有色金属：铝及铝合金、铜及铜合金等	
	非金属材料	天然石材：花岗岩、大理石、石灰岩、砂岩、板岩等	
		烧结与熔融制品：烧结砖、陶瓷、玻璃、岩棉等	
		胶凝材料	水硬性胶凝材料：水泥
			气硬性胶凝材料：石灰、石膏、水玻璃等
有机材料	植物材料：木材、竹材、藤及其制品		
	合成高分子材料：塑料、涂料、胶黏剂、密封材料		
	沥青材料：石油沥青、煤沥青及其制品		
复合材料	无机材料基复合材料	混凝土、砂浆、钢筋混凝土、硅酸盐制品等	
		聚苯乙烯泡沫混凝土等	
	有机材料基复合材料	沥青混凝土、树脂混凝土、玻璃纤维增强塑料（玻璃钢）	

1.3 建筑材料技术标准

1.3.1 技术标准的内容

技术标准的内容包括：产品规格、分类、技术要求、检验方法、验收规则、标志、运输和贮存注意事项等方面。

1.3.2 技术标准的分级

目前我国技术标准分4级：国家标准、行业标准、地方标准和企业标准。
①国家标准　国家标准有国家强制标准，代号GB；国家推荐标准，代号GB/T。
②行业标准　行业标准有建筑材料标准，代号JC；建筑工业标准，代号JG；交通标准，代号JT。
③地方标准　地方标准，代号DB。
④企业标准　企业标准，代号QB，企业标准仅适用于本企业。
对于国家标准，任何技术或产品不得低于其规定的要求；对于国家推荐标准，表示也可以执行其他标准；地方标准或企业标准所规定的技术要求应高于国家标准。

1.3.3 技术标准的表示方法

技术标准的表示方法为标准名称、标准代号、发布顺序号和批准年份。
例如，《混凝土路面砖》（GB 28635—2012），《天然花岗石建筑板材》（GB/T 18601—

2009),《石材马赛克》(JC/T 2121—2012)。

随着我国对外开放和对外参与国际园林建设,还涉及国际或国外标准,主要有:国际标准,代号 ISO;德国工业标准,代号 DIN;美国材料与试验协会标准,代号 ASTM 等。

1.3.4 材料的检验

对所用材料进行合格检验是确保园林工程建设质量的重要环节。在加强园林工程质量管理规定中明确指出,对于无出厂合格证明和没有按规定检验的原材料一律不准使用。施工现场配制的材料均应由实验室确定配合比,制定出操作方法和检验标准后方能使用,各项材料的检验结果是施工及验收必备的技术依据。

材料的检验对象主要是购进的原材料或制品和现场加工、配制的材料。对于购进的原材料或制品,如水泥、砖材及防水卷材等必须进行验收检验;对于现场加工、配制的材料,如冷拉钢筋、混凝土和砂浆等属于加工品或产品,尤其要进行质量控制和检验。

材料的检验内容通常包括检验出厂合格证明、核对及检查规格型号、外观指标检测和实验室试验三方面内容。在进行各项检验时,应严格按规定抽取试样,保证检验结果的代表性。

材料的检验应依据材料有关技术标准、规程、规范和技术规定执行。经国家批准颁发的技术条令是材料检验必须遵守的法规。现场配制的材料,其原材料应符合相应的建筑材料标准,制成成品的检验,往往包含于施工验收规范和规程之中,一种材料的检验经常要涉及多个标准、规程或规定。

1.4 建筑材料的基本性质

在建筑物或构筑物中,由于所处环境及部位不同,要求材料具备不同的技术性质。如建筑物的梁、板、柱及承重墙体等结构材料应具有一定的力学性质;屋面材料应具有一定的防水、保温、隔热等性质;地面材料应具有较高的强度、耐磨、防滑等性质;基础除承受荷载外,还要承受冰冻及地下水的侵蚀,基础材料应具有较高强度、防水、抗冻等性质。为了在设计和施工中保证建筑物或构筑物的耐久性,熟练掌握材料的基本性质是前提条件,也是正确选择与合理使用材料的基础。

建筑材料在正常使用状态下,必须具备抵抗一定外力和自重力的能力,抵抗周围各种介质(如水、蒸汽、腐蚀性气体和液体等)作用的能力以及抵抗各种物理作用(如温度差、湿度差、摩擦等)的能力,还要求具有一定的防水、吸声、隔声、装饰性等能力。也就是说,建筑材料在正常使用状态下,应具有力学性质(包括强度、变形性、抗拉、抗折)、与水有关的性质(包括亲水性、憎水性、吸水性、吸湿性、耐水性、抗渗性和抗冻性)、热物理性质(包括导热性、热容量)、声学性质(包括吸声性、隔声性等)、装饰性(包括颜色、光泽、透明性、纹理结构、花纹图案、质感等）和耐久性（包括抗渗性、抗冻性、耐化学腐蚀性、耐磨性、抗老化性等）。

1.4.1 材料的基本物理性质

1.4.1.1 材料的密度、表观密度和堆积密度

（1）密度

材料的密度是指材料在绝对密实状态下单位体积的质量。计算公式如下：

$$\rho = \frac{m}{V} \tag{1-1}$$

式中　ρ——材料的密度，g/cm^3 或 kg/cm^3；
　　　m——材料在干燥状态下的质量，g 或 kg；
　　　V——材料在绝对密实状态下的体积，cm^3。

材料在绝对密实状态下的体积是指不包括材料内部孔隙在内的实体积。除金属、玻璃等少数材料接近于密实材料外，绝大多数材料都含有一定的孔隙。在测定含有孔隙材料的密度时，应先将材料磨成细粉，除去孔隙经干燥至恒定质量以排除内部孔隙后，用李氏瓶测定其体积，该体积可视为材料密实状态下的体积。材料磨得越细，测定的密度值越精确。

（2）表观密度

表观密度又称体积密度，是指材料在自然状态下单位体积的质量。计算公式如下：

$$\rho_0 = \frac{m}{V_0} \tag{1-2}$$

式中　ρ_0——材料的表观密度，g/cm^3 或 kg/cm^3；
　　　m——材料在干燥状态下的质量，g 或 kg；
　　　V_0——材料在自然状态下的体积，cm^3。

材料在自然状态下的体积是指材料的实体积与材料所含全部孔隙的（封闭孔、连通孔）体积之和，如木材、砖和陶瓷等，材料的孔隙特征如图1-1所示。外形规则的材料，直接测其体积；不规则材料，常用排水法测得其体积，材料表面应先涂上蜡，防止水分渗入材料内部影响测定值。测定材料表观密度时，应注明材料的含水情况。材料在气干状态下的表观密度称为气干表观密度。材料在烘干状态下的表观密度称为干表观密度。材料在绝干状态下的表观密度称为绝干表观密度。

材料的表观密度除与材料的密度有关外，还与材料内部孔隙的体积以及材料的含水率有很大的关系。材料的孔隙率越大，含水率越小，则材料的表观密度越小。

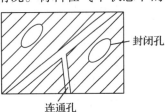

图1-1　材料的孔隙特征

(3)堆积密度

堆积密度是指散粒材料或粉状材料在自然堆积状态下单位体积的质量。计算公式如下：

$$\rho'_0 = \frac{m}{V'_0} \tag{1-3}$$

式中 ρ'_0——材料的堆积密度，g/cm^3 或 kg/cm^3；

m——材料在干燥状态下的质量，g 或 kg；

V'_0——材料的堆积体积，cm^3。

在自然堆积状态下的体积是指含颗粒内部的孔隙体积和颗粒之间的空隙体积，颗粒材料如砂、石子。材料的质量是指在一定容积容器内的材料质量；材料的堆积体积是将颗粒材料装满容器，测得该容器的容积，材料的堆积状态如图1-2所示。材料颗粒的表观密度、堆积的密实程度和材料的含水状态都影响材料的堆积密度。

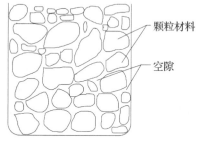

图 1-2　材料的堆积状态

在园林工程建设中，计算材料的用量、构件自重、配料，确定堆放空间以及运输量时，经常要用到材料的密度、表观密度和堆积密度等数据。常用建筑材料的密度、表观密度和堆积密度见表1-2所列。

表 1-2　常用建筑材料的密度、表观密度和堆积密度

材料	密度(g/cm^3)	表观密度(kg/cm^3)	堆积密度(kg/cm^3)
钢材	7.85	7850	—
水泥	3.2	—	1200～1300
花岗岩	2.6～2.9	2500～2850	—
石灰岩	2.4～2.6	2000～2600	—
普通玻璃	2.5～2.6	2500～2600	—
烧结普通砖	2,5～2.7	1500～1800	—
建筑陶瓷	2.5～2.7	1800～2500	—
普通混凝土	2.6～2.8	2300～2500	—
普通砂	2.6～2.8	—	1450～1700
碎石或卵石	2.6～2.9	—	1400～1700
木材	1.55	400～800	—
泡沫塑料	1.0～2.6	20～50	—

1.4.1.2 材料的密实度与孔隙率

（1）密实度

材料的密实度是指材料的固体物质部分体积占总体积的比例，也指材料体积内被固体物质充实的程度，用 D 表示。计算公式如下：

$$D = \frac{V}{V_0} \times 100\% = \frac{\rho_0}{\rho} \times 100\% \tag{1-4}$$

（2）孔隙率

材料的孔隙率是指材料内部所有孔隙的体积占材料在自然状态下总体积的比例，用 P 表示。计算公式如下：

$$P = \frac{V_0 - V}{V_0} \times 100\% = \left(1 - \frac{\rho}{\rho_0}\right) \times 100\% \tag{1-5}$$

密实度与孔隙率的关系为：

$$D + P = 1 \tag{1-6}$$

材料的孔隙按孔隙特征分为开口孔隙和闭口孔隙两种，二者孔隙率之和等于材料的总孔隙率。材料孔隙率或密实度大小直接反映材料的密实程度，材料的孔隙率小，且贯通孔隙少的材料，表示材料的密实程度高，其吸水率小、强度高、抗冻性和抗渗性较好。工程中要求高强度、不透水的建筑物或部位，所用的材料孔隙率应很小。

1.4.1.3 材料的填充率与空隙率

（1）填充率

材料的填充率是指粉状或散粒材料在某堆积体积内被颗粒实体体积填充的程度，用 D' 表示。计算公式如下：

$$D' = \frac{V}{V_0'} \times 100\% = \frac{\rho_0'}{\rho_0} \times 100\% \tag{1-7}$$

（2）空隙率

材料的空隙率是指粉状或散粒材料在某堆积体积内，颗粒之间的空隙体积所占的比例，用 P' 表示。计算公式如下：

$$P' = \frac{V_0' - V_0}{V_0'} \times 100\% = \left(1 - \frac{\rho_0'}{\rho_0}\right) \times 100\% \tag{1-8}$$

对同一材料，填充率与空隙率的关系为：

$$D' + P' = 1 \tag{1-9}$$

空隙率的大小反映了粉状或散粒材料相互填充的致密程度。空隙率可作为控制混凝土骨料级配与计算含砂率的依据。

1.4.2 材料与水有关的性质

1.4.2.1 亲水性与憎水性

材料与水接触时能被水润湿的性质称为亲水性，材料与水接触时不能被水润湿的性质称为憎水性。润湿是指水被材料表面吸附的过程，材料的亲水性与憎水性可用润湿角 θ 表示，材料的润湿如图1-3所示。θ 越小，表明材料越易被水润湿。当 $\theta \leqslant 90°$ 时，该材料被称为亲水性材料，如石料、砖、混凝土、木材等；当 $\theta > 90°$ 时，被称为憎水性材料，如沥青、石蜡、塑料等。

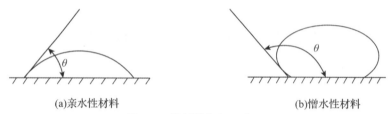

图1-3 材料的润湿示意图

具有亲水性的材料称为亲水性材料，与水接触时不能被水润湿的材料称为憎水性材料。憎水性材料可用作防水材料，也可用于亲水性材料的表面处理，以降低其吸水性。

1.4.2.2 吸水性

材料在水中吸收水分的性质称为材料的吸水性。吸水性的大小用吸水率来表示。吸水率有质量吸水率和体积吸水率两种表示方法。

质量吸水率（W_m）是指材料在吸水饱和状态时，材料所含水分的质量占材料在干燥状态下质量的百分率。计算公式如下：

$$W_m = \frac{m_1 - m}{m} \times 100\% \tag{1-10}$$

式中 W_m ——材料的质量吸水率，%；

m_1 ——材料吸水饱和后的质量，g；

m ——材料烘干至恒重的质量，g。

轻质多孔材料或轻质疏松的纤维材料因其质量吸水率往往超过100%，常用体积吸水率表示其吸水性。体积吸水率（W_V）是指材料在吸水饱和时，材料所吸收水分的体积占干燥材料自然体积的百分率。体积吸水率在数值上等于开口孔隙率。

$$W_V = \frac{V_W}{V_0} \times 100\% = \frac{m_1 - m}{m} \cdot \frac{1}{\rho_w} \times 100\% \tag{1-11}$$

式中 W_V ——材料的体积吸水率，%；

V_W ——材料吸水饱和时水的体积，cm^3；

V_0 ——干燥材料在自然状态下的体积，cm^3；

ρ_w ——水的密度，g/cm^3。

质量吸水率与体积吸水率两者的关系如下：

$$W_V = W_m \cdot \rho_0 \cdot \frac{1}{\rho_w} \times 100\% \tag{1-12}$$

材料的吸水性取决于材料的亲水性和憎水性，也与其孔隙率的大小及孔隙特征有关。密实和具有封闭气孔的材料一般不吸水，如玻璃、金属；具有粗大贯通孔的材料，其吸水率常小于孔隙率，如煤渣砖；孔隙数量多且具有细小贯通孔的亲水性材料一般吸水能力强，如轻质砖。

1.4.2.3 吸湿性

材料在潮湿空气中吸收空气中水分的性质称为吸湿性。材料的吸湿性用含水率（$W_含$）表示。含水率是指材料内部所含水分的质量占干燥材料质量的百分率，计算公式如下：

$$W_含 = \frac{m_含 - m}{m} \times 100\% \tag{1-13}$$

式中 $W_含$ ——材料的含水率，%；

$m_含$ ——材料的含水质量，g；

m ——材料烘干至恒重的质量，g。

材料的吸湿性主要取决于材料的组成和构造。总表面积较大的粉状材料（如水泥、石灰、石膏）或颗粒材料（如砂、石）及开口贯通孔隙率较大（如保温砖、透水砖）等亲水性材料的吸湿性较强，应注意包装。材料含水后可使材料的质量增加、强度降低、绝热性能下降、抗冻性能变差，有时会发生明显的体积膨胀。含水率随环境温度和空气湿度的变化而改变。材料在与空气湿度达到平衡时的含水率称为平衡含水率，在正常状态下，建筑材料均处于平衡含水率状态。

材料的亲水性越好，连通微细孔越多，则吸水率、含水率越大。

1.4.2.4 耐水性

材料长期在饱和水作用下不破坏，而且强度也不显著降低的性质称为耐水性。衡量材料耐水性的指标是材料的软化系数，材料的软化系数用 $K_软$ 表示。计算公式如下：

$$K_软 = \frac{f_饱}{f_干} \tag{1-14}$$

式中 $K_软$ ——材料的软化系数；

$f_饱$ ——材料在吸水饱和状态下的抗压强度，MPa；

$f_干$ ——材料在干燥状态下的抗压强度，MPa。

软化系数的范围为 $0 \sim 1$ 之间，软化系数越大，表示材料的耐水性越好。软化系数是材料吸水后性质变化的重要特征之一。长期处于水中或潮湿环境中的重要建筑物或构筑物，必须选用软化系数大于 0.85 的材料；用于受潮湿较轻或次要结构的材料，则软化系数不宜小于 0.70。工程中，通常将 $K_{软} > 0.85$ 的材料称为耐水性材料。

1.4.2.5 抗渗性

材料抵抗压力水渗透的性质称为抗渗性（或称不透水性）。材料的抗渗性用渗透系数 K 表示。计算公式如下：

$$K = \frac{Qd}{AtH} \tag{1-15}$$

式中　K——渗透系数，cm/h；
　　　Q——渗水量，cm³；
　　　d——试件厚度，cm；
　　　A——透水面积，cm²；
　　　t——渗水时间，h；
　　　H——静水压力水头，cm。

渗透系数 K 反映水在材料中流动的速度，渗透系数 K 越小，说明水在材料中流动的速度越慢，表示材料的抗渗性越好。

混凝土和砂浆材料的抗渗性常用抗渗等级表示。抗渗等级是以规定的试件，在标准试验方法下所能承受的最大静水压力来确定的，用代号 Pn 表示，其中 n 为该材料能承受的最大水压力的 10 倍数，如 $P4$、$P6$、$P10$ 等，分别表示材料承受 0.4MPa、0.6MPa、1MPa 的静水压力而不渗水。材料的抗渗性不仅与材料本身的亲水性和憎水性有关，还与材料的孔隙率和孔隙特征有关。绝对密实的材料和具有闭口孔隙的材料，或具有极细孔隙的材料，可以认为其不透水，具有较高的抗渗性；开口大孔材料的抗渗性最差。地下建筑、水工构筑物和防水工程均要求具有较高的抗渗性，如高性能混凝土。

1.4.2.6 抗冻性

材料在吸水饱和状态下，能经受多次冻融循环作用而不破坏，强度不显著降低，且质量也不显著减少的性质称为材料的抗冻性。材料的抗冻性用抗冻等级 Fn 或抗冻标号 Dn 表示，其中 n 为最大冻融循环次数。抗冻等级 Fn 是以规定的试验，在规定试验条件下，测得其强度降低不超过 25%，且质量损失不超过 5% 时所能承受的最多的循环次数（快冻法），如 $F50$、$F100$、$F150$、$F400$ 等；抗冻标号 Dn 是指材料在吸水饱和状态下，经冻融循环作用，强度损失和质量损失不超过规定值时所能抵抗的最多冻融循环次数（慢冻法），如 $D50$、$D100$、$D150$、$D200$ 等。

材料的孔隙率低、孔径小、开口孔隙少，则抗冻性好。另外抗冻性还与材料吸水饱和的程度、材料本身的强度、耐水性以及冻结条件等有关。北方的建筑物应选用抗冻性能较好的材料，如加气混凝土。抗冻性常作为评价材料耐久性的一项指标。

1.4.3 材料的力学性质

1.4.3.1 材料的强度

(1) 材料的强度

材料在经受外力作用下抵抗破坏的能力称为材料的强度。根据外力作用形式的不同，材料的强度有抗压强度、抗拉强度、抗弯强度及抗剪强度等，均以材料受外力破坏时单位面积上所承受力的大小来表示，其计算公式见表1-3所列。材料的这些强度是通过静力试验来测定的，总称为静力强度。材料的静力强度是通过标准试件的破坏试验而测得，必须严格按照国家规定的试验方法进行。材料的强度是大多数材料划分等级的依据。

材料的强度除与材料内部因素（组成、结构）有关，还与外部因素（材料的测试条件）有关；材料的内部缺陷（裂纹、孔隙等）越少，则材料的强度越高。

表1-3 材料的抗压强度、抗拉强度、抗弯强度及抗剪强度计算公式

强度类别	受力作用示意图	强度计算公式	附注
抗压强度 f_c (MPa)		$f_c = \dfrac{P}{A}$	
抗拉强度 f_t (MPa)		$f_t = \dfrac{P}{A}$	P——破坏荷载，N；A——受荷面积，mm^2
抗剪强度 f_v (MPa)		$f_v = \dfrac{P}{A}$	

（续）

强度类别	受力作用示意图	强度计算公式	附注
抗弯或抗折强度 f_{tm}（MPa）		$f_{tm} = \dfrac{3PL}{2bh^2}$	P——破坏荷载，N； L——跨度，mm； b——断面宽度，mm； h——断面高度，mm

（2）材料的强度等级

在工程应用中大部分建筑材料根据其强度值的不同，划分为若干个强度级别，称为强度等级。如烧结普通砖按抗压强度分为6个等级：MU30、MU25、MU20、MU15、MU10、MU7.5；硅酸盐水泥按抗压和抗拉强度分为6个等级：42.5、42.5R、52.5、52.5R、62.5、62.5R；混凝土按其抗压强度分为19个等级：C10、C15、C20、C25、C30、C35、C40、C45、C50、C55、C60、C65、C70、C75、C80、C85、C90、C95、C100；碳素结构钢按其抗拉强度分为4个等级：Q195、Q215、Q235、Q275。常用建筑材料的强度见表1-4所列。

（3）材料的比强度

材料的比强度是按单位体积的质量计算的材料强度，其值等于材料强度与其表观密度之比。比强度是评价材料轻质高强的一项重要指标。优质的材料必须具有较高的比强度。几种主要材料的比强度见表1-5所列。

表1-4　常用建筑材料的强度

材料	抗压强度	抗拉强度	抗弯强度
花岗岩	100～250	5～8	10～14
烧结普通砖	7.5～30	—	1.8～4.0
普通混凝土	7.5～60	1～4	—
松木（顺纹）	30～50	80～120	60～100
建筑钢材	235～1600	235～1600	—

表1-5　钢材、木材、混凝土的强度比较

材料	表观密度 ρ_0（kg/m³）	抗压强度 f_c（MPa）	比强度 f_c/ρ_0
低碳钢	7860	415	0.053
松木	500	34.3（顺纹）	0.069
普通混凝土	2400	29.4	0.012

由表1-5可知，比强度越大，材料轻质高强，木材比钢材较为轻质高强，而混凝土为质量大、强度较低的材料。

1.4.3.2 材料的变形性质

(1) 材料的弹性与塑性

①材料的弹性　材料在外力作用下产生变形，当外力取消后，材料变形即可消失并能完全恢复原来形状的性质称为弹性。材料的这种当外力取消后瞬间即可完全消失的变形称为弹性变形。弹性变形属于可逆变形，其数值大小与外力成正比，其比例系数 E 称为材料的弹性模量。材料在弹性变形范围内，弹性模量 E 为常数，其值等于应力 σ 与应变 ε 的比值，计算公式如下：

$$E = \frac{\sigma}{\varepsilon} \tag{1-16}$$

式中　σ——材料的应力，MPa；

　　　ε——材料的应变；

　　　E——材料的弹性模量，MPa。

材料的弹性模量是衡量材料抵抗变形能力的指标。E 值越大，材料越不易变形，即刚度好。弹性模量是结构设计时的重要参数。常用建筑材料的弹性模量值见表1-6所列。

②材料的塑性　材料在外力作用下产生变形，当外力取消后，材料仍保持变形后的形状和尺寸，且不产生裂缝的性质称为塑性。这种不能恢复的变形称为塑性变形（或永久变形）。

材料的变形性质取决于材料的成分、结构和构造。对同一种材料，在不同的受力阶段，多表现为兼有弹性变形和塑性变形。如低碳钢，外力小于弹性极限时，仅产生弹性变形，当外力大于弹性极限后又会产生塑性变形。而混凝土受力后则同时产生弹性变形和塑性变形。

表1-6　常用建筑材料的弹性模量值

材料	弹性模量（$\times 10^4$ MPa）
碳钢	19.6～20.6
铸钢	17.2～20.2
普通混凝土	1.45～360
烧结普通砖	0.6～1.2
花岗石	200～600
石灰石	600～1000
玄武岩	100～800
木材	0.6～1.2

(2) 材料的脆性与韧性

①材料的脆性　在外力作用下，当外力达到一定程度时，材料突然发生破坏，并无明显塑性变形的性质称为脆性，具有这种性质的材料称为脆性材料。大部分无机非金属材料均属于脆性材料，如天然石材、烧结砖、陶瓷、玻璃、普通混凝土等。材料受外力作用而引起破坏的原因是拉力造成质点间结合键断裂，或者剪力或切应力而造成的破坏。脆性材料的特点是塑性变形很小，抵抗冲击或振动荷载的能力差，抗压强度高而抗折强度低，且抗压强度与抗拉强度的比值大（5～50倍）。在工程中仅用于承受静压力作用的结构或构件，如柱子等。

②材料的韧性　材料在冲击或振动荷载作用下，能吸收较大能量，同时能产生一定塑

性变形而不破坏的性质称为材料的冲击韧性(简称韧性),具有这种性质的材料称为韧性材料,如低碳钢、低合金钢、木材、钢筋混凝土、橡胶、玻璃钢等。韧性材料的特点是塑性变形大,抗拉、抗压强度较高,在建筑工程中,韧性材料一般用于承受冲击或振动荷载作用的结构(如桥梁、路面)及有抗震要求的结构。材料的韧性用冲击试验来检验。

1.4.3.3 材料的硬度和耐磨性

(1)材料的硬度

材料的硬度是指材料表面的坚硬程度,能抵抗其他硬物体刻划、压入其表面的能力。材料的硬度通常用刻划法、回弹法和压入法来测定。木材、金属等韧性材料的硬度,往往采用压入法来测定。压入法硬度的指标有布氏硬度和洛氏硬度,它等于压入荷载值除以压痕的面积或密度。而陶瓷、玻璃等脆性材料的硬度往往采用刻划法来测定,称为莫氏硬度,根据刻划矿物(滑石、石膏、方解石、萤石、磷灰石、长石、石英、黄玉、刚玉、金刚石等)硬度的不同分为10个硬度等级。一般材料的硬度越大,则其耐磨性越好,加工越困难。

(2)材料的耐磨性

材料的耐磨性是指材料表面抵抗磨损的能力,用磨损率表示,磨损率等于试件在标准试验条件下磨损前后的质量差与试件受磨表面积之商。磨损率越大,材料的耐磨性越差。

材料的硬度越大,则耐磨性越高。在建筑工程中,用于地面、路面、楼梯踏步等有较强磨损作用的部位,需选用较高硬度和耐磨性高的材料。一般来说,强度较高且密实的材料,其硬度较大,耐磨性也较好。

1.4.4 材料的热工性质

1.4.4.1 导热性

当材料两侧存在温度差时,热量从材料的一侧通过材料传导至另一侧的性质称为导热性。导热性的好坏用导热系数 λ 表示。计算公式如下:

$$\lambda = \frac{Qd}{At(T_1 - T_2)} \tag{1-17}$$

式中　λ ——导热系数,W/(m·K);

　　　Q ——传导的热量,J;

　　　d ——材料的厚度,m;

　　　A ——传热面积,m²;

　　　$T_1 - T_2$ ——材料两侧的温度差,K;

　　　t ——热传导时间,s。

导热系数是评定建筑材料保温隔热性能的重要指标,导热系数越小,材料的保温隔热性能越好。材料的导热系数主要取决于材料的组成与结构,通常把 $\lambda < 0.23$ W/(m·K) 的材料称为绝热材料。一般来说,金属材料导热系数最大,无机非金属材料次之,有机材料最小。材料的导热系数是指干燥状态下的导热系数,材料含水时,导热系数会明显增大;高温比常温下的导热系数大;顺纤维方向导热系数也会大些。

1.4.4.2 热容量

材料在受热时吸收热量,冷却时放出热量的性质,称为材料的热容量。单位质量材料温度升高或降低1K所吸收或放出的热量称为材料的热容量系数(也称比热)。计算公式如下:

$$Q = C \cdot m(T_2 - T_1) \tag{1-18}$$

$$C \cdot m = \frac{Q}{T_2 - T_1} \tag{1-19}$$

式中 Q ——材料吸收(或放出)的热量,kJ;

C ——材料的比热,kJ/(kg·K);

m ——材料的质量,kg;

$T_2 - T_1$ ——材料受热(或冷却)前后的温度差,K。

比热是反映材料的吸热或放热能力大小的物理量。不同的材料比热不同,即使是同一种材料,由于所处物质状态不同,其比热也不同。

材料的热容量对保持建筑物内部温度稳定具有重要意义,比热大的材料,能在热流变动或采暖设备供暖不均匀时,缓和室内温度的波动。常用建筑材料的热性质见表1-7所列。

表1-7 常用建筑材料的热性质

材料名称	钢材	混凝土	松木	烧结普通砖	花岗石	密闭空气	水
比热 λ [J/(g·K)]	0.48	0.84	2.72	0.88	0.92	1.00	4.18
导热系数[W/(m·K)]	58	1.51	1.17~0.35	0.80	3.49	0.023	0.58

1.4.4.3 耐热性

材料对火焰和高温的抵抗能力称为材料的耐燃性,是影响建筑物防火、建筑结构耐火等级的因素之一。根据《建筑材料及制品燃烧性能》(GB 8624—2012)分为4个等级:

①不燃材料(A级) 在空气中受到火烧或高温高热作用下不起火、不燃烧、不碳化的材料,如钢铁、砖、石等。用非燃烧材料制作的构件称为非燃烧体。钢铁、铝、玻璃等材料受到火烧或高温作用会发生变形、熔融,所以虽然是非燃烧材料,但不是耐火材料。

②难燃材料(B_1级) 在空气中受到火烧或高温高热作用下难起火、难燃、难碳化,当火源移走后,已燃烧或微燃烧即停止燃烧的材料,如装饰防火板和阻燃刨花板等。

③可燃材料（B_2级）　在空气中受到火烧或高温高热作用下容易点燃或微燃烧，且火源移走后仍继续燃烧的材料，如胶合板、木工板、墙布等。用这种材料制作的构件称为燃烧体，使用时应做阻燃处理。

④易燃材料（B_3级）　着火点低，在空气中受到火烧或高温高热作用下立即起火，燃烧后能迅速蔓延且火势凶猛的材料，如油漆、酒精、木材等。

1.4.5　材料的装饰性

材料的装饰性是指材料对所覆盖的建筑物或构筑物外观的美化效果。用不同工艺、手法等制作的材料，在不同的工程和环境中使用，其装饰效果给人以不同的感受，如西藏的布达拉宫大量使用金箔、琥珀等材料装饰，给人们以高贵华丽的感觉，增加了人们对宗教神秘莫测的心理感受。装饰效果的实现取决于材料的色彩、花纹图案和质感等。

（1）颜色、光泽、透明性

颜色反映了材料的色彩特征。色彩是通过材料表面不同的颜色给人以不同的心理感受，如红色给人温暖、热烈的感觉，绿色、蓝色给人宁静、清凉、寂静的感觉，使人联想到绿阴、海水等。材料的色彩可来源于本色，也可以经过加工方式获得或改变，还可以利用不同的光源条件来改变。

光泽是材料表面方向性反射光线的性质。它对形成于材料表面上的物体形象的清晰程度起着决定性的作用。材料表面越光滑，则光泽度越高。材料的光泽度可用光电光泽计测定。

透明性是指光线透过物体时所表现的光学特性。能透视的物体是透明体，如普通平板玻璃；能透光但不透视的物体为半透明体，如磨砂玻璃；不能透光透视的物体为不透明体，如木材。利用不同的透明度可隔断或调节光线的明暗，产生特殊的光学效果，可使物像清晰或朦胧。

（2）花纹图案、形状、尺寸

利用材料天然形成的纹理，如天然大理石、木材；或利用不同的工艺将材料表面制作成各种不同的表面形式，如粗糙、平整、光滑、镜面、凹凸、麻点等；或将材料表面制作、拼镶成各种不同形状和尺寸的花纹图案，如山水风景画、人物画等；并改变材料的形状和尺寸，从而获得不同的装饰效果，以满足不同景观的需要，最大限度地发挥材料的装饰性。

（3）质感

质感是指材料的表面组织结构、花纹图案、颜色、光泽、透明性等给人的一种综合感觉，如天然纹理及质地的木材给人以亲切淳朴之感，凿毛的花岗石则表现出厚重、粗犷和力量，而磨光的镜面花岗石则让人感觉轻巧和富丽堂皇。充分利用材料的质感，可创造出特定的视觉效果及环境氛围，从而使人们获得建筑艺术格调的良好感受。

(4)耐沾污性、易洁性和耐擦性

材料表面抵抗污物作用,保持其原有颜色和光泽的性质称为材料的耐沾污性。材料表面易于清洗洁净的性质称为材料的易洁性,包括在风、雨等作用下的易洁性(又称自洁性)及在人工清洗作用下的易洁性。良好的耐沾污性和易洁性是建筑材料历久常新,长期保持其装饰效果的重要保证。用于地面、台面、外墙及卫生间等建筑装饰材料必须考虑材料的耐沾污性和易洁性。

材料的耐擦性是指由机械作用于材料表面产生的抗力,使材料保持本色不变的性质称,分为干擦(称为耐干擦性)和湿擦(称为耐洗刷性)。耐擦性越高,则材料的使用寿命越长。内外墙涂料要求具有较高的耐擦性。

1.4.6 材料的耐久性

材料在使用中能抵抗周围各种内外因素或腐蚀介质的作用而不破坏,保持其原有性能的性质称为耐久性。材料的耐久性是一项综合性能,包括抗渗性、抗冻性、耐化学腐蚀性、耐磨性、抗老化性等。内部因素是造成材料耐久性下降的根本原因,包括材料的组成、结构与性质等;外部因素是影响耐久性的主要因素。

建筑物或构筑物在长期使用过程中经常会受到日晒、雨淋、风吹、冰冻等作用,也经常会受到腐蚀性气体和微生物的侵蚀,使其出现风化、裂缝,甚至脱落等现象,影响其耐久性。在实际工程中,金属材料常因化学或电化学作用引起腐蚀和破坏,一般刷油漆予以保护;无机非金属材料常因化学作用、溶解、冻融、风蚀、温差、湿差、摩擦等作用引起破坏;有机材料常因生物作用、溶解、化学腐蚀、光、热、电等作用引起破坏。

一般使用条件下,普通混凝土的使用寿命为 50 年以上,花岗岩为 150~500 年,大理石为 50~200 年,外墙涂料为 5~10 年。

选用合适的材料不仅能对其起到良好的观赏和使用功能,而且能有效地提高使用寿命,降低维修费用。

【拓展知识】

建筑装饰材料概述

建筑装饰材料又称"饰面材料",是建筑材料的一个分支,它是铺设或涂装在建筑物表面起装饰作用的材料,是建筑装饰工程的物质基础。装饰工程的整体效果、功能的实现,都是通过运用装饰材料及其配套产品的色彩、图案、质感、功能等所体现出来的。

(1)建筑装饰材料的分类

建筑装饰材料按部位分为外墙、内墙与顶棚、吊顶、地面、屋面 5 个方面。

①外墙建筑装饰材料 外墙部位包括外墙面、阳台、台阶等。外墙建筑装饰材料主要有:石材,如板岩、麻石等;陶瓷,如陶瓷外墙砖、马赛克等;涂料,如外墙乳胶漆、丙

烯酸酯涂料等；玻璃，如平板玻璃、钢化玻璃、镜面玻璃、热反射玻璃等；金属，如铝合金板、不锈钢薄板等；复合材料，如铝塑复合板、蜂窝芯铝合金复合板等。

②内墙与顶棚建筑装饰材料　内墙部位包括内墙面、隔断、墙裙、踢脚线等。内墙与顶棚建筑装饰材料主要有：涂料，如内墙乳胶漆、998胶、仿瓷涂料等；墙纸、墙布，如塑料墙纸、纺织纤维墙纸、化纤墙布、无纺墙布；石材，如天然大理石、人造石材等；装饰墙板，如木装饰墙板、塑料装饰墙板；玻璃，如镜面玻璃、磨砂玻璃、彩绘玻璃等；陶瓷砖，如釉面砖等；金属，如铜雕、铁艺、铝合金板材等。

③吊顶建筑装饰材料　吊顶是指室内顶棚吊顶。吊顶建筑装饰材料主要有：塑料板，如聚氯乙烯装饰板、聚苯乙烯塑料装饰板、聚苯乙烯泡沫装饰板等；石膏板，如纸面石膏板、石膏板装饰板等；铝合金板，如铝合金穿孔吸声板、铝合金条形扣板、铝合金压花板、铝合金格栅等；矿棉吸音板、石棉水泥板、玻璃棉装饰吸声板等。吊顶用龙骨材料主要有轻钢龙骨、铝合金龙骨、塑料龙骨。

④地面建筑装饰材料　地面部位包括地面、楼面、楼梯面。地面建筑装饰材料主要有：地毯，如纯毛地毯、化纤地毯、尼龙地毯等；石材，如天然花岗石、天然大理石、人造石材等；陶瓷砖，如玻化砖、仿古砖、微晶玻璃等；木地板，如实木地板、复合木地板、竹地板等；塑料地板，如石英塑料地板、塑料印花卷材地板等；涂料，如环氧树脂地面涂料、聚氨酯地面涂料、RT-107地面涂料等；防静电地板、网络地板等。

⑤屋面建筑装饰材料　屋面部位包括屋面、雨篷、屋顶。屋面建筑装饰材料主要有：涂料，如防水涂料、沥青油毡等；陶瓷，如琉璃瓦、装饰瓦等；石棉瓦、水泥瓦等；复合材料，如彩色涂层钢板、卡普隆阳光板、玻璃钢等。

（2）建筑装饰材料的作用

建筑装饰材料对建筑物起装饰美化，保护建筑基体不受外界介质的侵蚀和延长其使用寿命的作用。

建筑物外墙饰面的主要目的是美化和保护墙体，以及使其与外部环境协调一致，这是通过装饰材料的形状尺寸、色彩和质感来实现的。外墙饰面的另一种作用是以本身的特性来改善使用环境。如传统建筑砖能起到"呼吸"作用，调节室内空气的相对湿度，当墙体本身热工性能不能满足要求时，就应在外侧饰面做保温隔热处理（如反射玻璃幕墙）。

建筑室内装饰主要包括内墙、地面及吊顶三部分，其目的是美化并保护墙体和地面基材，满足室内使用功能，创造出一个舒适、整洁、幽雅、美观的生活和工作环境。室内装饰和外饰面的装饰不同，它是墙、地、顶棚饰面和家具、灯、其他陈设相结合的综合效果。因此选择室内装修的做法、质感、色彩都要综合考虑。

屋面基本上属于建筑的范畴，它具有装饰和保护作用，也与装饰艺术分不开。琉璃瓦、彩色涂层钢板既能装饰屋顶又能保护建筑物；防水油膏能保护房屋不受雨水侵蚀。

【自主学习资源库】

1. 景观材料及其应用．［美］罗布·W·索温斯基．孙兴文，译．电子工业出版社，2011．
2. 园林工程材料识别与应用．易军．机械工业出版社，2009．
3. 新型建筑材料及应用．林克辉．华南理工大学出版社，2006．
4. 环境艺术装饰材料与构造．李蔚，傅彬．北京大学出版社，2010．
5. 建筑材料．葛勇，张宝生．中国建筑工业出版社，2002．
6. 建筑材料．纪士斌．清华大学出版社，2001．
7. 建筑材料．孟志良，等．科学出版社，2001．
8. 园林建筑材料与构造．武佩牛．中国建筑工业出版社，2007．
9. 建筑力学（第2版）．梁圣复．机械工业出版社，2007．

【自测题】

一、填空题（30分，每小题1.5分）

1. 建筑材料按化学成分分为（　　）、（　　）、（　　）三大类。
2. 材料的技术标准分为（　　）、（　　）、（　　）及（　　）4级。
3. 建筑材料的作用有（　　）、（　　）和（　　）等。
4. 园林工程材料向（　　）、（　　）、（　　）和（　　）发展。
5. 园林材料在正常使用状态下，应具有（　　）、（　　）、热物理性质、声学性质、（　　）和（　　）。
6. 表现密度即体积密度，是指材料在自然状态下（　　）。
7. 材料在潮湿空气中吸收水分的性质，称为（　　）。
8. （　　）是材料抵抗较硬物体压入或刻划的能力。
9. 材料的（　　）是材料在应力作用下抵抗破坏的能力。
10. 材料的吸水性是指材料在（　　）中吸收水分的性质。
11. 材料的装饰性是指材料的（　　）、（　　）、透明性、（　　）、（　　）和（　　）等起装饰作用的性质。
12. 材料的密度是指材料在（　　）状态下单位体积的（　　）。
13. 当润湿角≤90°，即水能被材料吸收，此种材料称为（　　），如木材、烧结砖等；润湿角＞90°，即水在材料表面形成水珠而不被吸收，此种材料称为（　　），如塑料等。
14. 无机非金属材料常因化学作用、溶解、（　　）、风蚀、温差、湿差、（　　）等作用引起破坏。
15. 有机材料常由（　　）、溶解、（　　）、光、热、电等作用引起破坏。

二、单项选择题(18分,每小题1分)

1. 属于无机非金属材料的是( )。
   A. 沥青　　　B. 塑料　　　C. 竹材　　　D. 玻璃

2. 属于金属材料的是( )。
   A. 陶瓷　　　B. 石膏　　　C. 铝材　　　D. 琉璃制品

3. 塑钢门窗材料属于( )。
   A. 无机金属材料　　　B. 复合材料
   C. 无机非金属材料　　　D. 有机材料

4. 属于金属材料与无机非金属材料复合的材料是( )。
   A. 钢筋混凝土　　　B. 铝合金
   C. 彩色夹芯复合钢板　　　D. 塑钢门窗材料

5. 属于无机胶凝材料的是( )。
   A. 水泥　　　B. 沥青　　　C. 黏合剂　　　D. 塑料

6. 下列哪项属于有机材料?( )
   A. 白水泥　　　B. 装饰砂浆　　　C. 木材制品　　　D. 石膏

7. 金属、玻璃属于什么材料?( )
   A. 不燃性材料　　B. 易燃性材料　　C. 耐火材料　　D. 难燃性材料

8. 下列哪项属于黑色金属材料?( )
   A. 彩色不锈钢　　B. 铝合金　　　C. 铜合金　　　D. 金、银

9. 材料密度的计算公式是( )。
   A. $\rho_0 = \dfrac{m}{V'_0}$　　B. $\rho = \dfrac{m}{V}$　　C. $\rho_0 = \dfrac{m}{V_0}$　　D. $\rho = \dfrac{m}{V'}$

10. 表观密度的计算公式是( )。
    A. $\rho_0 = \dfrac{m}{V_0}$　　B. $\rho = \dfrac{m}{V}$　　C. $\rho_0 = \dfrac{m}{V'_0}$　　D. $\rho = \dfrac{m}{V'}$

11. 堆密度的计算公式是( )。
    A. $\rho_0 = \dfrac{m}{V'_0}$　　B. $\rho = \dfrac{m}{V}$　　C. $\rho_0 = \dfrac{m}{V_0}$　　D. $\rho = \dfrac{m}{V}$

12. 用刻痕法和压痕法来测定和表示材料的( )。
    A. 磨损度　　　B. 强度　　　C. 密度　　　D. 硬度

13. ( )越大,表示材料轻质高强。
    A. 强度　　　B. 比强度　　　C. 极限强度　　　D. 强度等级

14. 孔隙率增大,材料的( )降低。
    A. 密度　　　B. 表观密度　　　C. 憎水性　　　D. 抗冻性

15. 含水率为5%的湿沙220g，其中水的质量为（　　）。
    A. 9.9g　　　　B. 11g　　　　C. 10g　　　　D. 10.1g
16. 材料的孔隙率增大时，其性质保持不变的是（　　）。
    A. 表观密度　　B. 堆积密度　　C. 密度　　　　D. 强度
17. 当材料的软化系数（　　）时，可以认为是耐水材料。
    A. >0.85　　　B. <0.85　　　C. >0.75　　　D. >0.70
18. 堆积密度是指（　　）材料在自然堆积状态下，单位体积的质量。
    A. 大块固体　　B. 液体　　　　C. 气体　　　　D. 散粒状

三、多项选择题（12分，每小题1分）

1. 下列材料中，（　　）是复合材料。
   A. 混凝土　　　B. 塑木材料　　C. 沥青　　　　D. 人造大理石
2. 下列材料中，（　　）是无机材料。
   A. 普通混凝土　B. 石材　　　　C. 铝　　　　　D. 人造大理石
3. 材料的强度包括（　　）。
   A. 抗拉强度　　B. 抗压强度　　C. 抗弯强度　　D. 弹性
   E. 抗剪强度
4. 属于韧性材料的有（　　）。
   A. 普通混凝土　B. 高碳钢　　　C. 钢筋混凝土　D. 木材
5. 属于脆性材料的有（　　）。
   A. 低碳钢　　　B. 石材　　　　C. 橡胶　　　　D. 普通混凝土
6. 选择材料要遵循（　　）3个原则。
   A. 艺术性　　　B. 经济性　　　C. 抗渗性　　　D. 科学性
7. 下列性质属于力学性质的有（　　）。
   A. 强度　　　　B. 硬度　　　　C. 弹性　　　　D. 脆性
8. 下列材料性质中，（　　）与水有关。
   A. 抗渗性　　　B. 吸声性　　　C. 亲水性　　　D. 韧性
   E. 吸湿性
9. 景观材料具有（　　）等。
   A. 艺术性　　　B. 装饰性　　　C. 实用性　　　D. 耐久性
10. 材料的耐久性包括（　　）等性质。
    A. 耐化学腐蚀性　　　　　　　B. 抗渗性
    C. 抗老化性　　　　　　　　　D. 耐磨性

11. 屋面材料应具有（　　）等功能作用。
A. 耐磨　　　B. 防水　　　C. 保温　　　D. 隔热

12. 墙体材料应具有一定的（　　）。
A. 强度　　　B. 保温作用　　C. 隔热作用　　D. 耐磨性

四、判断题（7分，每小题1分）

1. 材料标准中代号 QB 是国家强制标准。（　）
2. 混凝土、木材、钢铁都是有机材料。（　）
3. 陶瓷、原木、水泥、塑料都是人造材料。（　）
4. 材料的硬度越低，其耐磨性越好。（　）
5. 材料的软化系数越大，其耐水性越好。（　）
6. 材料在空气中吸收水分的性质称为材料的吸湿性。（　）
7. 防水材料通常是亲水性材料。（　）

五、问答题（15分，每小题5分）

1. 请分别写出《天然花岗石建筑板材》技术标准下划线部分表示的含义：
《天然花岗石建筑板材》（GB/T 18601—2009）

2. 请写出下列材料性质分别用什么表示？

性质	吸水性的大小	亲水性	抗渗性	抗冻性	耐水性	吸湿性的大小
表示方式			渗透系数 K			

3. 解释抗渗等级 S10、抗冻等级 D15 的含义。

六、计算题（18分，每小题6分）

1. 某岩石在气干、绝干、水饱和状态下测得的抗压强度分别为 172 MPa、178 MPa、168 MPa。该岩石可否用于水下工程？

2. 一堆石子重 500t，含水率 3%，如果其堆积密度为 1450kg/m³，石子的体积是多少？

3. 一块普通烧结多孔砖，其尺寸符合标准（240mm×115mm×90mm），烘干恒定质量为 2500g，吸水饱和质量为 2900g，再将该砖磨细，过筛烘干后减少 50g，用李氏瓶测得其体积为 18.5cm³。试求该砖的质量吸水率、密度、表观密度、密实度。

单元 2
石 材

【知识目标】

(1) 熟悉常用天然石材的品种,掌握其技术性质及应用。

(2) 掌握常用人造石材的分类及应用。

【技能目标】

能写出常用石材的种类、规格、性质与应用。

园林景观石材分为天然石材和人造石材两类。

天然岩石经过机械加工或不经过加工而制得的石材统称为天然石材。天然石材资源丰富，在景观建筑中使用历史悠久，是古老的建筑材料之一。国内外许多著名古建筑如意大利的比萨斜塔、埃及的金字塔、我国的赵州桥等都是由天然石材建造而成的。目前，石材作为结构材料已在很大程度上被钢筋混凝土、钢材所取代。由于天然石材具有抗压强度很高，耐久性和耐磨性良好，经加工后表面花纹美观、色泽艳丽、富有装饰性等优点，在现代建筑中的使用还是十分普遍。天然石材主要用作装饰饰面材料、观赏石、基础和墙身等砌筑材料以及混凝土骨料。

随着合成高分子材料的技术不断提高，人造石材的质量越来越好、性能越来越可靠，人造石材可以人为控制其性能、形状、花色图案等，作为装饰材料得到了极大的发展和广泛的应用。

2.1 天然石材

天然石材是从天然岩石中开采出来的，岩石是由各种不同地质作用所形成的天然固态矿物的集合体，组成岩石的矿物称为造岩矿物。自然界中的矿物种类很多，但造岩矿物种类较少，主要造岩矿物有石英、长石、云母、角闪石、辉石、橄榄石、方解石、白云石、黄铁矿等。少数岩石由一种矿物构成，如石灰岩是由方解石矿物组成；大多数岩石由两种或两种以上的造岩矿物组成，如花岗岩由长石、石英、云母等矿物组成。造岩矿物决定岩石的结构、性质、颜色和用途等。

天然岩石按照地质形成条件分为岩浆岩（火成岩）、沉积岩和变质岩三大类，它们具有不同的结构、构造和性质。

（1）岩浆岩

岩浆岩又称火成岩，它因地壳运动，熔融岩浆由地壳内部上升冷却而成。根据冷却条件的不同，岩浆岩可分为以下3类：

①深成岩　是地表深处岩浆受上部覆盖层的压力作用，缓慢且较均匀地冷却而形成的岩石。其特点是矿物完全结晶且晶粒较粗，块状构造致密，抗压强度高，表观密度大，孔隙小，吸水率小，耐磨性好及抗冻性好，但不耐火。园林工程常用的深成岩有花岗岩、正长岩、辉长岩、橄榄岩、闪长岩等，主要用于砌筑基础、勒脚、踏步、挡土墙等。经磨光的花岗石板材装饰效果好，可用于外墙面、柱面和地面装饰。

②喷出岩　是岩浆岩喷出地表后，在压力骤减和冷却较快的条件下形成的岩石。由于冷却速度快、结晶条件差，矿物多呈隐晶质或玻璃体结构。当由喷出的岩浆所形成的岩层很厚时，其结构致密，性能接近深成岩。当喷出凝固成比较薄的岩层时，常呈多孔构造，

近于火山岩。园林工程常用的喷出岩有玄武岩、安山岩和辉绿岩等。玄武岩和辉绿岩十分坚硬，难以加工，常用作耐酸和耐热材料，也是生产铸石和岩棉的原料。

③火山岩　是火山爆发时岩浆被喷到空中，在急剧冷却条件下形成的多孔状岩石。火山岩为玻璃体结构且呈多孔构造，如火山灰、火山渣、浮石和凝灰岩等。火山灰、火山渣可作为水泥的混合材料；浮石是配制轻质混凝土的一种天然轻骨料；火山凝灰岩容易切割，可用于砌筑墙体等。

（2）沉积岩

沉积岩是地表的各种岩石经长期风化、搬运、沉积和再造作用而形成的岩石，呈层状构造。其体积密度小，孔隙率和吸水率较大，强度低，耐久性也较差。根据成因和物质成分不同，沉积岩可分为以下3种：

①机械沉积岩　又称碎屑岩，是自然风化后的岩石碎屑经风、雨、冰川、沉积等机械力作用而重新压实或胶结而成的岩石，如砂岩、砾岩、火山凝灰岩等。

②化学沉积岩　是岩石风化后溶解于水中而形成的溶液、胶体经搬迁、聚积、沉积、重结晶、化学反应等过程而形成的岩石，如石膏、白云石、菱镁矿、某些石灰岩等。

③有机沉积岩　又称生物沉积岩，是由各种有机体的残骸沉积而成的岩石，如石灰岩、硅藻土、硅藻石等。

（3）变质岩

变质岩是由岩浆岩或沉积岩经过地质上的变质作用而形成的，所谓变质作用是在地层的压力或温度作用下，原岩石在固体状态下发生再结晶作用，而使其矿物成分、结构构造以至化学成分发生部分或全部改变而形成的新岩石。园林工程常用的变质岩有大理岩、石英岩、片麻岩等。

①大理岩　由石灰岩、白云石经变质而成的具有致密结晶结构的岩石称为大理岩，呈块状构造。经人工加工后称为大理石，因最初产于云南大理而得名。其质地密实但硬度不高，锯切、雕刻性能好，表面磨光后十分美观，是高级装饰材料。

②石英岩　是由硅质砂岩变质而成，具有等粒结晶结构的岩石，呈块状构造。其质地均匀致密，硬度大，抗压强度高达250~400MPa，加工困难，但耐久性强。石英岩板材在建筑上常用作饰面材料、耐酸衬板或用于地面、踏步等部位。

③片麻岩　是由花岗岩变质而成，具有等粒或斑晶结构的岩石，呈片麻状或带状构造。垂直于片理方向抗压强度为120~200MPa，沿片理方向易于开采和加工，但在冻结与融化交替作用下易分层剥落。片麻岩吸水性高，抗冻性和耐久性差，通常加工成毛石或碎石，用于不重要的工程。

2.1.1　天然石材的类别

园林工程中使用的石材，按自然形成或加工后的外形规则程度分为块状石材、板状石材、散粒石材和景观石制品4种。

天然石材按商业用途分为花岗石、大理石、砂岩、板石、石灰石和其他石材如玉石6类。

2.1.2 天然石材的技术性质

天然石材的技术性质可分为物理性质、力学性质和工艺性质。

2.1.2.1 物理性质

物理性质主要对石材的密度、吸水性、耐水性、抗冻性、耐火性和导热性有要求。为确保石材的强度、耐久性等性能，一般要求所用石材表观密度较大、吸水率小、耐水性好、抗冻性好以及抗风化性好等。

（1）表观密度

大多数岩石的表观密度均较大，主要由岩石的矿物组成、结构的致密程度所决定。按照表观密度的大小，石材可分为轻质石材和重质石材两类。表观密度小于1800kg/m³的为轻质石材，主要用于采暖房屋外墙；表现密度大于或等于1800kg/m³的为重质石材，主要用于基础、桥涵、挡土墙，不用采暖房屋外墙及道路工程等。同种石材，表观密度越大，则孔隙率越低，吸水率越小，强度、耐久性、导热性等越高。

（2）吸水性

天然石材的吸水率一般较小，但由于形成条件、密度程度等情况的不同，石材的吸水率波动也较大。岩石的表观密度越大，其内部孔隙数量越少，水进入岩石内部的可能性随之减少，岩石的吸水率也跟着减小；反之，岩石的吸水率跟着增大。如花岗岩吸水率通常小于0.5%，而多孔的贝类石灰岩吸水率可达15%。岩石的吸水性直接影响了材料的强度、抗冻性、抗风化性、耐久性等指标。岩石吸水后强度会降低，抗冻性、耐久性也会下降。

（3）耐水性

大多数石材的耐水性较高，当岩石中含有较多的黏土或易溶于水的物质时，其耐水性较差，如黏土质砂岩等。石材的耐水性以软化系数表示，软化系数大于或等于0.9的为高耐水性石材，软化系数为0.7~0.9的属中耐水性石材，软化系数为0.6~0.7的为低耐水性石材。一般软化系数小于0.85的石材不允许用于重要建筑。

（4）抗冻性

抗冻性是石材抵抗反复冻融破坏的能力，是石材耐久性的主要指标之一。石材的抗冻性用石材在水饱和状态下所能经受的冻融循环次数来表示。在规定的冻融循环次数内，无贯穿裂纹，重量损失不超过5%，强度降低不大于25%，则为抗冻性合格。一般室外工程饰面石材的抗冻性次数应大于25次。

（5）抗风化性

由水、冰、化学等因素造成岩石开裂或剥离的过程称为风化。孔隙率的大小对风化有很大的影响，岩石的吸水率较小，其抗冻性和抗风化能力较强。当岩石内含有较多的黄铁矿、云母时，其风化速度较快，此外由方解石、白云石组成的岩石在含有酸性气体的环境中也易风化。

防止风化的措施主要有磨光石材表面，防止表面积水；采用有机硅喷涂表面，对碳酸盐类石材可采用氟硅酸镁溶液处理石材的表面。对石材表面进行磨光、喷涂等处理，可有效地防止风化的产生。

2.1.2.2 力学性质

（1）抗压强度

石材的强度主要取决于矿物组成、结构及孔隙构造。结构致密及孔隙率较小的石材，其强度较高；反之，其强度较低。

砌筑用石材的强度等级是采用边长为 70mm 立方体试件，用标准方法测试其抗压强度而划分的。根据《砌体结构设计规范》（GB 50003—2011）规定，天然石材强度等级划分为 MU100、MU80、MU60、MU50、MU40、MU30、MU20 共 7 个等级。

根据《天然饰面石材试验方法》（GB 9967.1～9966.8—2001）规定，天然饰面石材的抗压强度采用边长为 50mm 的立方体或 $\phi 50\ mm \times 50mm$ 圆柱体试块吸水饱和状态下的抗压极限强度平均值表示。根据抗压强度值的大小，共分 9 个强度等级：MU100、MU80、MU60、MU50、MU40、MU30、MU20、MU15 和 MU10。

（2）冲击韧性

石材的冲击韧性取决于矿物成分与构造。通常晶体结构的岩石较非晶体结构的岩石具有较高的韧性。

（3）硬度

造岩矿物的强度高，结构紧密，则岩石硬度高。岩石硬度用莫氏硬度（相对硬度）或肖氏硬度（绝对硬度）表示，它取决于岩石矿物组成的硬度与构造，由致密坚硬矿物组成的石材，其硬度就高。

（4）耐磨性

耐磨性是指石材在使用条件下抵抗摩擦、边缘剪切以及冲击等复杂作用的性质。石材的耐磨性以单位面积磨耗率表示。一般抗压强度高的石材硬度也大；岩石的硬度越大，其耐磨性和抗刻划性越好，表面加工越困难。通常岩石强度高，结构致密，则耐磨性也较好。园林景观中用于基础、桥梁、隧道等的石材，常要求抗压强度、抗冻性与耐水性 3 项指标。

2.1.2.3 工艺性质

石材的工艺性质是指石材便于开采及加工（包括加工性、磨光性和可钻性）、施工安装的性质。石材加工性是指对岩石进行开采、锯解、切割、凿琢、磨光和抛光等加工的难易程度。凡强度高、硬度大、韧性好的石材，不易加工；而质脆且粗糙，有颗粒交错结构，含有层状或片状构造，以及已风化的岩石，都难以满足加工要求。石材的磨光性是指石材能否磨成平整光滑表面的性质。致密、均匀、细粒的岩石，一般都有良好的磨光性，可以磨成光滑亮洁的表面；疏松多孔、有鳞片状构造的岩石，磨光性不好。石材的抗钻性是指石材钻孔时的难易程度。影响抗钻性的因素很复杂，一般石材强度越高、硬度越大，越不易钻孔。

2.1.3 石材的加工类型

园林工程中使用的石材，按自然形成或加工后的外形规则程度分为：块状石材、板状石材、散粒石材和各种石制品4种。

2.1.3.1 块状石材

(1) 分类

块状石材多为砌筑石材，分为毛石和料石两类。

①毛石 又称片石或块石，是由爆破直接获得的石块，依其外形又分为乱毛石与平毛石。毛石形状基本上都不规则，要求：厚度≥150mm，长度为300～400mm，质量为20～30kg，强度≥10MPa，$K_{软}$≥0.75。

乱毛石 形状不规则。

平毛石 略经挑选或由乱毛石略经加工而成，一般有两个平行面。

毛石常用于砌筑基脚、墙身、堤坝、挡土墙和配制毛石混凝土等，平毛石还用于铺筑园林小径石路。

②料石 是经人工或机械开采出，略加凿制而成的较规则的六面体石块，略加凿制而成，至少应有一个面的边角整齐，以便互相合缝。质量等级分为一等品(B)、合格品(C)。根据表面加工程度的不同，可分为以下4种：

细料石 表面凹凸深度≤2mm，厚、宽≥200mm，长≤厚度的3倍。

半料石 规格尺寸同细料石，表面凹凸深度≤10mm。

粗料石 规格尺寸同细料石，表面凹凸深度≤20mm。

毛料石 厚度≥200mm，长度为厚度的1.5～3倍。

(2) 应用

将块状石材加工成不同形状，应用于园林工程中。

①路沿石 又称路侧石、路缘石，长方体如1000mm×300mm×150mm，用于道路两边、铺装场地四周等。

②弯道石 将块石制作成V形、L形或圆弧形，属路沿石。用于道路、花坛拐角等。

③树孔石 将块石切割组成围绕植物的方形、长方形、圆形的石材。围绕路边、树孔、花坛等专用石材，属路沿石。

④骰子石　将块石机器切割、人工做成，呈方形，规格尺寸有100mm×100mm×100mm、80mm×80mm×80mm，用于林荫道、小型广场等，石与石之间自然有空隙，自然长出草或者栽种草，与周围景点、花园融为一体。

⑤飞石　块石表面不光滑，周边不方不圆，制成不规则样式。一般直径300mm、厚度20~30mm。看似零星随意，抛掷于花园、公园、草坪等，当踏脚石用。

块状石材及应用如图2-1所示。

图2-1　块状石材及应用

块石石材还有如压顶石，烟囱石，台阶石，护坡石，桥梁碴石，桥栏，雕刻人物、动物，华表柱等。料石主要用于砌筑基础、墙身、踏步、地坪、桥拱和纪念碑；形状复杂的料石用于柱头、柱脚、楼梯、窗台板、栏杆等。

2.1.3.2　板状石材

板状石材是用致密岩石经凿平、锯断、磨光等各种加工方法制作而成的厚度一般为10~50mm的板材，如花岗石板材、大理石板材、石灰石板材等，其质量等级分为优等品（A）、一等品（B）、合格品（C）。板状石材的技术要求应符合：《天然花岗石建筑板材》

(GB/T 18601—2009)、《天然大理石建筑板材》(GB/T 19766—2005)、《天然石灰石建筑板材》(GB/T 23453—2009)、《天然砂岩建筑板材》(GB/T 23452—2009)和《天然板石》(GB/T 18600—2009)。天然花岗石建筑板材根据用途和加工方法可分为粗面板、细面板和镜面板,按形状分为毛光板、普型板、圆弧板和异型板;天然大理石、石灰石建筑板材根据形状分为普型板、圆弧板;天然砂岩建筑板材根据形状分为毛板、普型板、圆弧板和异型板;天然板石按用途分为饰面板和瓦板,按形状分为普型板、异型板。

(1) 粗面板

①剁斧面 分机器剁斧板和人工剁斧板两种,经剁斧加工、表面粗糙、具有规则的条纹状斧纹,起防滑作用,与划沟板、机刨板同类。用于地面、广场等,用途广泛。

②波浪纹面 在石材表面做了机器或人工多道手续的特殊处理,利用錾子錾出不规则深坑或者用钻头钻出深浅不一的坑凹,再经火烧处理。用于外墙干挂。

③机切面 切割成型,表面较粗糙,带有明显的机切纹路。一般用于地面、台阶、基座、踏步等处。

④粗磨面 机切纹磨平,表面简单磨光,感觉是很粗糙的亚光加工,常用于墙面、柱面、台阶、基座、纪念碑、铭牌等。

⑤火烧面 用火焰枪烧灼板材表面,耐腐蚀、抗风化,具有防滑作用。一般是花岗岩。用于外墙、广场、码头、庭院地面等,用途广泛。

⑥荔枝面 分机器、人工两种加工方式,表面加工成密花点、粗花点、稀花点等,也叫麻点板。用于广场、码头、外墙等,具有防滑作用。

⑦菠萝面 表面比荔枝面的加工更加凹凸不平,就像菠萝的表皮一般。

⑧龙眼面 用斧剁敲石材表面,形成密集的条状纹理,像龙眼表皮的效果。

⑨自然面 表面粗糙,不像火烧面那样粗糙。这种表面处理通常是用手工切割或用矿山錾露出石头自然的开裂面。

⑩拉沟面 在石材表面上开一定的深度和宽度的沟槽。

⑪盲道石 将石材表面划出规则沟槽或凸点,深度一般为3~5mm,有横划槽、十字槽等。专用作盲人道路建设,也用于卫生间、公用厕所,起防滑作用。

⑫蘑菇面 人工劈凿如起伏山形的板材,一般底部厚不小于30mm,凸起部分可根据实际要求不小于20mm,正面呈中间突起四周凹陷的高原状。用于单位门口、围墙、楼外墙体等,属文化石。

(2) 细面板

①刷洗面 表面古旧。火烧后再用钢刷刷洗石材表面,模仿石头自然的磨损效果。

②酸洗面 用强酸腐蚀石材表面,使其有小的腐蚀痕迹,外观比磨光面更为质朴。大部分的石材可酸洗,最常见的是大理石和石灰石,可软化花岗岩光泽。

③仿古面　目前流行的古典效果。模仿石材使用后古旧效果的面加工，用仿古研磨刷或是仿古水来处理，是目前流行的古典效果。仿古研磨刷的效果和性价比高些，也更环保。

④水冲面　用高压水直接冲击石材表面，形成独特的毛面装饰效果。

⑤喷砂面　用普通河沙或是金刚砂冲刷石材的表面，有平整的磨砂效果的装饰面。

⑥水篦子、树篦子　板材开规则的透槽、孔洞。用于道路两边下水道或树旁边盖板。

⑦石材马赛克　将石材做成马赛克形状，用于墙面或游泳池装饰。

(3)镜面板

磨光面用磨光机、树脂磨料等进行表面抛光，具有镜面光泽。用于地面、道路、内外墙等，用途广泛。

板状石材表面加工形式如图2-2所示。

2.1.3.3　散粒石材

散粒石材主要指碎石、卵石、色石渣、石米、砂材等。天然石材碎料称为碎石；经加工变成色石渣。

(1)卵石

卵石是指外表圆润光滑如卵的小石块，主要化学成分为二氧化硅，其次是少量的氧化铁和微量的锰、铜、铝、镁等元素及化合物。卵石有山卵石、河卵石、海卵石、雨花石、造景石、机制卵石、木化石、文化石等。呈现出黑、白、黄、红、墨绿、青灰等色系。

园林路面用鹅卵石规格为10～30mm、30～50mm、50～80mm、80～160mm、160～250mm、250～400mm。用于园林建筑、园路、溪流水池等。

(2)砂材

砂是指岩石风化后经雨水冲刷或由岩石轧制而成的粒径为0.074～10mm的粒料。砂分为河砂、海砂、金属砂、山砂和人工砂。人工砂分为洗石子、洗米石，其中洗石子通常为直径5～8mm的机制石(墙面用)。海砂分为黄金砂、黑珍珠，直径规格有1～3mm、3～5mm、4mm、2～6mm、6～9mm、9～12mm；洗海沙(华南地区流行)一般为直径3～6mm的石米(小卵石)。

海沙可用于观赏、按摩脚底的路面铺设等，也可用于喷泉、观赏鱼池水底铺设、冲淋房地面铺设等。

散粒石材及应用如图2-3所示。

2.1.3.4　石制品

石制品包括碑、牌坊、雕塑制品、园林景石等艺术品，应用在园林工程中具有观赏价值和历史纪念意义(图2-4)。

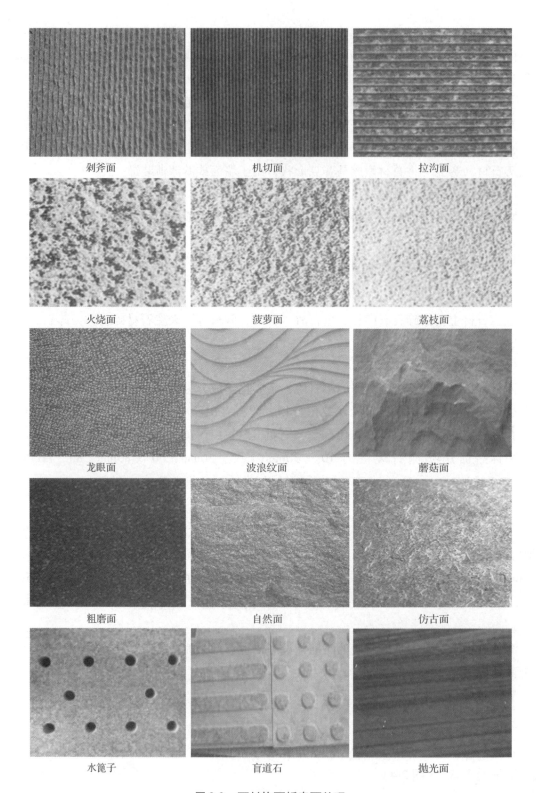

图 2-2　石材饰面板表面处理

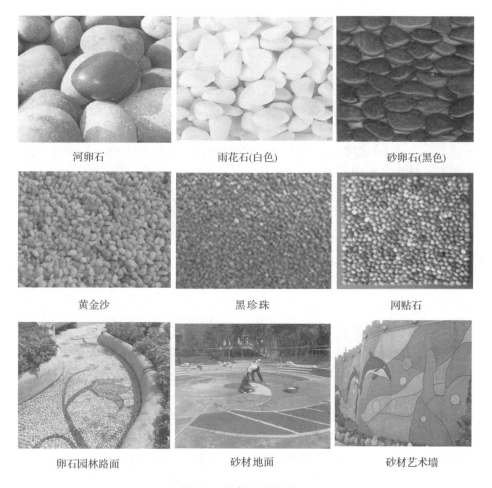

图 2-3 散粒石材及应用

图 2-4 石制品

2.1.4 常用天然石材

天然石材分为六大类：

①花岗石(granite)　包括各类深成岩、喷出岩、变质岩中的片麻岩等。

②石灰石(limestone)　指商业上的灰屑岩、壳灰岩、白云岩、微晶石灰石、麵状灰岩、再结晶石灰石、凝灰石。

③大理石(marble)　商业上主要有方解石大理石、白云石大理石、玛瑙条纹大理石、蛇纹石大理石、凝灰石大理石等。

④砂岩(quartz-based)　商业上主要有蓝灰砂岩、褐色砂岩、正石英砂岩、石英岩、砾石、粉砂岩。

⑤板石(slate)　属于微晶变质岩，可沿层理面劈开形成薄而坚硬的石板。

⑥其他石材　如玉石，起点缀作用，还有雪花石膏、绿岩、片岩、皂石等。

园林工程中常用的天然石材主要有花岗石、大理石、石灰石、砂岩和板石。

2.1.4.1 花岗石

花岗石属于火成岩，是火成岩中分布最广的岩石，属酸性岩石，其主要矿物组成为长石、石英和少量云母等组成。具有装饰功能及可磨光、抛光的各类岩浆岩及少量其他岩石。大致包括花岗岩、闪长岩、辉绿岩、玄武岩等。

(1)概述

①矿物组成　主要矿物组成为长石、石英和少量云母及暗色矿物，如橄榄石、辉石、角闪石等，还有少部分黄铁矿等杂质。

②化学成分　主要是SiO_2(含量占67%~73%)和Al_2O_3，属酸性。

③外观　呈整体均粒状结构，具有色泽深浅不同的斑点状花纹，分布着繁星般的云母亮点与闪闪发光的石英结晶。其颜色常为白色、灰色、红色、棕色、绿色、黑色等。

④特性　结构致密(表观密度为2700~2800kg/m^3)，质地坚硬，抗压强度大(120~250MPa)，吸水率小(≤0.3%)，孔隙率小，耐酸碱和抗风化能力强，耐磨性好，抗冻性强，耐用期可达200~500年。但自重大、硬度大、质脆、耐火性差。有些含有微量放射性元素，应避免将这类花岗石用于室内。

花岗石是一种分布非常广的岩石，世界上有许多国家都出产花岗石。中国9%的土地(约80多万平方公里)都是花岗石岩体。目前我国花岗石主要产地产品有：山西黑(山西)、玄武黑(福建)、泰山红(山东)、岑溪红(广西)、大红梅(海南)、中国红(四川)、黑金刚(内蒙古)、豆绿(江西)、青底绿花(安徽)、雪里梅(河南)、樱花红(山东)、将军红(北京)等。

亚洲其他花岗石产地产品有：宫廷石(越南)、印度中花(印度)、咖啡珍珠(印度)、蒙地卡罗(印度)、印度黑(印度)等。

天然花岗石常用品种如图2-5所示。

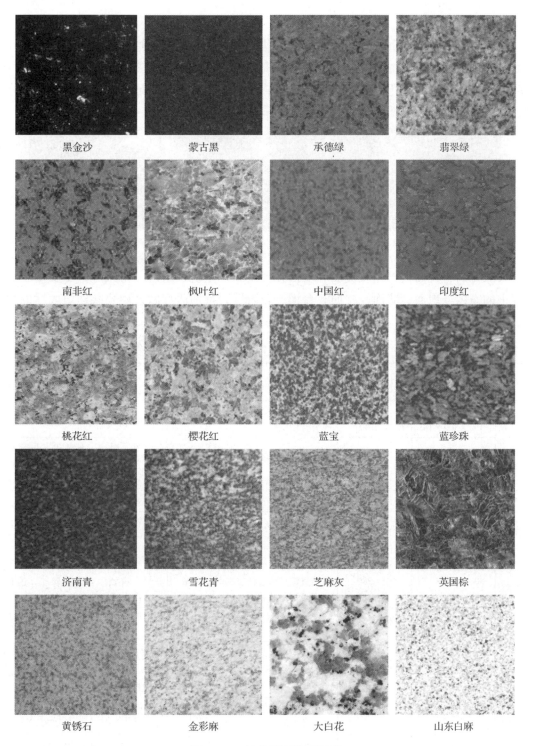

图 2-5 天然花岗石常用品种

（2）应用

花岗石石材常用于重要的大型建筑物的基础、勒脚、柱子、栏杆、踏步、地面、外墙饰面、雕塑等部位以及桥梁、堤坝等工程，是建造永久性工程、纪念性建筑的良好材料；经磨切等加工成的各类花岗岩建筑板材，质感丰富，华丽庄重，是室内外高级装饰装修板材，如门厅、大堂的墙面、地面、墙裙、勒脚及柱面等饰面（图2-6）。

花岗石铺地　　　　　　　石球　　　　　　　石制大门

图2-6　天然花岗石的应用

天然花岗石镜面板材花纹美丽、表面光泽度高、坚硬、耐污、耐久等，主要用于园林工程中的室内外地面、墙面、柱面、台面、台阶等，特别适宜做大型公共建筑大厅的地面（表2-1）。

表2-1　室内外装饰镜面花岗石板材

品名	规格（mm）	等级	价格（元/m²）	适用范围	产地	备注
黑水晶	600×600×18 300×300×18	B B	95 40	广场、建筑外墙、纪念碑等公共场所	内蒙古	质地较坚硬，耐酸碱性较强
黑金沙	600×600×18	A	约200	厨柜台面、洗手台，也可用于公共场所	印度，山西	硬度好、耐磨、易清洗，板面乌黑发亮，金黄色云母亮点呈现自然尊贵色彩，有大、中、细亮点
蒙古黑	600×600×20	A	120～150	外墙、踢脚线、柱面	内蒙古	镜面效果较好
雅梦黑	600×600×20	B	30～100	各类过渡板、梯步	中国	所有石材中最便宜的，无色差、无龟裂
大花绿	600×600×18	A	约280	高档酒楼、宾馆、写字楼	印度	抗压、耐磨、大方、华贵
绿星	300×300×17 1800×600×17	A B	280 90	高档宾馆、酒店铺装，也可用于室外铺装	挪威，福建	石材中有较为丰富的颗粒，色彩深沉，档次较高
承德绿	600×600×20	A	70～100	广场地面及花坛	河北	辐射大，适合小面积使用，牢固性较强
翡翠绿	600×600×20	B	70	台面、柱面	山东	绿底红纹、红绿交映、花纹美观、纹理清晰，如同山水画面一般，质地细腻坚硬
南非红	600×600×20	A	360	酒店大堂、地面铺装及室外公共场所	南非	色彩鲜艳，有很强的视觉冲击力
枫叶红	800×800×18	A	120～180	柱、梯步	广西	晶体较大，花纹形状较好看

(续)

品名	规格(mm)	等级	价格(元/m²)	适用范围	产地	备注
幻彩红	600×600×18	A	180	石桌茶几、台板面、门槛石、盲道石、户内外地面工程铺设	湖北	色彩丰富,晶格花纹均匀细致,质感强,有华丽高贵的装饰效果
樱花红	600×600×18	B	60	大型铺设外墙面或广场地面	山东	色泽柔和、花型均匀、价格较低,适合大型场地铺设
桃花红	600×600×15	B	20~50	广泛用于路沿石、广场地面铺设	福建	价格低廉,应用极广
红钻	1030×600×20	A	约400	适合台面、门槛及踏步的制作	芬兰	进口高档石材,颜色均匀、光洁平整、色彩艳丽
中国红	600×600×20	A	>100	石桌茶几、台板面及室外铺装	四川	色彩鲜亮、颗粒较小
印度红	600×600×20	A	340	硬度高、耐磨,用作高级建筑装饰工程、大厅地面铺装,也是露天雕刻的首选之材	印度	不易风化,颜色美观,外观色泽可保持百年以上
蓝钻	6000×600×20	A	130	大堂地面,外墙干挂等大型工程的首选石材	山西	中国蓝钻石(又称冰花兰),石质坚硬,耐风化,色差小,光泽度好
蓝宝	600×600×20	A	150~200	主要用于外墙、台面、室外广场(火烧板)	新疆	神似进口的"树挂冰花",所以有国产"树挂冰花"的美名
紫罗兰	300×600×18	A	50~100	适用面较广	辽宁	质地坚硬、色泽艳丽
济南青	600×600×18	A	60~100	台面,踢脚线,室外铭牌、墓碑等	山东	山东黑色花岗石颜色纯正大方
雪花青	600×600×20	B	40~80	适合大型广场、公园等建筑	山东	硬度高,光泽纯朴
中国棕	600×600×20	A	120	作装饰饰面	四川	又名"冰花棕",其结晶形似冰花,颜色棕黄而得名,清淡幽雅,立体感强
英国棕	600×600×20	A	200~250	操作台、台面	印度	表面呈深黑褐色,不吸油,耐久性高
黄锈石	600×400×18	A	60~100	用于墙面、地面	山东	强度、韧性、耐久性较强,类似于锈迹的黄点分布于表面
金彩麻	600×600×20	A	约200	外墙面、柱子、地面	福建	质地坚硬,色彩鲜亮,营造辉煌的效果
大白花	600×600×20	A	160	地面铺装、台面、楼梯踏步	福建	有较丰富的点状颗粒花纹,颜色灰白
山东白麻	800×800×20	A	150	外墙面、公共建筑等的地面	山东	价格低廉,使用较普遍
芝麻白	600×600×20	B	30~100	外墙面、公共建筑等的地面	福建	价格低廉
珍珠白	600×600×20	A	150~300	外墙干挂	江西	抗风化能力强,表面耐磨性及硬度较高,结构致密

2.1.4.2 大理石

大理石是指具有装饰功能并必须能被磨光、抛光的变质岩中的夕卡岩、大理岩和沉积岩中的方解石、白云岩等。大理石具有极佳的装饰效果,纯净的大理石为白色,俗称汉白玉。

(1)概述

①矿物组成　主要由方解石、石灰石、蛇纹石和白云石组成,常含有氧化铁、二氧化硅、云母、石墨等杂质。

方解石大理石　主要由方解石组成,由重结晶而形成特有的晶体结构。

白云石大理石　主要由白云石组成,经过高温高压变质而形成晶体结构。

蛇纹石大理石　主要由蛇纹石(硅酸镁水合物)组成,绿色或深绿色,伴有白云石、方解石或菱镁矿等组成的脉纹。

凝灰石大理石　多孔渗水分层结构,含一些方解石晶体的凝灰石。

②化学成分　主要化学成分为 $CaCO_3$、$MgCO_3$。

③外观　具有致密的隐晶结构,呈现出白、红、黄、灰、棕、绿、黑等不同颜色,有明显的斑纹、枝条纹、山脉纹或圆圈形结晶纹理。

④特性　具有花纹,颜色品种多,色泽鲜艳,质地细密(表观密度 $2600\sim2700kg/m^3$),抗压性强高(抗压强度 $100\sim150MPa$),吸水率低($<0.75\%$),不变形,抗冻性好,硬度中等,易加工,耐磨性一般,耐久性一般,一般使用年限为 $40\sim150$ 年。耐碱不耐酸,化学稳定性较差,大理石磨光后光洁细腻,纹理自然,美丽典雅,除汉白玉、艾叶青外,一般不宜用于建筑物外墙面和其他露天部位的装饰。

我国大理石矿产资源极其丰富,储量大、品种多,总储量居世界前列。据不完全统计,初步查明国产大理石有近 400 余个品种,其中花色品种比较名贵的有以下几种:

纯白色系　汉白玉(北京房山)、白大理石(安徽怀宁和贵池、河北曲阳和涞源、江苏赣榆、云南大理苍山)、蜀白玉(四川宝兴)、雪花白(山东平度和掖县)等;

纯黑色系　桂林黑(桂林)、黑大理石(湖南邵阳)、墨玉(山东苍山)、金星王(山东苍山)、墨豫黑(河南安阳)等;

红色系　红皖螺(安徽灵璧)、南江红(四川南江)、涞水红(河北涞水)和阜平红(阜平)、东北红(辽宁铁岭)等;

灰色系　杭灰(浙江杭州)、云灰(云南大理)等;

黄色系　松香黄、松香玉和米黄(河南),黄线玉(四川宝兴)等;

绿色系　丹东绿(辽宁丹东)、莱阳绿(山东莱阳)、海浪玉(山东栖霞)、碧波(安徽怀宁)等;

彩色系　春花、秋花、水墨花(云南),雪夜梅花(浙江衢州)等;

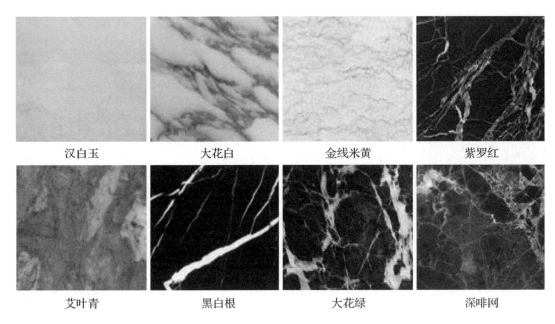

图 2-7 天然大理石常用品种

青色系　青花玉(四川宝兴)；

黑白系　黑白根(湖北通山)。

天然大理石常用品种如图 2-7 所示。

(2)应用

大理石常加工成大理石板材，主要用作宾馆、展厅、博物馆、办公楼、会议大厦等高级建筑物的墙面、地面、柱面、栏杆及服务台面、窗台、踢脚线、楼梯、踏步等处的饰面材料，也可加工成工艺品和壁画。

极少数(如汉白玉、艾叶青)用于室外柱面装饰，因天然大理石易被酸性氧化物侵蚀而失去光泽，变得粗糙多孔，故一般不宜用作室外装修和人员活动较多的地面装修(图 2-8)。

图 2-8 大理石的应用

2.1.4.3 石灰石

石灰石主要由碳酸钙(方解石矿物)或碳酸钙镁(白云石矿物)，或是两种矿物的混合物组成的一种沉积岩。

(1) 概述

①矿物组成　主要是方解石，常含有白云石、菱镁矿、黏土、碎屑等。

②化学成分　主要化学成分为 $CaCO_3$、少量 $MgCO_3$，遇稀盐酸发生化学反应产生气泡。

③外观　呈致密状、结晶粒状、生物碎屑等结构，常见的颜色有白、灰、浅黄、浅红、褐、青等色。

④特性　按性能为：高密度石灰岩，密度在 $2.56g/cm^3$ 以上，抗压性强（抗压强度150MPa 以上），硬度大，性脆，耐磨，耐久性好；中密度石灰岩，密度为 $2.16 \sim 2.56g/cm^3$，抗压性较强（抗压强度 $100 \sim 150MPa$），硬度中等，易加工，耐久性一般；低密度石灰岩，密度 $1.76 \sim 2.16g/cm^3$，具松散或多孔状。

(2) 应用

高密度石灰岩，常用于砌筑工程的基础、桥墩、台阶等，或作为骨料大量用于混凝土中。

高、中密度石灰岩加工而成的板材用作墙面、地面装饰，具有独特的风格。

低密度石灰岩形态结构多种多样，天然造型各异，纹理、花纹图案美观，宜用于园林做假山、景石、置石等。

石灰石也是生产石灰、水泥、玻璃的主要原料。石灰石的应用如图 2-9 所示。

石灰石灯柱

石灰石景石

石灰石墙面

图 2-9　石灰石的应用

2.1.4.4　砂岩

(1) 概述

砂岩按矿物类型分为石英砂岩、长石砂岩、岩屑砂岩和杂砂岩。

①石英砂岩　主要矿物为石英，石英和各种硅质岩屑的含量占砂级岩屑总量的95%以上，含有少量云母类矿物及铁矿等。一般为块状构造，粒状变质结构，呈晶质集合体；常见颜色有绿色、灰白色等。莫氏硬度7，密度 $2.64 \sim 2.71g/cm^3$，吸水率小于1%，颗粒细腻，结构紧密，晶莹，可染色，耐高温性好。

②长石砂岩 长石碎屑含量占砂级碎屑总量25%以上,其中石英含量低于75%、长石超过18.75%,含较多的云母和重矿物。呈层状结构或块状结构;常呈浅黄、肉粉或绿灰等色。建筑用砂岩吸水率在8%左右,抗压强度10~300MPa,具有耐磨性、耐久性、耐酸性较高,无污染、无辐射、无反光、不风化、不水解、不变色、隔音、吸潮、吸热、保温、防滑等特点。

③岩屑砂岩 岩屑含量占砂级碎屑总量25%以上。其中石英含量<75%,岩屑含量一般大于18.75%,岩屑/长石比值大于3,重矿物含量较高,而且种类复杂。常呈浅灰、灰绿至深灰色。具有隔音、吸潮、抗破损、户外难风化等特点。

④杂砂岩 分选不好、泥砂混杂的砂岩,一般含石英较少,且多呈棱角状,含有不同比例的长石和岩屑,常含少量云母。其特征是暗色、坚韧、固结良好。

(2)应用

砂岩是一种天然建筑装饰材料,能创造一种暖色调的风格,显得素雅、时尚、自然、温馨又华贵大气。广泛应用于建筑和园林景观的各种装饰、浮雕、踏步、地面、护坡及耐酸工程。产品有砂岩雕塑、壁画浮雕、花板雕刻、石艺盆栽、喷泉雕刻、砂岩壁炉、罗马柱、门窗套、线板、镜框、灯饰、拼花、梁托、饰品、名人雕塑等。石英砂岩质地较脆,弯曲强度不佳,容易断裂,部分品种辐射较大。

砂岩的应用如图2-10所示。

砂雕　　　　　砂岩汀步　　　　石英岩景石　　　　石英岩文化石

图2-10 砂岩的应用

2.1.4.5 板石

板石俗称瓦板岩、石板、青石板。在岩石学上,它是由黏土岩、沉积页岩(有时由石英石)、粉砂岩或中酸性凝灰岩经区域变质作用所形成的微晶变质岩。

(1)特点

板石主要由云母、亚氧酸盐和石英矿物组成,具有板状结构,因含有云母矿物近似平行的走向,可沿层理面劈开,表面较平整形成薄而坚硬的石板。板石的颜色,含铁的为红色或黄色,含碳质的为黑色或灰色,含钙的遇盐酸会起泡,一般以其颜色命名分类,如绿板石、黑板石、锈板石等。

(2)应用(图2-11)

①屋面瓦材。

板石　　　　　板石地面　　　　板石景墙　　　　板石屋面

图 2-11　板石的应用

②地板和外墙，主要用于室外地板、走廊、室内地板和外墙。

③园林景观工程中用于铺设园路，做水池池壁、景墙装饰。

2.1.5　天然石材的技术要求

天然石材的选用应符合技术要求，其技术标准见表2-2。

表 2-2　天然石材的技术要求

项目名称		吸水率 (%) ≤	体积密度 (g/cm³) ≥	压缩强度 (MPa) ≥	弯曲强度 四点弯曲 (MPa) ≥	断裂模数 三点弯曲 (MPa) ≥	耐磨度 (/cm³) ≥	耐酸性 (mm) ≤
花岗石 ASTM C615		0.40	2.56	131	8.27	1.34	25	
石灰石 ASTM C568	低密度石灰岩	12	1.760	12		2.9	10	
	中密度石灰岩	7.5	2.160	28		3.4	10	
	高密度石灰岩	3	2.560	55		6.9	10	
大理石 ASTM C503	方解石大理石	0.20	2.595	52	7	7	10	
	白云石大理石	0.20	2.800	52	7	7	10	
	蛇纹石大理石	0.20	2.690	52	7	7	10	
	凝灰石大理石	0.20	2.305	52	7	7	10	
砂岩 ASTM C503	砂岩	8	2.003	12.6		2.4	2	
	正石英	3	2.400	68.9		6.9	8	
	石英岩	1	2.560	137.9		13.9	8	
板石 ASTM C629	室内板石	0.25			垂直：62.1		8	0.38
	室外板石	0.45			平行：49.6		8	0.64

2.1.6　石材选用原则

建筑工程中应根据建筑物类型、环境条件慎重选用石材，使其符合工程使用条件，且经济合理，一般应从以下几项考虑：

①装饰性　用于建筑物饰面及景观装饰的石材，选用时必须考虑其色彩、天然纹理及质感与建筑物周围环境相协调，充分体现环境景观的艺术美。同时，还须严格控制石材尺寸公差、表面平整度、光泽度和外观缺陷等。

②适用性　根据其在环境景观中的用途和部位，选定其主要技术性质能满足要求的石材。如承重用石材，应考虑强度、耐水性、抗冻性等；用于室外的石材，应选择耐风雨侵蚀能力强、经久耐用的石材；用作地面、台阶等石材应坚韧耐磨；用在高温、高湿、严寒等特殊环境中的石材，应考虑其耐久性、耐水性、抗冻性及耐化学侵蚀性等。

③经济性　应尽量就地取材，以缩短石材运距，减轻劳动强度，降低成本。

④环保性　室内装饰用材，应选择放射性指标合格的石材。

⑤耐久性　根据建筑物的重要性和使用环境，选择耐久性良好的石材。

⑥力学指标　根据石材在建筑物中具体的使用部位，选择能满足强度、硬度等力学性能要求的石材，如承重用的石材（基础、墙体等），强度是选择石材的主要依据之一；对于地面用石材则应该考虑其具有较高的硬度与耐磨性。

2.2　人造石材

人造石材是指采用一定的材料、工艺技术，仿照天然石材的花纹和纹理，用人工方法加工制造的合成石。主要有人造花岗石、大理石和水磨石等。人造石材具有质量轻、强度高、耐污染、耐腐蚀、施工方便等优点，是现代建筑理想的装饰材料。

人造石材是以水泥或不饱和聚酯树脂为黏结剂，配以天然大理石或方解石、白云石、硅砂、玻璃粉等无机物粉粒，以及适量的阻燃剂、稳定剂、颜色等，经配料、混合、浇筑、振动、压缩、挤压等方法成型固化制成的一种人造石材，其颜色、花纹、光泽等可仿制成天然大理石、花岗石、玛瑙等装饰效果，故称为人造大理石、人造花岗石、人造玛瑙等。

随着科学技术的发展，人造石材将向着高性能、多功能、美观的方向发展。

2.2.1　人造石材的类型

根据人造石材使用胶结材料的不同可分为以下4种：

(1) 水泥型人造石材

水泥型人造石材是以各种水泥或石灰为黏结剂，以砂、碎大理石、碎花岗岩、工业废渣等为粗骨料、石粉及颜料，经配料、搅拌、成型、加压蒸养、磨光、抛光等工序制作而成。如各种水磨石制品、干黏石等。

(2) 树脂型人造石材

树脂型人造石材是以不饱和聚酯树脂为黏结剂，与石英砂、大理石、方解石等碎石、石粉及颜料经配料、搅拌混合、浇铸成型，在固化剂作用下固化，再经脱模、烘干、抛光等工序而制成。如人造花岗石板材、人造大理石板材等，多用于室内装饰；压膜地坪、彩胶石等用于室外装饰。

(3) 复合型人造石材

复合型人造石材是用无机材料将填料粘接成型后，再将坯体浸渍于有机单体中，使其在一定条件下聚合。对板材而言，底层用低廉而性能稳定的无机材料，面层用聚酯和大理石粉制作，如植草砖、道路砖等。

(4) 烧结型人造石材

烧结型人造石材的制作工艺与陶瓷相似。即坯料制备→半干压法成型→窑炉中1000℃左右的高温焙烧。如仿花岗岩瓷砖、仿大理石陶瓷艺术板等。一般用作餐桌、茶几等台面。

2.2.2 人造石材的性质

以上4种人造石材中，树脂型人造石材是目前国内外使用最为常见的一种人造石材，其主要性能有以下几点：

①色彩花纹仿真性强，其质感和装饰效果可以和天然石材媲美。

②重量轻、强度高、不易碎，便于粘贴施工，降低了建筑物结构的自重，同时减轻了操作工的劳动强度。

③具有良好的耐酸性、耐碱性、耐腐蚀性和抗污染性。

④可加工性能好，比天然石材易于锯切、钻孔，便于安装施工。

⑤易老化，树脂型人造石材由于采用了有机胶结料，在大气中长期受到阳光、热、氧、水分等综合作用后，会逐渐老化，使表面褪色、失去光泽而降低装饰效果。

2.2.3 常用人造石材

(1) 彩胶石与抿洗石

选用各种颜色的天然石材经破碎水磨制成，又经多重机械、人工筛选，得到色泽天然、圆滑光亮的机制散粒石材，称为广泰石。广泰石与树脂搅拌、压制成型的石材称为彩胶石，适宜铺贴园林地面，其透气性、渗水性高于大理石、水泥地，使用寿命达50年。广泰石与抿洗泥按一定的比例调配、混合制成的石材称为抿洗石，施工简便，美观大方。

(2) 压膜地坪

压膜地坪是由胶黏材料、天然骨料、无机颜料和添加剂组成，经搅拌、加压成型的具有高强度耐磨地坪材料。其优点是易施工、一次成型、施工快捷、修复方便、不易褪色、使用周期长和艺术效果好等，弥补了普通道路砖整体性差、高低不平、易松动、使用周期短等问题。

(3)水磨石

水磨石是以水泥为胶结剂,混入不同粒径的石屑,经搅拌、成型、养护、研磨、抛光等主要工序制成一定形状的人造石材,属水泥型人造石材,分现浇水磨石和预制水磨石。彩色水磨石的加工可通过掺入彩色颜料或彩色石屑的方法制得。

(4)人造文化石

人造文化石(又称人造艺术石),是仿天然石,其外观与天然石相似,采用硅钙、石膏作材料,无机颜料以手工作业着色精制而成,色彩丰富,能有千种以上不同变化,且其特性与天然石一样不可燃,不需保养,施工方式与贴瓷砖相同。

(5)仿汉白玉大理石栏杆

仿汉白玉大理石栏杆采用高分子复合材料经模具灌注而成。产品雕刻精美,表面洁白光滑,耐酸碱腐蚀,抗风化,强度高,坚硬如石。广泛应用于物业小区、旅游景点和公园等处。

常用人造石及应用如图 2-12 所示。

彩胶石及其应用

抿洗石及其应用

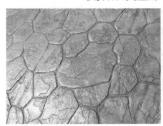

压膜地坪及其应用

预制水磨石制品　　　　　现浇水磨石地面

图 2-12　人造石及应用

人造文化石及其应用　　　　　　　仿汉白玉大理石栏杆

图 2-12　人造石及应用（续）

【技能训练】

技能 2-1　常用石材的识别

1. 目的要求

通过认识石材，熟悉石材的种类、花色品种、技术性质、规格和质量等。

2. 材料与工具

（1）各种类别、规格、质量的石材。

（2）每组分别配备 1 把 1m 钢直尺、读数值为 0.1mm 的游标卡尺。

（3）10% 的稀盐酸、10% 的稀硫酸小滴瓶各 10 瓶。

3. 内容与方法

（1）石材分类（观察法、检验法）

①各组将编号不同的石材放在桌上，肉眼观察，根据所学的知识，将石材初步分类。

②将具有微细颗粒不成层理结构的石材滴稀盐酸，观察石材是否冒气泡；将颗粒粗或中等且致密的有不同颜色或条纹的石材滴稀硫酸，观察石材是否被腐蚀。

（2）石材的规格尺寸及外观质量

①规格尺寸　用刻度值为 0.5mm 的钢直尺测量板材的长度和宽度；用读数值为 0.1mm 的游标卡尺测量板材的厚度。

长度、宽度分别在板材的 3 个部位测量，厚度测量 4 条边的中点部位（图 2-13）。

分别用测量长、宽、厚的平均值表示长度、宽度和厚度；分别用偏差的最大值和最小值来表示长度、宽度的尺寸偏差，精确到 0.5mm，用同块板材上厚度偏差的最大值和最小值之间的差值表示块板材上的厚度极差。读数准确至 0.1mm。

②外观质量

花纹色调　将选定的材料样品板与被检板材同时平放在地上，距 1.5m 目测。

缺陷　将平尺紧靠有缺陷的部分，用刻度值为 1mm 的钢直尺测量缺陷的长度、宽度，坑窝在距离 1.5m 处目测。

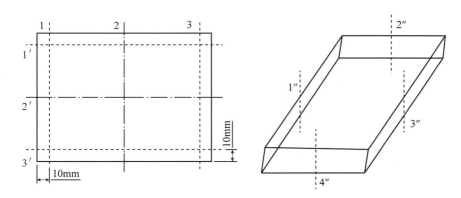

1,2,3—宽度测量线；1′,2′,3′—长度测量线；1″,2″,3″,4″—厚度测量线

图 2-13　板材规格尺寸（长、宽、厚）测量位置

（3）技术性质

石材应符合《天然花岗石建筑板材》（GB/T 18601—2009）、《天然大理石建筑板材》（GB/T 19766—2005）、《天然石灰石建筑板材》（GB/T 23453—2009）、《天然砂岩建筑板材》（GB/T 23452—2009）和《天然板石》（GB/T 18600—2009）标准。

4．实训成果

完成表 2-3。

表 2-3　石材识别报告表

序号	石材名称	石材大类	表面加工处理	颜色	规格类型（mm）	质量等级
1	麻石	花岗石	蘑菇面	芝麻灰	普型板 600×600×30	一等品
2						
3						
4						
5						
6						
7						
8						
9						
10						
⋮						

技能 2-2　常用石材的应用

1．目的要求

（1）根据石材的外观、性能、规格等，学会选用石材。

(2)通过掌握石材的类别、技术性质和应用,为学习"园林规划设计""园林工程施工技术""园林工程预决算和组织管理"等专业课程打下良好的基础。

2. 材料与工具

5m 钢卷尺,相机,笔和本子。

3. 内容与方法

观察校园内各种石材的应用。

(1)写出石材分类名称(观察法、对照法)

肉眼观察,对照所学的知识和图片,将石材分类并写出石材名称。

(2)石材的规格尺寸及外观质量

①规格尺寸　用卷尺量取石材尺寸。

②外观质量　目测石材的花纹色调、缺陷等,判定质量等级。

(3)技术性质

石材应符合《天然花岗石建筑板材》(GB/T 18601—2009)、《天然大理石建筑板材》(GB/T 19766—2005)、《天然石灰石建筑板材》(GB/T 23453—2009)、《天然砂岩建筑板材》(GB/T 23452—2009)和《天然板石》(GB/T 18600—2009)标准。

4. 实训成果

完成表2-4。

表2-4　校园内石材应用报告表

序号	石材名称 (含表面加工处理)	石材大类	质量等级	规格类型(mm)	单位	应用
1	蘑菇面芝麻灰	花岗石	一等品	普型板 600×600×30	块	学校大门柱子饰面
2						
3						
4						
5						
6						
7						
8						
9						
10						
⋮						

技能 2-3　常用石材的选购

1. 目的要求

按照技能 2-2 校园内石材应用报告表和石材照片，学会到市场选购石材。

2. 材料与工具

5m 钢卷尺，相机，笔和本子。

3. 内容和方法

（1）采购地点

装饰市场、建筑材料市场或石材加工厂。

（2）采购内容和方法

根据技能 2-2 校园内石材应用清单应采购的石材找到 2~3 家店铺或加工厂，观察石材外观及质量，询问价格并比较，要求石材外观、规格尺寸、质量等相符，价格合理，然后确定在哪家商铺购买。

（3）技术性质

石材应符合《天然花岗石建筑板材》（GB/T 18601—2009）、《天然大理石建筑板材》（GB/T 19766—2005）、《天然石灰石建筑板材》（GB/T 23453—2009）、《天然砂岩建筑板材》（GB/T 23452—2009）和《天然板石》（GB/T 18600—2009）标准。

4. 实训成果

完成表 2-5。

表 2-5　校园内石材应用采购清单

序号	石材名称（表面加工处理）	质量等级	规格类型(mm)	单位	单价（元）	数量	价格（元）	品牌或产地
1	蘑菇面芝麻灰	一等品	普型板 600×600×30	m²	120	15	1800	衡山
2								
3								
4								
5								
6								
7								
8								
9								
10								
⋮								

【知识拓展】

室外毛面石材的维护保养

随着时代发展和人们审美观的变化，毛面石材的应用越来越广泛，毛面石材以其优良的装饰效果、防滑、耐用等常用于广场、庭院、外墙等。但毛面石材易藏污纳垢，易滞留水，难清洁及易损坏，日常清洁和保养维护难度较高。不过可以通过良好的处理和保养维护，做到扬长避短，现以最常见、最具代表性的火烧面花岗石为例介绍石材保养技术，其他类型的石材保养方法大致相同。

1. 毛面花岗石使用技巧

(1) 室外使用，增加厚度

室外花岗石，应视不同环境中的需求，增加板材厚度。如室内不承重的区域，可以用厚2~2.5cm的板材；室外不承重的区域，应采用厚3~5cm的板材；而室外重载区域应采用厚5~10cm的板材。

(2) 缝隙处理

重要场合铺设的花岗石，应将缝隙做密封处理。处理时，用硅酮密封胶，注入石材缝隙处进行密封。硅酮密封胶有弹性，可防止花岗石因热胀冷缩而造成的崩裂、破损。尽量不用云石胶，因其凝结后硬度较高，没有弹性。

(3) 防护处理

毛面石材一般防护剂可以防水，但不能防污，污染物会滞留在石材表面的凹坑中。而用密封成膜型防护剂如VD石材润色防护剂防护效果较佳，其主要成分为丙烯酸树脂，可渗进石材表层和表面，经凝结、干涸作用，填平毛面石材表面的凹坑，降低其粗糙度，可降低毛面花岗石吸水率幅度达99%以上，减少污染物滞留。丙烯酸树脂的渗透、浸润作用，可将石材底色、花纹更加清晰地透射出来，石材颜色更加鲜艳，因此称为"润色"防护剂。

2. 毛面石材维护保养实例

(1) 基本情况

某广场的毛面石材目前已严重污染、受损。因未做过专业防护剂处理，施工过程中的涂料、油漆等落在其表面形成深层或黏附力极强的污染；日常中灰尘、油污、果汁和色渍等吸附和渗透其中；在石材的表面上有锈变、黄斑现象；因清洁不当，石材表面有被腐蚀、污染的现象；由于雨水渗入到石材底部，水泥碱成分经过石材的微孔上返，石材内复杂的化学成分反应形成盐的晶体，使部分石材呈现水斑现象。

(2) 技术方案

针对某广场毛面石材的属性、安装环境及目前存在的病变等，现场勘察并取样进行石材成分分析，确定维护保养方案：首次进行全面护理，包括清洗、翻新打磨、污染处理、整体防护处理，即对该石材进行专业的物理及化学清洁、翻新处理，以去除石材表面及深层的污渍、油渍等，并打磨掉石材表面磨损层及恢复石材表面密度，然后对清理、翻新处理后的石材进行专业的渗透剂及特殊的防护处理，以确保石材处理后达到理想的效果及不易污染，便于后期日常维护保养，并降低后期维护费用，真正达到提高石材装饰效果、延长石材使用寿命的目的。经全面护理后的石材，除特殊重点污染区域（如停车场、餐饮区等）的广场麻面石材，定期常规清洁与日常保洁即可。

(3) 施工流程

全面专业清洗养护施工工艺流程如下：

①化学清洗

a. 清理石材表面：使用中性石材专用清洁剂、油渍清洗剂对石材清洗，清洁石材表面污渍。

b. 处理石材深层油渍、污渍：对局部渗入石材深层的油斑及污染部位，覆盖专用石材去油膏如 AJS 去油膏，清洁吸附石材深层的油斑。

c. 清理石材表面胶渍：石材表面的口香糖、不干胶、油漆等胶渍污染，选用石材专用除胶剂如 ZKAJ-007 除胶剂进行清除。

②机械清洗（翻新）

a. 使用石材加重翻新机，火烧面花岗石专用翻新研磨刷配合专用石材的研磨剂进行打磨，刷净石材表面污渍及提高石材表面密度，尽量恢复石材的天然色泽。

b. 使用 $36^{\#}$（粗号）翻新刷打磨，$46^{\#}$ 翻新刷（中号）把被酸性腐蚀的石面及磨损的石面层打磨至新。

c. 使用细号 $120^{\#}$、$200^{\#}$ 刷打磨，增强石材表面的密度。

③病变清洗　使用多功能花岗石材清洁剂（渗透型）对石面进行全面清洗。多功能花岗石材清洁剂活性成分含量高，弱碱性，独特配方，可有效地清除石材表面的污渍、油渍等，而对石材无任何损伤，含有可保护石材的成分。

④防护处理　清洗后的石材自然干燥或风干后，使用石材专业渗透性防护剂如 AJS-602 防护剂或德国 AKEMI 有机硅深层渗透性石材防护剂，涂刷 2～3 遍。渗透型处理，可渗入石材深层，表面不成膜；透气性佳，防止石材病变产生；液态水不能进入；紫外线稳定，能增加处理层的寿命；减少由于冻融和风化产生的开裂和剥落，从而延长石材的使用寿命。

毛面石材维护保养图例如图 2-14 所示。

水渍、粗糙、锈变等的地面　　果汁、油渍、色素污染的地面　　AJS专业石材通用清洁剂

AJS石材深层去油渍剂　　专业翻新研磨刷及打磨机　　油性石材防护剂（快干型）　　石材锈变清洗剂

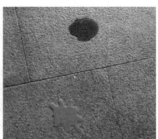

翻新刷与清洁剂物化综合翻新　　保养后的地面　　防护后的地面不吸油不染色

图 2-14　毛面石材维护保养图例

密封防护是提升毛面石材装饰品质、延长使用寿命，减少清洗、维护难度的最佳选择。石材维护保养是一门实用性很强的技术。拥有丰富的经验，才能全方位解决石材问题。

【自主学习资源库】

1. 景观材料及其应用. [美]罗布·W·索温斯基. 孙兴文，译. 电子工业出版社，2011.
2. 建筑装饰材料(第二版). 向才旺. 中国建筑工业出版社，2004.
3. 环境艺术装饰材料与构造. 李蔚，傅彬. 北京大学出版社，2010.
4. 全国石材护理 VD 联盟：http://www.vdstonecare.com.

5. 中国石材网：http：//www.stonesm.com.

【自测题】

一、填空题(20分，每小题5分)

1. 天然花岗石建筑板材根据用途和加工方法可分为(　　)、(　　)、(　　)3种。
2. 天然大理石板材主要用于建筑物室(　　)饰面，少数品种如(　　)、(　　)等可用作室(　　)饰面材料；天然花岗石板材用作建筑物室(　　)高级饰面材料。
3. 天然石材按商业用途分为(　　)、(　　)、(　　)、(　　)、(　　)和其他石材如玉石共6类。
4. 景观中使用的石材，按自然形成或加工后的外形规则程度分为：(　　)、(　　)、(　　)和(　　)4种。

二、判断题(20分，每小题4分)

1. 花岗石板材既可用于室内装饰又可用于室外装饰。　　　　　　　　　　(　　)
2. 汉白玉是一种白色花岗石，因此可用作室外装饰和雕塑。　　　　　　　(　　)
3. 天然石材按其抗压强度共分为MU100、MU80、MU60、MU50、MU40、MU30、MU20、MU15和MU10共9个强度等级。　　　　　　　　　　　　　　　　(　　)
4. 水磨石是以水泥为胶结剂，混入不同粒径的石屑，经搅拌、成型、养护、研磨、抛光等主要工序制成一定形状的人造石材，属水泥型人造石材。　　　　(　　)
5. 花岗石的外观呈整体均粒状结构，具有色泽深浅不同的斑点状花纹，分布着繁星般的云母亮点与闪闪发光的石英结晶。　　　　　　　　　　　　　　　(　　)

三、简答题(60分，每小题12分)

1. 简述大理石与花岗石的区别。
2. 某商场门口过道与步行阶梯，可以使用"金线米黄"来铺设装饰吗？为什么？请阐述理由。
3. MU100、MU30各代表什么意思？
4. 什么是人造石材？通常分为哪几种？请举例。
5. 为什么大理石一般不宜用作室外装修(除汉白玉和艾叶青外)？

单元 3
木材与竹材

【知识目标】

(1) 理解木材和竹材的特点、技术性质和防腐方法。

(2) 掌握常用木材的名称、产地和纹理结构。

【技能目标】

能写出常用木材和竹材的种类、性质与应用。

木材和竹材作为传统的材料，以其特有的固碳、可再生、可自然降解和美观等天然属性，以及比强度高和加工能耗低等特性，一直被人类利用，在人类的发展历史中发挥了极其重要的作用，广泛用于建筑结构、园林小品、家具、包装、铁路等领域。

3.1　木　材

木材、钢材、水泥并称为三大建筑材料。木材泛指用于土木建筑的木制材料，工程中所用木材主要取自树木的树干部分。

3.1.1　木材的分类

树木一般按树叶可分为针叶树和阔叶树两大类，木材按材质分为软木材和硬木材。

针叶树树叶细长，呈针状或鳞片状，多为常绿树，树干通直高大，易得大树，其纹理顺直、木质均匀，木质较软且易于加工，故又称为软木材，如松、杉、柏等，常作为景观建筑中承重构件、园林小品、桥梁、门窗等用材，也可加工成胶合板。

阔叶树树叶宽大呈片状，多为落叶树，多数树种其树干通直，部分较短，材质坚硬，较难加工，故又称为硬(杂)木材，如山樟木、菠萝格、水曲柳、柞木、柚木等，常作为景观建筑中园林小品、室内装修贴面板、家具等装饰用材，也可加工成微薄木贴面材料。

常用木材树种如下：

俄罗斯樟子松　材质细、纹理直，经防腐处理后，能有效地防止霉菌、白蚁、微生物的侵蚀。俄罗斯樟子松资源极为丰富，是我国防腐企业主要的原木进口基地，在我国黑龙江大兴安岭、内蒙古海拉尔以西的部分山区和小兴安岭北部也有分布。一般可用于花架主梁、大梁、结构、柱子和屋面等。

红松　分布在中国东北的小兴安岭到长白山一带，俄罗斯、日本、朝鲜的部分地区也有分布。木材轻软、细致、纹理直、耐腐蚀性强，不管是在古代的楼宇宫殿，还是在近代的人民大会堂等著名建筑中，红松都起到了脊梁的作用，为建筑、桥梁、枕木、家具的优良用材。

云杉　纹理细密通直、材质稳定、不易变形开裂。主要用于建筑结构材料、桥梁、装饰龙骨等。

美国南方松　产自美国东南部，其纹理独特且优美，强度佳、耐久性好、钉着力强。被广泛用于各种类型的建筑结构、户外平台、步道、桥梁等设施的建造中，被誉为"世界顶级结构用材"。

花旗松　心材淡红色，边材淡黄色而有树脂，材质坚韧，富有弹力，保存期长。适用于制作民宅、小型商业建筑、多层建筑和工业建筑所使用的木制框架。

落叶松　中国东北、内蒙古林区主要的森林组成树种，边材黄白色微带褐色，心材黄褐至棕褐色。其木材重而坚实，抗压及抗弯曲的强度大，而且耐腐朽，木材工艺价值高，是电杆、枕木、桥梁、矿柱、车辆、建筑等的优良用材。

芬兰木　其防腐木有芬兰原装进口和进口原料加工处理两种类型，主要材质是北欧红松，生长在芬兰。主要用于地板龙骨、木桥、木质小码头、柱子等。

沙比利　木材结构细、强度较高、耐久、抗白蚁。主要分布于非洲、东南亚国家及我国海南。宜于制作地板、室内装饰配件及护墙板、柜橱、高档家具、乐器、工艺品、镶嵌细木工、运动器材、重型结构，某种程度上可以用作大件红木家具的辅材及其相关工艺产品等。

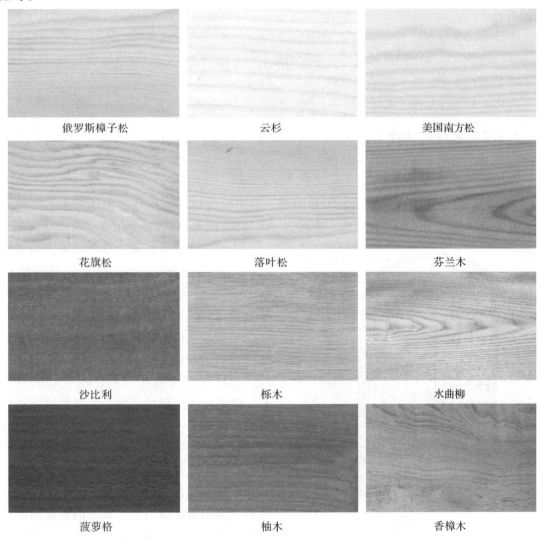

图 3-1　常用树种木纹

栎木　颜色有白色或黄白色，其木材坚硬、结构细腻、强度高、耐磨、耐腐、稳定性好、耐冲击。适用于家具、桥梁、建筑用材等。

槭木　主要产于北美洲，木质细腻，木纹纹理清晰明显，装饰格调清新高雅，是装饰贴面板中常用的理想树种之一。

菠萝格　主要分布于东南亚及太平洋群岛。木材微具光泽、纹理深交错、结构粗、质量硬、强度高、干缩甚小、耐腐、干燥慢、稳定性很好。适用于室内装修、重型结构、地板、细木工、枕木、桥梁、码头、雕刻，也是红木家具的替代品。

柚木　原产于缅甸、泰国、印度山区。木理通直、质地坚硬、细致，材面含油脂之触感，干燥性良好，耐久性高。柚木对多种化学物质均有较强的耐腐蚀性，故宜作化学工业用的木制品。

香樟木　仅分布于我国的长江以南以及西南地区，整树有香气，木质细密，纹理细腻，花纹精美，质地坚韧而且轻柔，不易折断，也不易产生裂纹。它可以驱虫防霉，自古以来就是制作衣柜、箱子的最佳材料。

常用树种木纹如图3-1所示。

3.1.2　木材的特性

3.1.2.1　木材的构造

木材的构造是决定木材性质的主要因素。不同的树种及生长环境条件形成不同的木材，其构造差别很大。树干由树皮、形成层、木质部（即木材）和髓心组成。

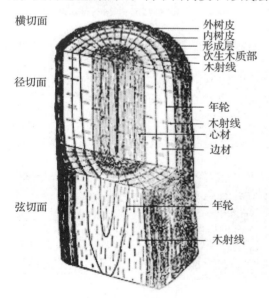

图3-2　木材结构图

为便于了解木材的构造，将树木切成横切面、径切面和弦切面3个不同的切面（图3-2）。横切面是指与树木生长方向垂直锯截而得到的切面，它是识别木材最重要的一个切面。从树干横截面的木质部上可看到环绕髓心的年轮，每一年轮一般由两部分组成：色浅的部分称为早材，在季节早期生长，细胞较大，材质较疏；色深的部分称为晚材，在季节晚期生长，细胞较小，木材质地较致密。有些木材，在树干的中部，颜色较深，称为心材；在边部，颜色较浅，称为边材。这个切面的板材硬度大，耐磨损，但易折。径切面是指与年轮垂直的纵切面。径切面板材收缩小，不易翘曲，木纹顺直，硬度也较好。弦切面是指顺着树干方向纵向锯解的切面，弦切面板材面上年轮呈 V 字形花纹，较美观，但易翘曲变形。

3.1.2.2　木材的性质

木材的性质包括物理性质、力学性质、化学性质和工艺性质等。

(1) 木材的物理性质

①木材的密度　密度是指单位体积木材的质量。木材的质量和体积均受含水率影响，木材的密度与含水率成正相关关系。木材的密度随树种而异，大多数木材的气干密度为 $0.3 \sim 0.9 \text{g/cm}^3$，密度大的木材，其力学强度一般较高。

②木材的含水率　含水率是指木材中水分重量占烘干木材重量的百分数。新伐木材的含水率在 35% 以上；风干木材的含水率为 15%~25%；室内干燥木材的含水率为 8%~15%。木材在大气中能吸收或蒸发水分，与周围空气的相对湿度和温度相适应而达到恒定的含水率，称为平衡含水率。木材平衡含水率随地区、季节及气候等因素而变化，在 10%~18% 之间。根据《木材含水率测定方法》(GB/T 1931—2009) 测定。木材含水率对木材的湿胀干缩性和强度影响很大。

③木材的湿涨干缩　木材吸收水分后体积膨胀，失去水分则收缩。木材自纤维饱和点至干燥炉内烘干的干缩率，顺纹方向的干缩率约为 0.1%，径向的为 3%~6%，弦向的为 6%~12%，径向和弦向干缩率的不同是木材产生裂缝和翘曲的主要原因。湿胀会造成木材凸起，干缩会导致木结构连接处松动，长期的湿胀干缩交替作用，会造成木材翘曲开裂。为了避免这种情况，通常在加工使用前将木材进行干燥处理，降低含水率。木材的物理性质对木材的选用和加工具有很重要的现实意义。

(2) 木材的力学性质

木材纹理方向不同，其力学性能也存在较大差异，木材的横压极限强度是顺压强度的 10%~20%，横拉强度仅为顺拉强度的 1.5%~10%，木材的顺纹抗拉和抗压强度均较高；横纹抗拉和抗压强度较低，表现出各向异性；硬木强度高，但脆性比较大，容易断裂；软木质轻，柔韧性好，但强度低；因木节尺寸和位置不同，受拉或受压强度不同，有节木材的强度比无节木材可降低 30%~60%；木材在荷载长期作用下的长期强度几乎只有瞬时强度的一半。

(3) 木材的化学性质

木材在各种物理、化学、机械、光和微生物的作用下会发生降解反应，使木材机械强度降低，大部分起破坏作用。利用醋酸酐处理木材，既可提高强度又能提高稳定性；采用接枝共聚和交联反应可以增加木材的强度，减少木材的吸湿性，提高木材的尺寸稳定性；还可以利用交联反应生产不用胶黏剂的纤维板等。

(4) 木材的工艺性质

木材的工艺性质(或加工特征)是指木材便于切削、胶合、表面装饰等基本加工，以及木材保护、改性等功能处理、制作安装的性质。木材切削包含锯、刨、铣、钻、砂磨等独特的方法，使木材呈现各种不同的纹理。木材的胶合性不仅是木材加工如胶合板、刨花板、纤维板等，也是再造木材和改良木材如各种层积木、胶合木等产品生产的前提。木材装饰性赋予了木材表面各种花纹图案、色彩，如传统的桐油和生漆涂刷表面、覆三聚氰胺板等，实际上任何表面装饰都兼有保护作用。木材保护包括木材防腐、防蛀和木材阻燃等方法，以使木材免受侵害。木材改性是为了提高或改善木材的某些物理、力学性质或化学性质而进行的技术处理。

3.1.2.3　木材的特点

（1）优点

①轻质高强　木材的表观密度一般为 550kg/m³ 左右，但其顺纹抗拉强度和抗弯强度均在 100MPa 左右，因此木材比强度大，轻质高强，具有很高的使用价值，可用作结构材料。

②弹性、韧性好　木材独特的构造，使其具有良好的弹性和韧性，能承受较大的冲击荷载和振动作用。

③装饰性好　木材具有美丽的天然纹理，易着色和油漆，可以作为室内装饰或制作家具，给人以自然而高雅的美感。

④保温隔热性能良好　木材为多孔结构的材料，其孔隙率可达50%，一般木材的导热系数只有 0.30W/(m·K) 左右，接近于保温隔热材料的导热系数 [0.23 W/(m·K)]，故木材具有良好的保温隔热性能。

⑤加工性好　木材材质较软，容易进行锯、刨和雕刻等加工，可制作成各种造型、线型、花饰的构件与制品，而且安装施工方便。

⑥耐久性好　工程实践证明，只要一直保持木材通风干燥或浸于水中，就不会腐朽破坏。例如，山西应县佛宫寺木塔（建于 1056 年），至今仍保持良好。

（2）缺点

木材具有各向异性，内部构造不均匀，干缩湿胀变形大，易腐蚀、虫蛀，易燃烧，天然疵病多，生长缓慢等缺点。所以在使用中应采用适当的措施，减少缺点对应用的影响。

3.1.3　木材的加工处理

木材加工（wood processing）是以木材为原料，主要用机械或化学方法进行的加工，其产品仍保持木材的基本特性。木材加工处理技术包括切削、干燥、胶合、表面装饰等基本加工技术，以及保护、改性等功能处理技术。

木材加工已成为一个稳定的工艺系统，专业化程度不断提高。电子计算机的应用，对制材技术的革新，木制品加工工业系统的变革，以至人造板生产工艺和产品设计工程的发展，都产生了重要作用。今后微处理机将更加深入到许多木材加工工艺领域，如原木、锯材的检尺、分等,木材、单板等干燥过程的控制以及热压工艺参数的调节等。同时,生物工程应用于纤维分离过程的可能性也已出现,定向技术的进一步提高,有可能使刨花和纤维按照产品用途性能的要求进行组织和纹理排列,成为木材加工中的最新技术。此外,在新技术革命的影响下,无木芯旋切、无胶胶合、无屑切削,以及木制品工业中应用柔性加工系统等的试验研究,都预示着木材加工技术将进一步发生重大的变革。

随着人类需求发生变化和科学技术的进步,木材利用方式从原始的原木逐渐发展到木质重组材料和木质复合材料,形成了一个庞大的新型木质材料家族。常用木材形状有板材、型材、线材和片材等。

3.1.3.1 木材锯切加工

为减小木材在使用中发生变形和开裂,木材通常须经自然干燥或人工干燥。自然干燥是将木材堆垛进行气干。人工干燥主要用干燥窑法,也可用简易的烘、烤方法。干燥窑是一种装有循环空气设备的干燥室,能调节和控制空气的温度和湿度,经干燥窑干燥的木材质量好,含水率可达到10%以下。木材按用途和加工程度的不同可分为原条、原木和锯材。

(1)原条

原条指已经去皮、根、树梢、树桠等尚未加工成材的木料,主要用于脚手架、建筑用材,家具等。

(2)原木

原条按一定尺寸加工成规定直径和长度的圆木段称为原木,又可分为直接使用原木和加工用原木。一般规定材长度不超过12m,刨切材长度在2.60~3.20m及以上。直接使用原木用于屋架、檩条、椽木和木桩等;加工用原木主要用于加工锯材、制作胶合板和一般加工用材等。

(3)锯材

原木按一定的规格要求加工后的成材称为锯材。根据《制材工艺术语》(GB/T 11917—2009),经过锯切加工的木料,包括板材(截面宽度为厚度的2倍及以上)、方木(截面宽度不足厚度2倍者)、整边锯材和毛边锯材等。普通锯材长度:针叶树为1~8m,阔叶树为1~6m。主要用于建筑工程、桥梁、家具和装饰等。

3.1.3.2 木材防腐处理

木材受到木腐菌(真菌)的侵害而引起颜色的改变、糟烂、解体的现象称为木材腐朽。木材腐朽实质为真菌侵害所致。真菌分霉菌、变色菌和腐朽菌3种,其中腐朽菌对木材的影响最大,腐朽菌一般寄生在木材的细胞壁中,它分泌出一种酵素,把细胞壁物质分解成简单的养分,供自身摄取生存,从而致使木材产生腐朽。木腐菌的生存需具备以下3个条件:①水分。木腐菌分泌酵素以水为媒介,把木质本身分解成糖作营养,木材含水率在

30%～50%，空气相对湿度保持在80%～100%时最易腐朽。木材在干燥环境(含水率18%以下)中时，真菌无法繁殖。②温度。真菌繁殖的适宜温度为20～35℃，温度低于5℃时真菌停止繁殖，而高于60℃时，真菌则死亡。③空气。真菌繁殖和生存需要一定的氧气。木材完全浸泡在水中(缺氧)，木腐菌无法生存和繁殖。所以对木材最主要的加工处理方法是降低含水率，一般含水率18%条件下木腐菌便无法繁殖。同时还应使木材处于通风场所，避免受潮，若通风不好，空气相对湿度保持在80%～100%，木腐菌也可生长。

在使用前，应根据木材所处的环境，选用合适的防腐方法，对木材进行恰当的处理，有效地延缓腐朽速度。

木材防腐最常用、最有效的方法是使木结构、木制品常年处于通风干燥的状态，并对木结构、木制品表面进行油漆涂饰处理，油漆涂层使木材既隔绝了空气，又隔绝了水分，彻底破坏了真菌生存的条件。木材在户外使用时，相对于室内而言环境条件更加恶劣，为使木材抵抗白蚁和木腐菌的侵蚀，延长使用寿命，一般要对木材进行防腐处理。常见的防腐处理方式有两种：一种是化学防腐剂处理，称为防腐木；另一种是碳化处理，称为碳化木。下面分别介绍：

(1)防腐木

①木材防腐处理　木材化学防腐剂处理使真菌无法寄生。木材防腐剂种类很多，一般分为水溶性防腐剂、有机溶剂防腐剂和油类防腐剂3类。常用的防腐剂是铜铬砷(CCA)，它是世界上最常用的水溶性防腐剂之一，由铜、铬和砷盐配制而成。木材的防腐效果取决于所用防腐剂的毒性大小，毒性越大防腐效果越佳。然而，这些毒性药剂对人类和环境也相应地产生很多不利影响。因此，近年来出现了高效低毒的木材防腐剂。烷基氨化合物就是一种极具潜力的新型木材防腐剂，具有水溶性好、致死生物效力高、范围广、抗流失性强、对人体无毒害、对环境无污染等特点。如铜氨(胺)季铵盐(ACQ)是一种新型水溶性防腐剂，其活性成分是Cu^{2+}和NH_4^+，对人畜非常安全，但经ACQ处理的木材还是能被白腐菌侵蚀，有待进一步研发。

木材防腐有常压浸泡法、冷热槽浸透法和压力渗透法。常压浸泡法是在常温常压下，将木材浸泡在盛防腐剂溶液的槽或池中，木材始终处于液面以下部位一段时间后取出使用，适用于单板和补救性防腐处理，以及临时性的木材；冷热槽浸透法是指利用热胀冷缩的原理，使木材内的气体热胀冷缩，产生压力差，以便克服液体的渗透阻力，即将木材在热的液体中加热，通常用于小批量木材的防腐处理；压力渗透法是指将处理的竹、木材装入罐内，然后将罐门闭合、关紧，处理罐抽成真空，随后注入配制的防腐剂药液，再施以不同压力，将防腐剂强制注入木材内部的处理方法。此法适用于易腐朽木材防腐处理，如云杉、鱼鳞云杉、落叶松等，也适用于易注入木材的防腐处理，如处理永久性的木建筑、枕木、坑木和海中桩柱等，其防腐效果和时间均优于常压法。

②防腐木的特点　防腐木是将普通软木材经过人工添加化学防腐剂之后，使其具有防

腐蚀、防潮、防虫蚁、防霉变以及防水的特点，同时还具有渗透性好、抗流失性强、能抑制木材含水率变化等特性，能够直接接触土壤及潮湿环境，是户外地板、娱乐设施、栈道等木质园林小品和建筑物的理想材料，深受人们的青睐。随着科学技术的发展，防腐木已经逐渐趋向环保，也经常被使用在室内装修、地板及家具中。

（2）炭化木

炭化木是将木材的营养成分炭化，通过切断腐朽菌生存的营养链来达到防腐的目的。

①木材炭化处理　木材炭化处理有两种方法：表面炭化防腐法和深度炭化防腐法。表面炭化一般是在防腐木材表面用氧枪或乙炔枪灼烧，使木材表面具有一层很薄的炭化层，可以突显表面凹凸的木纹，产生立体效果。表面炭化木不宜用于接触土壤和水的环境。深度炭化是在阻隔氧化与水解反应的环境的处理罐中，为了改善木材的尺寸稳定性、耐久性等性能，在180～250℃温度下对木材进行短期热解改性处理。

②炭化木的特点　经过了高温处理的炭化木，有着其他木材无法比拟的优越性能：炭化木的营养成分被破坏，具有较好的防腐、防虫功能；炭化木不易吸水，耐潮湿，在外界湿度变化差异大的环境中，不易变形，不易开裂，比普通木材稳定性更高；炭化木表面形成一层保护膜，没有起毛的弊病；在外观上，炭化过程使木材的颜色加深，炭化过程中温度越高，木材的颜色也就越深，炭化木经过压刨处理后，里外颜色一致，纹理变得清晰，手感舒适。

炭化木广泛使用于桑拿房及浴室、装饰墙板、游泳池地板、庭院等。在户外家具的使用中，炭化木自然纹理的凹凸显现、稳重质朴的感觉与庭院、绿植、水景、山石相呼应，相得益彰。

3.1.3.3　木材阻燃处理

木材的碳氢化合物含量高，是易燃材料，迄今尚无找到使木材靠近火源而不燃烧的方法。木材阻燃处理主要是推迟或消除木材的引燃过程，降低火焰在木材上蔓延的速度，延缓火焰破坏的速度。经处理的阻燃木材作为功能性材料，除了需具有良好的阻燃性能，还应基本保留木材原有的优良特性。这对建筑、造船、车辆制造等行业都很重要。

木材阻燃方法分为化学阻燃法和物理阻燃法。

（1）化学阻燃法

化学阻燃法主要是使用化学药剂（即阻燃剂）处理木材。阻燃剂的作用机理是在木材表面形成保护层，隔绝或稀释氧气供给；或遇高温分解，放出大量不燃性气体或水蒸气，冲淡木材热解时释放出的可燃性气体；或阻延木材温度升高，使其难以达到热解所需的温度；或提高木炭的形成能力，降低传热速度；或切断燃烧链，使火焰迅速熄灭。

理想的木材阻燃剂应具有如下特点：①阻燃效能高，能阻止有焰燃烧、抑制阴燃；②阻燃剂无毒，不污染环境，阻燃木材热解产物少烟、低毒、无刺激性和无腐蚀性，具有防腐、防虫性能；③低吸湿性，阻燃性能持久，在湿度较高的环境中不易水解和流失，稳定性好；④木材的物理力学性能、工艺性能和木材原有的纹理、质感等基本不受影响；

⑤来源丰富，易于使用。根据阻燃处理的方法，阻燃剂可分为两类：一是表面涂敷法（又称现场处理法），是在加工成型木材表面涂敷阻燃剂或阻燃涂料，或在其表面粘贴不燃性物质，通过保护层的隔氧、隔热作用达到阻燃的目的。二是浸渍处理法（又称提前处理法），是将木材浸泡在阻燃剂溶液里，使阻燃剂渗透到木材内部，当木材受到热作用时，阻燃剂产生一系列的物理、化学变化，降低木材热解时可燃气体的释放量及燃烧速度，从而达到阻燃的目的。木材阻燃剂主要有无机阻燃剂和有机阻燃剂，其中无机阻燃剂包括磷酸二氢铵、多硼酸钠、硼酸铵、$Al(OH)_3$ 和 $Mg(OH)_2$ 等。发展最早，具有稳定性好、不挥发、不析出、无毒、不产生腐蚀性气体、价格低廉、安全性能高等特点，消费量大，市场潜力巨大；有机阻燃剂包括 MDF、UPFP、FRW、卤化烃等，品种多，抗流失，对木材的物理力学性能影响较小，但阻燃性能不稳定，成本高，燃烧时产生大量烟雾和有毒气体。

（2）物理阻燃法

物理阻燃法处理木材时不使用化学试剂，不改变木材结构和化学成分。一是采用大断面木构件，遇火不易被点燃，燃烧时生成炭化层，可以限制热传递和木构件的进一步燃烧，炭化层下的木材仍保持原有的木材强度；二是将木材与不燃的材料制成各种不燃或难燃的复合材料，如水泥刨花板、石膏刨花板、木材—岩棉复合板、木材—金属复合板等。目前复合板因具有节约木材、阻燃、防腐、价格低廉等优势而得到快速发展。

3.1.3.4　木材再造加工与改性处理

在不可再生资源日益枯竭、人类社会正在走向可持续发展的今天，随着科学技术的发展，木材通过切削、干燥、胶合、表面装饰等基本加工技术，以及改性等功能处理技术，最大化利用木材资源，改善木材的性能，满足各种使用要求。木质材料分为木质重组材料和木质复合材料。

（1）木质重组材料

木质重组材料是指利用原木、刨花、木屑、废材及其他植物纤维为原料加入胶黏剂和其他添加剂而制成的材料。

木质重组材料主要有木质人造板、装饰薄木贴面板、三聚氰胺板等，其中木质人造板主要有胶合板、刨花板、纤维板、单板层积材、集成材（又称胶合木）等。

（2）木质复合材料

木质复合材料（wood-based composites）是指以木质材料为主，复合其他材料而构成的具有特殊微观结构和性能的新型材料。通过利用木材与其他材料的复合效果，可根据用途改良天然木材固有的缺点，改善木材的使用性能，赋予木材新的功能，提高木材的使用价值和利用率，扩大木材的使用范围和延长其使用寿命，实现低质材的优化利用，满足不断增长的社会生产和人类生活的需要。

木质复合材料主要有水泥（石膏）刨花板、木塑复合材料、特硬木材、金属化木材、木质导电材料和木材陶瓷等。

常见木质复合材料有：

①单板层积材（LVL）或单板条层积材（PSL） 又称平行胶合板，它是用旋切的厚单板，经施胶、顺纹组坯施压胶合而得到的一种结构材料。具有木材缺陷分布均匀，强度性能变异系数小，抗蠕变和阻燃性能好等优点。主要用作结构建筑中承重构件、家具、门窗和装饰材。与胶合板、金属管组合构成复合梁桁架弦杆。

②集成材 又称胶合木，是使用短而窄的锯切板材进行层积胶压，使其在长、宽、厚3个方向加长、加宽和加厚的结构材料。具有良好的物理力学性能，比强度大，弯曲应力可提高50%，且结构均匀，含水率均匀，内应力小，不易变形和开裂，尺寸稳定性好，且阻燃。比 LVL 更适合于做建筑梁材。

③装饰人造板 是将木质人造板进行各种装饰加工而成的板材。由于色泽、平面图案、立体图案、表面构造、光泽等不同变化，大大提高了材料的视觉效果、艺术感受和材料的声、光、电、热、化学、耐水、耐候、耐久等性能，增强了材料的表达力并拓宽了材料的应用，因而成为装饰领域应用最广泛的材料之一。

④水泥（石膏、矿渣）刨花板 是刨花和水泥（石膏、矿渣）按比例加水混合，经过成型、加压、养护、加压卸模、成品板干燥或附加固化、调湿整形处理，最终含水率为 9%~12% 的板材。具有木材与水泥的双重特性，有良好的耐候、阻燃和防腐性能，其阻燃性、强度和密度随着水泥用量的增加而提高。主要用作建筑板材，常用作公用建筑与住宅建筑的隔墙、吊顶、复合墙体基材等。

⑤水泥（石膏）木丝板 是将长约 500mm 的木丝浸在盐溶液中一段时间，取出木丝与水泥混合后铺装在木模上，堆积起来，放在一边养护，24h 后分开板子和木模，再经过多日养护后锯截成最终尺寸的板材。它的性质跟水泥（石膏、矿渣）刨花板一样，主要用作屋面板、外墙板、隔墙板、天花板、绝热板、隔音板及永久性混凝土模板等。

⑥木质纤维复合板 是将木纤维或木粉与塑料充分混合，在混合过程中熔化塑料形成的制品。它重量轻，物理力学指标优于纯木材制品，并且可以再成型制成各种模压制品。主要用于包装、家具、房屋建筑及汽车内饰件等领域。

⑦蜂巢板 是由两块较薄的面板牢固地黏结在蜂巢状芯材（浸渍合成树脂的牛皮纸、玻璃纤维布或铝片经加工黏合）两面而成的板材。它抗压力强，破坏压力为 $720kg/m^2$，导热性低，抗震性好，不变形，质轻，有隔音效果。常用规格为 2135mm×1220mm×19mm、2135mm×1220mm×16mm，1830mm×915mm×19mm、1830mm×915mm×16mm。主要用于装修基层、活动隔音及厕所隔间、天花板、组合式家具等。

⑧特硬木材 是将木材纤维经特殊处理使纤维互相交结，再把合成树脂覆盖在木材表面经微波处理而成的木质材料。这种新型木材比钢铁还硬，具有不弯曲、不开裂、不缩胀

等特点。可用作屋顶栋梁、门、窗、车厢板和包装制品等。

⑨木材陶瓷　是日本制成一种陶瓷人造木材。由木材或木质纤维在酚醛树脂内浸泡或混合，然后送入焙烧炉中在惰性气体的保护下高温炭化，经切割加工后得到的一种陶瓷人造木材制品。这种木材结构多孔，具有质轻、比强度高、质硬、耐磨、耐热、耐腐蚀、导热和容易加工等优点，是一种优异的建筑构造材料。

⑩铁化木材　是前苏联利用铁化工艺法，将质地松软的木材在真空中用油页岩处理，然后再像烧砖一样进行焙烧而成的制品。这种木材如金属般坚硬，同时具有防火、抗腐等功能，是一种优异的建筑构造材料。此技术为充分利用松软木材创造了条件。

常用木材加工处理产品如图 3-3 所示。

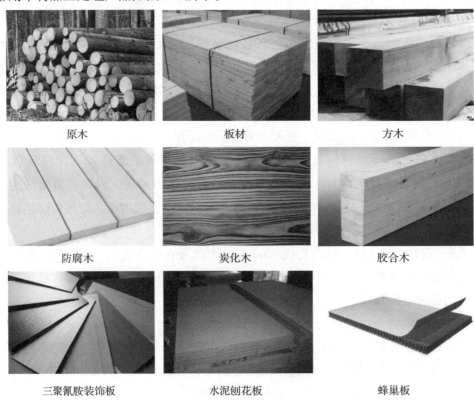

图 3-3　常用木材加工处理产品

3.1.4　木材制品及应用

3.1.4.1　木材在园林景观建造中的应用

(1) 木结构

一般板材和方木所用的木材，根据缺陷情况划分等级，通常为一、二、三、四等，结构和装饰用木材选用等级较高的一、二等。根据《木结构设计规范》（GB 50005—2003）的规定，承重结构用材分为原木、锯材（方木、板材、规格木）和胶合材。用于普通木结构的原木、方木和板材的材质等级分为3级；胶合木构件的材质等级分为3级；轻型木结构用规格材有目测分级规格材和机械分级规格材，目测分级规格材的材质等级分为7级；机械分级规格材的材质按强度等级分为8级。普通木结构构件设计时，应根据构件的主要用途选用相应的材质等级（表3-1）。

表3-1　根据构件的主要用途选用不同的材质等级

项次	主要用途	材质等级
1	受拉或受弯构件	Ⅰa
2	受弯或压弯构件	Ⅱa
3	受压构件及次要受弯构件（如吊顶小龙骨等）	Ⅲa

木材是传统的建筑材料，在古建筑和现代建筑中都得到了广泛应用。古建筑中木材主要用于构架和屋顶，如梁、柱、椽、望板、斗拱等。现代建筑中木材主要用于壳体结构、桁架结构、树状结构、框架结构和肋架结构等。目前我国许多建筑物均为木结构，它们在建筑技术和艺术上均有很高的水平，并具有独特的风格。

作为建筑承重的结构用木材一般树干长，纹理直，木节少，扭纹少，易干燥，少开裂，具有较好的力学性质和便于加工。木建筑在设计施工过程中可以通过一系列的手段来保护木材，提高建筑物的使用寿命。例如，在木结构和建筑物基础之间设置一层防水层，在屋顶设置防水气流通道，在外墙饰面与墙体之间留有通风空间或者铺设透气防水膜等技术手段，使木结构框架保持在一个透气、干燥的环境中，避免建筑物中水在木材表面的长期沉积，如木屋。

在现代木结构建筑中，主要的结构材料是胶合木。胶合木是工程木的一种，目前胶合木主要是指层板胶合木，所用层板沿木材顺纹纤维平行方向放置，在厚度、宽度和长度方向胶合而成的木材制品，胶合木所用板材为小尺寸的方材或板材，不仅没有破坏原木材的自然纹理、色彩，保持了传统木材原有的优良特性，还具有更优越的性能。胶合木结构建筑常见的形式有框架体系木质住宅、大型木结构公共建筑、木制桥梁等。

（2）木铺装

木质铺装在景观中使用非常广泛，形式多种多样，常见的形式有：木栈道、木栈桥，木台阶（楼梯），观景平台、楼梯平台、走廊平台，各种码头等。

在某些场地中选用木材不仅是由于其能很好地与环境融合，还因为木材有很好的耐用性和易于施工性。作为铺装材料，木材的柔软和富有弹性的质地更容易让人感觉亲切，使人愿意停留。木材良好的透气、透水性以及在很多生态敏感的风景区中，常使用架空于地面的木栈道来组织交通，可以减少人类活动对环境的干扰。

(3)木装饰

木材是与人类最亲近，也是最富有人情味的材料。首先，木材是天然生成材料，纹理的变幻赋予了木材生活气息。其次，木材的色彩是设计中最生动、最活跃的因素，它以暖色为基调，给人一种温暖感。所以木材常被作为一种天然的装饰材料，广泛运用于室内外。

在国内外，木材历来被广泛用于建筑室内装修与装饰，给人以自然美的享受，还能使室内空间产生温暖与亲切感。在古建筑中，木材更是被用作细木装修的重要材料，这是一种工艺要求极高的艺术装饰。

3.1.4.2 木质园林小品

木材是一种天然的建筑材料，它可以增强庭园的天然质感和形式美，随着时间的推移还会产生微妙的自然变化。木材质地较之钢铁、混凝土松软，色彩柔和，具有多样的颜色、纹理，良好的加工性能与造型性能。

园林景观常用木材的种类有防腐木、炭化木和硬木。防腐木有俄罗斯樟子松、美国南方松、铁杉、红雪松、欧洲赤松、芬兰木等；炭化木有美国南方松、芬兰木等，其木纹粗犷清晰，炭化后木材纹理立体感强；硬木有菠萝格、巴劳木、银口木等，其结构致密、质地坚硬、天然防腐、使用年限久。户外的木质小品种类很多，将其主要归纳为以下几种：

①单独设置的木质座椅、凳或附属树池的座椅，木花架、木亭、木廊架等 这类休息类的木质小品是园林中的重要构景物，既可休息，又能观赏，对于丰富园林景观有着重要的作用。

②木花器 包括木花钵、木花盆、木桶等，是室内外花卉或立体绿化的载体，具有美观性和实用性。

③导览图、指示牌等 有一定的宣传、教育功能。

④木制栅栏、栏杆等 起到分隔和合围空间的作用，如木栈道、栈桥、桥和平台等，主要起着连通作用。

3.1.4.3 木雕

木雕是以各种木材及树根为材料进行雕刻，是传统雕刻工艺中的重要门类。木雕可分为立体圆雕、根雕、浮雕三大类，一般选用质地细密坚韧、不易变形的优质木材，其种类有楠木、檀木、樟木、柏木、银杏、沉香、红木、龙眼木、黄杨木、银杏木、红豆杉等。木雕技法主要有圆雕、镂雕、浮雕或几种技法并用。

用木材雕刻成的各种艺术作品有仿古门窗、挂件、花板、屏风、明清家具、壁挂、佛像、镜框、罗马柱、欧式木花等。

木材制品及应用如图3-4所示。

图 3-4 木材制品及其应用

3.2 竹 材

由于竹材具有质量轻、强度高、韧性好等特点,自古以来被广泛应用于建筑及受力结构。在传统建筑中,竹材通常作为基本建筑材料与建筑构件来使用,主要用作柱、梁、墙体、家具、地面等方面的承重材料。我国传统建筑中比较有代表性有干栏式竹楼,如傣族竹楼、海南黎族竹楼等。

3.2.1 竹材防腐

竹子生长快、成材早、产量高,硬度大,强度高,韧性好,用途广泛。但竹材和竹制品在温暖潮湿的环境条件下保存和使用时很容易产生腐朽、霉变和虫蛀,因此竹材的防腐处理显得更为重要。竹材防腐用炭化法和加压浸渍法效果比较好。加压浸渍主要使用的低毒水溶性防腐剂有铜氨(胺)季铵盐(ACQ)、水溶性的烷基铵类化合物(AAC)、硼化物、双二甲基二硫代氨基甲酸铜(CDDC)、百菌清(CTL)和有机碘化物(IPBC)等。

防腐竹材具有以下特性：①硬度高，硬度可达200MPa，是一般木材的数倍，如竹材硬度是巴劳木硬度的近2倍，菠萝格硬度的近4倍；②耐候性好，能用于室外；③防腐蚀性好，达到1级耐腐蚀等级；④抗白蚁性能好；⑤尺寸稳定性好，厚度膨胀率<0.8%；⑥防滑性能好，防滑性达标。

3.2.2 竹材加工

竹材加工主要有四大类产品，分别是重组竹、日用竹制品、竹工艺品以及竹浆造纸。其中重组竹与木结构类似，非常适合于建筑的梁、板、柱、墙体等结构，是一种不可多得的绿色建筑结构用材。重组竹又称重竹，是一种将竹材重新组织并加以强化成型的一种竹质新材料，也是将竹材加工成长条状竹篾、竹丝或碾碎成竹丝束，经干燥后浸胶，再干燥到要求含水率，然后铺放在模具中，经高温高压热固化而成的型材。冷压生产工艺在约60MPa压力下主要压制厚度150~180mm的重组竹方材，密度相对均匀，重组竹方料常用规格为：1930mm×105mm×150mm、2000mm×145mm×150mm；热压生产工艺采用传统接触式传热技术，在一定温度、压力为4~6MPa条件下压制板材，常用规格为：2440mm×1220mm×(15~40)mm，最大幅面可达1200mm×5000mm，一般最大板厚可达50mm。

3.2.3 竹材的用途

①竹材小品　如竹筒、竹签、竹牌坊。
②功能产品　如竹篱围挡、休憩竹椅、竹筒容器等。
③建筑装饰结构材料　如傣族竹楼建筑，竹地面板材，竹架板/竹模板等。
竹材及其应用如图3-5所示。

竹围栏　　　　　　上海世博会后滩公园竹地面　　　　扬州竹院茶馆

图3-5　竹材及其应用

3.3 其他木类材料

3.3.1 树皮

草皮屋顶(sod roof)一般选用桦树皮和草皮。在森林中常用树木搭建凉亭,用天然树皮作瓦。树皮还被艺术家们制作成树皮画,常见的有桦树皮画和银芝画。

树皮还能作为园林树木种植土壤表面覆盖,稀植花坛花间土表覆盖,造型花坛的自然配色,草坪与花坛、草坪与树木间的隔离,大树池的土壤覆盖,不同绿地间转换过渡,花盆介质表面覆盖,花坛、花盆介质底部的滤水层,插花和室内造景配材等。

3.3.2 芦苇

在湿地污水处理绿色生态工程中芦苇能吸附污水中重金属和有机物,起净化水源的作用。

在沙漠公路上芦苇可种成网格,用来固定流沙。

3.3.3 藤制品

用于藤制品的原材料有印尼进口竹藤、白藤、赤藤,国产橡木、桦木等,原材料经过处理后可手工编织。

藤制品有藤椅、藤床、藤箱、藤屏风、藤器皿、藤工艺品等。

树皮、芦苇与藤制品如图 3-6 所示。

草皮屋顶

树皮画

树皮土表覆盖

芦苇屋顶

湿地芦苇

沙漠芦苇网络

图 3-6 树皮、芦苇与藤制品

|藤编桌椅|藤工艺品|藤吊椅|

图 3-6 树皮、芦苇与藤制品（续）

【技能训练】

技能 3-1　常用木材的识别

1. 目的要求

学会辨认常用木材，具有现场识别重要木材种类的能力。

2. 材料与工具

各类木材标本 1 套，典型进口商品木材标本 1 套，参考书籍等。

3. 内容与方法

（1）用肉眼或借助放大镜观察本地区常见木材标本，注意区分以下类型木材的表面特征：樟木科树种的斑点状纹理，壳斗科树种的槽沟状纹理，桦木类树种和银桦的网格纹理，以及杨树类的平滑纹理等。

（2）用肉眼或借助放大镜观察本地区市场进口木材产品标本，区别俄罗斯樟子松、美国南方松、欧洲赤松和菠萝格等的材色、木纹特征。

4. 实训成果

归纳整理在景观材料实验室所见到的木材名称、特征等，填入表 3-2 中。

表 3-2　木材的识别报告表

序号	木材名称	表面特征	产地
1			
2			
3			
⋮			

【拓展知识】

室外防腐木材的维护保养

防腐木是一种自然环保的材料，园林景观木制品有木屋、凉亭、花架、平台、花盆、木桥、木栈道、廊架、屏障、户外防腐实木地板、外墙板、木桌椅、户外休闲家具、秋千、露台、木围栏等。防腐木防腐、防霉、防潮、防虫等性能突出，耐用性较好。由于使用环境特殊，在防腐木的施工和后期养护过程，如果采取正确的方法，将大大延长其使用寿命。具体维护保养措施如下：

①户外木材应在户外阴干到与外界环境的湿度大体相同的程度再施工。若使用含水量很高的木材，施工安装后会出现较大的变形和开裂。

②在施工现场，防腐木材应通风存放，尽可能避免太阳暴晒。

③在施工现场，应尽可能使用防腐木材现有尺寸，如需现场加工，应使用相应的防腐剂充分涂刷所有切口及孔洞，以保证防腐木材的使用寿命。

④在搭建露台时尽量使用长木板，减少接头，以求美观；板面之间一般需留2～10mm的缝隙，缝隙大小由木材的含水率决定，木材含水率超过30%时缝隙不超过8mm为好，可避免雨天积水及防腐木的膨胀。此外，厚度大于50mm小于90mm的防腐方柱，为减少开裂可在背面开一道槽。

⑤所有的连接应使用镀锌连接件或不锈钢连接件及五金制品，以抗腐蚀，绝对不能使用不同金属件，否则会很快生锈，使木制品结构受到根本损伤。

⑥在制作和穿孔的过程中，应先使用电钻打眼，然后再用螺丝等固定，以免造成人为的开裂。

⑦虽然处理后的木材可以防菌、防霉变及防止白蚁侵蚀，但在工程完工后，待木材干燥或风干后还需在其表面使用木材防护漆进行涂刷。使用户外木材专用漆时应充分摇匀，涂饰后在晴天条件下需24h使木材表面成膜。

⑧及时清洁，定期打蜡：防腐木表面可用一般洗涤剂来清洗，工具可用刷子；在后期使用中，一般间隔1年到1年半的时间，需要定期用木油或木蜡油对防腐木表面做好保护处理来增强其表面的防水防污性能。

【自主学习资源库】

1. 中国木材志. 成俊卿，等. 中国林业出版社，1992.
2. 木质园林小品. 李展平，李凌州. 化学工业出版社，2009.
3. 木材学. 徐有明. 中国林业出版社，2006.
4. 木材加工工艺学(第2版). 顾炼百. 中国林业出版社，2011.
5. 景观材料及其应用. [美]罗布·W·索温斯基. 孙兴文，译. 电子工业出版社，2011.
6. 环境艺术装饰材料与构造. 李蔚，傅彬. 北京大学出版社，2010.
7. 建筑材料(第二版). 王春阳，高等教育出版社，2006.
8. 园林建筑布局与景观小品图解. 陈祺，等. 化学工业出版社，2012.

9. 建筑装饰材料(第二版). 向才旺. 中国建筑工业出版社, 2004.
10. 木材阻燃研究及发展趋势. 嘎力巴, 等. 化学与黏合, 2012, 35(4): 68-71.
11. 5种防腐防霉剂对重组竹材抑菌效果的影响. 张建, 等. 浙江林业科技, 2016, 36(5): 8-12.
12. 竹材的特性与防腐技术. 王雅梅, 等. 木材工业, 2004, 18(2): 28-29.
13. 中国木材网: http://www.chinatimber.org.

【自测题】

一、选择题(1为单项选择题,2~5为多项选择题。20分,每小题4分)

1. 影响木材强度和胀缩变形的主要因素是(　　)
   A. 自由水　　B. 吸附水　　C. 结合水　　D. 游离水

2. 属于"软木材"的树种有(　　)。
   A. 红松　　B. 马尾松　　C. 红桦　　D. 油松
   E. 云杉　　F. 香樟

3. 属于"硬木材"的树种(　　)。
   A. 香樟　　B. 红桦　　C. 水曲柳　　D. 红松
   E. 冷杉

4. 木材的疵病主要有(　　)。
   A. 木节　　B. 腐朽　　C. 斜纹　　D. 虫害

5. 防腐木材在园林景观中的应用主要有(　　)。
   A. 公园桌椅　　B. 桥梁　　C. 栏杆　　D. 地板
   E. 凉亭

二、判断题(20分,每小题4分)

1. 针叶树材强度较高,表观密度和胀缩变形较小。(　　)
2. 防腐木材的特点是轻质高强、弹韧性好、装饰性好、导热性好、耐腐蚀性好。(　　)
3. 真菌在木材中生存和繁殖,必须具备适当的水分、空气和温度等条件。(　　)
4. 木材的特点是轻质高强、弹韧性好、装饰性好、导热性好、耐腐蚀性好。(　　)
5. 炭化木不能在室外使用。(　　)

三、问答题(40分,每小题8分)

1. 说明原条、原木、板枋木和枕木的特点。
2. 木材的防腐方法有哪些?
3. 大部分木材为什么要防腐处理后才能在室外景观中使用?
4. 为什么说木材"干千年、湿千年、干干湿湿两三年"。

5. 下列木构件或零件，最好选用什么树种的木材：
(1)混凝土模板及支架；(2)水中木桩；(3)木雕；(4)户外休闲桌椅；(5)室内装修。

四、实践题(20分，每小题10分)

1. 到公园或居住小区实际考察木材的使用情况，列表写出木材制品(应用)名称、木材种类。

2. 拍照记录生活中景观木材使用后效果差的情形，并说明其原因。

单元 4

金属材料

【知识目标】

(1) 掌握钢结构用钢和混凝土结构用钢的技术性质,熟悉铸铁、钢材在园林景观中的应用。

(2) 了解铜材、铝材的一般特性及其在园林中的应用。

【技能目标】

能在园林工程中合理使用金属材料。

金属材料是指由1种或1种以上的金属元素或以金属元素为主构成的具有金属特性的材料或合金的总称。金属材料机械性能好、易于成型、耐磨、防火、质感优异等，广泛应用于建筑及装饰中。

金属材料通常分为黑色金属、有色金属和特种金属材料。黑色金属主要是指以铁元素为主要成分的金属及其合金，包括钢、铁、铬和锰及其合金制品；有色金属是指黑色金属以外的金属，如铜、铝、锌、镍等金属及其合金；特种金属材料包括不同用途的结构金属材料和功能金属材料，其中有非晶态金属材料以及准晶、微晶、纳米金属材料等，还有隐身、抗氢、超导、形状记忆、耐磨、减振阻尼等特殊功能合金以及金属基复合材料等。

4.1　黑色金属材料

4.1.1　铸铁

铸铁是将铁合金、废钢、回炉铁在铸造生铁（局部炼钢生铁）炉中重新熔化。铸铁是含碳量大于2.06%的铁碳合金。铸铁件具有铸造性优良、切削加工性良好、耐磨性和消震性良好、价格低等特点。铸铁能加工成下水道盖、雨水箅子、铁艺、灯具、雕塑小品、压力管道和阀等，广泛应用于园林工程（图4-1）。

4.1.2　建筑钢材

钢是由生铁冶炼而成，含碳量为2.06%以下、有害杂质较少的铁碳合金称为钢。

建筑钢材是指用于钢结构中的各种型钢（如圆钢、角钢、工字钢等）、钢板和用于钢筋混凝土结构中的各种钢筋和钢丝等。

4.1.2.1　钢材的分类

钢材按化学成分有很多种分类，园林景观建筑中常用的钢材是碳素结构钢和低合金高强度结构钢。

（1）碳素结构钢

《碳素结构钢》（GB/T 700—2006）规定，碳素结构钢中碳的质量分数一般小于0.70%，采用氧气转炉或电炉冶炼成用于焊接、铆接、栓接工程结构用热压钢板、钢带、型钢和钢棒、钢锭、连铸坯、钢坯及其制品，且一般以热轧、控轧或正火状态交货。

碳素结构钢的牌号由4个部分表示，按顺序组成为：代表屈服强度的字母Q、屈服强度数值（分195、215、235、275MPa共4级）、质量等级符号（有A、B、C、D共4级，逐级提高）和脱氧方法符号（F为沸腾钢，b为半镇静钢，Z为镇静钢，TZ为特殊镇静钢；用牌号表示时Z、TZ可省略）。例如，Q235AF表示屈服强度为235MPa的A级沸腾钢；

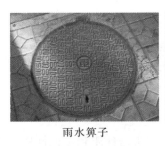
雨水箅子

铁艺栏杆

下水道盖板

铁艺门

铸铁景观灯具

图 4-1 铸铁及其应用

Q235Bb 表示屈服强度为 235MPa 的 B 级半镇静钢；Q235B 表示屈服强度为 235MPa 的 B 级镇静钢。

沸腾钢脱氧不完全，结构不致密，质量较差，但成本低、产量高，广泛用于一般建筑工程；镇静钢组织致密，成分均匀，机械性较好，性能稳定，质量好，适用于预应力混凝土等重要的结构工程；特殊镇静钢质量最好，适用于特别重要的结构工程；半镇静钢介于沸腾钢和镇静钢之间，为质量较好的钢。碳素结构钢随着牌号的增大，含碳增多，屈服强度、抗拉强度提高，但塑性与韧性降低，冷弯性能变差，同时可焊性也降低。Q195、Q215 牌号钢强度较低，塑、韧性较好，易冷加工，主要用于制作铆钉、钢筋等；Q235 牌号钢有较高的强度，良好的塑、韧性，可焊性和可加工性能好，冶炼方便，成本低，主要用于制作一般钢结构，轧制各种型钢、钢板、钢带与钢筋，C、D 级可用于重要焊接结构；Q275 牌号钢强度高，塑、韧性，可焊性差，主要用于制作钢筋混凝土配筋、钢结构中的构件及螺栓等。受动荷载作用结构、焊接结构及低温下工作的结构，不能选用 A、B 质量等级钢及沸腾钢。

(2) 低合金高强度结构钢(普通低合金结构钢)

《低合金高强度结构钢》(GB/T 1591—2008)规定，低合金高强度结构钢是在普通碳素钢的基础上，添加约 5% 的一种或几种合金元素，如硅、锰、矾、钛、镍等。指用于一般结构和工程用低合金高强度结构钢钢板、钢带、型钢和钢棒等。

低合金高强度结构钢的牌号由 3 个部分表示，按顺序组成为：代表屈服强度的字母 Q、屈服强度数值(分 345、390、420、460MPa 共 4 级)、质量等级符号(按硫、磷含量分为 A、B、C、D、E 共 5 级，逐级提高)。例如，Q345D 表示屈服强度为 235MPa，质量等级为 D 的低合金高强度结构钢。

低合金高强度结构钢与碳素结构钢相比具有轻质高强、耐腐蚀性好、耐低温性好、抗冲击性强、时效敏感性较小、使用寿命长、有良好的可焊性及冷加工性、易于加工与施工等优点。特别适合用作高层建筑、重型结构、大跨度建筑(如大跨度桥梁、大型厅馆、电视塔等)及大柱网结构等主体结构的材料。

4.1.2.2 钢材的性质

建筑工程中，钢结构和钢筋混凝土结构钢材的技术性质有机械性质和工艺性质。

(1)钢材的机械性质

机械性质包括屈服强度、抗拉强度、伸长率、冲击韧性和疲劳强度。

①屈服强度　钢材单向拉伸应力—应变曲线中，屈服平台对应的强度称为屈服强度，也称为屈服点，是建筑钢材的一个重要力学特征。屈服点是弹性变形的终点，而且在较大变形范围内应力不会增加，形成理想的弹塑性模型。低碳钢和低合金钢都具有明显的屈服平台，而热处理钢材和高碳钢则没有。

②抗拉强度　单向拉伸应力—应变曲线中最高点所对应的强度，称为抗拉强度，它是钢材所能承受的最大应力值。由于钢材屈服后具有较大的残余变形，已超出结构的正常使用范畴，因此抗拉强度只能作为结构的安全储备。

③伸长率　是试件断裂时的永久变形与原标定长度的百分比。伸长率代表钢材断裂前具有的塑性变形能力，这种能力使得结构制造时，钢材即使经受剪切、冲压、弯曲及捶击作用产生局部屈服而无明显破坏。伸长率越大，钢材的塑性和延性越好。

屈服强度、抗拉强度、伸长率是钢材的3个重要力学性能指标。钢结构中的所有钢材都应满足规范对这3个指标的规定。

④冲击韧性　冲击韧性是钢材抵抗冲击荷载的能力，它用钢材断裂时所吸收的总能量来衡量。单向拉伸试验所表现的钢材性能都是静力性能，韧性则是动力性能。韧性是钢材强度、塑性的综合指标，韧性越低则发生脆性破坏的可能性越大。韧性受温度影响很大，当温度低于某一值时将急剧下降，因此应根据相应温度提出要求。

⑤疲劳强度　在疲劳试验中，钢材试件在交变载荷作用下，于规定周期基数内不产生断裂时所承受的最大应力称为疲劳强度。疲劳强度因钢材的屈服强度、表面状态、尺寸效应、冶金缺陷、腐蚀介质和温度等因素的变化而变化，材料的屈服强度越高，疲劳强度也越高；表面粗糙度越小，应力集中越小，疲劳强度也越高；在低于室温的条件下，钢的疲劳极限有所增加等。根据疲劳破坏的分析，裂纹源通常是在有应力集中的部位产生，而且构件持久极限的降低，很大程度是由于各种影响因素带来的应力集中影响，因此设法避免或减弱应力集中，可以有效地提高构件的疲劳强度。

(2)钢材的工艺性质

工艺性质包括冷弯性能和焊接性。

①冷弯性能　冷弯性能是指钢材在常温下承受弯曲变形的能力，是钢材的重要工艺性

能。冷弯性能指标是指通过试件被弯曲角度（90°、180°）时，其弯心直径 d 与试件厚度（或直径）a 的比值（d/a），试件按规定的弯心直径 d 和弯曲角度进行试验，检查弯曲处有无裂纹、断裂及分层等现象。若无则认为冷弯性能合格。冷弯性能合格一方面表示钢材的塑性变形能力符合要求；另一方面也表示钢材的冶金质量（颗粒结晶及非金属夹杂等）符合要求。钢材冷弯时的弯曲角度越大，弯心直径越小，则表示其冷弯性能越好。

重要结构中需要钢材有良好的冷、热加工工艺性能时，应有冷弯性能试验合格保证。在工程实践中，冷弯试验还被用做检验钢材焊接质量的一种手段，能揭示焊件在受弯表面存在的未熔合、微裂纹和夹杂物。

②焊接性　焊接是一种采用加热或加热同时加压的方法，使两个分离的金属件联结在一起。焊接后焊缝部位的性能变化程度称为焊接性。在建筑工程中，各种钢结构、钢筋及预埋件等，均需焊接加工，因此要求钢材具有良好的可焊性。在焊接中，高温作用和焊接后急剧冷却作用，会使焊缝及附近的过热区发生晶体组织及结构变化，产生局部变形及内应力，使焊缝周围的钢材产生硬脆倾向，降低焊接质量。如果采用较为简单的工艺就能获得良好的焊接效果，并对母体钢材的性质没有什么劣化作用，则此种钢材的可焊性良好。

低碳钢的可焊性很好。随着钢中碳含量和合金含量的增加，钢材的可焊性减弱。钢材含碳量大于 0.3% 后，可焊性变差；杂质及其他元素增加，也会使钢材的可焊性降低。特别是钢中含硫会使钢材在焊接时产生热脆性。采用焊前预热和焊后热处理的方法，可使可焊性差的钢材的焊接质量有所提高。

钢材具有材质均匀，性能可靠，强度高，塑性和韧性好，能承受冲击和振动荷载，加工性良好，可以锻造、焊接、铆接和装配；但其耐火性差。

4.1.2.3　钢材的加工处理

为了提高钢材的强度和节约钢材，通常对钢材进行冷加工和热处理；为了保证钢材的使用性能，延长钢材的使用寿命，通常对钢材进行防止锈蚀的保护处理。

（1）钢材的冷加工

钢材的冷加工是指将钢材在常温下进行冷拉、冷拔或冷轧等，使钢材产生塑性变形，从而提高屈服强度，这个过程称为钢材冷加工强化处理。但钢材的塑性和韧性相应降低。

将经过冷拉的钢筋于常温下存放 15～20d，或加热到 100～200℃ 并保持一段时间，其强度和硬度进一步提高，塑性和韧性进一步降低，这个过程称为时效处理。前者称为自然时效，后者称为人工时效。

工地或预制厂钢筋混凝土施工中常将钢筋或低碳钢盘条进行冷拉或冷拔加工和时效处理，以将屈服强度提高 20%～25%、40%～90%，节约钢材用量。

一般强度较低的钢材采用自然时效，而强度较高的钢材则采用人工时效。因时效而导致钢材性能改变的程度称为时效敏感性。时效敏感性大的钢材，经时效后，其塑性和韧性改变较大。因此,对重要结构应选择时效敏感性小的钢材。

(2)钢材的热处理

将钢材按一定的制度加热、保温和冷却,以改变其显微组织或消除内应力,从而获得所需性能的工艺过程称为钢材的热处理。热处理的方法有:退火、正火、淬火和回火。钢材热处理的主要作用有:钢材经淬火后,强度和硬度提高,脆性增大,塑性和韧性明显降低;回火可消除钢材淬火时产生的内应力,降低硬度,使钢材的强度、塑性、韧性等均得以改善;退火能消除钢材中的内应力,细化晶粒,均匀组织,使钢材硬度降低,塑性和韧性提高;钢材正火后强度和硬度提高,塑性较退火为小。在土木工程建筑中所用的钢材一般只在生产厂家进行热处理,并以热处理状态供应。在施工现场,有时也需对焊接钢材进行热处理。

(3)钢材锈蚀的防护

钢材表面与其周围介质发生化学反应而遭到的破坏,称为钢材的锈蚀。根据其与环境介质的不同作用可分为化学锈蚀和电化学锈蚀两类。化学锈蚀是指钢材直接与周围介质发生化学反应而产生的锈蚀。这种锈蚀多数是氧化作用,使钢材表面形成疏松的氧化物。在常温下,钢材表面形成一层氧化保护膜FeO,可以起一定的防止钢材锈蚀的作用,故在干燥环境中,钢材锈蚀进展缓慢。但在干湿交替或温度和湿度较高的环境条件中,化学锈蚀进展加快。电化学锈蚀是指钢材的表面锈蚀主要因电化学作用引起。潮湿环境中钢材表面会被一层电解质水膜所覆盖,而钢材本身含有铁、碳和其他杂质等多种成分,由于这些成分的电极电位不同,形成许多微电池。在阳极区,铁被氧化成为Fe^{2+}离子进入水膜;在阴极区,溶于水膜中的氧被还原为OH^-离子。随后两者结合生成不溶于水的$Fe(OH)_2$,并进一步被氧化成为疏松易剥落的红棕色铁锈$Fe(OH)_3$,使钢材遭到锈蚀。锈蚀的结果是在钢材表面形成疏松的氧化物,使钢结构断面减小,降低钢材的性能承载力也随之降低。

钢材的锈蚀有材质的原因,也有使用环境和接触介质等方面的原因,因此防锈蚀处理方法也应有所侧重。目前所采用的锈蚀防护处理方法有以下几种:①制成合金钢。在碳素钢中加入能提高抗腐蚀能力的合金元素,如铬、镍、锡、钛、铜等,制成不同的合金钢,能有效地提高钢材的抗锈蚀能力。②电化学保护法。在钢结构上接一块锌、镍、镁等更为活泼的金属做阳极来保护钢结构,也可用耐锈蚀性能好的金属,以电镀或喷镀的方法覆盖在钢材的表面,提高钢材的耐锈蚀能力,如镀锌、镀铬、镀铜和镀镍等。③保护层法。在钢材表面使用保护膜隔离钢材与环境介质,避免或减缓钢材锈蚀。如在其表面刷防锈漆、喷涂涂料、搪瓷和塑料涂层等。薄壁钢材可采用热浸镀锌或镀锌后加涂塑料涂层等措施。用于化工、医药、石油等高温设备的钢结构,可采用硅氧化合物结构的耐高温防腐涂料。防止钢结构腐蚀用得最多的方法是表面油漆,如铁红环氧底漆加酚醛磁漆等。一般混凝土配筋的防锈措施为:保证混凝土的密实度,保证钢筋保护层的厚度和限制氯盐外加剂的掺量或使用防锈剂等。预应力混凝土用钢筋因易被锈蚀,故应禁止使用氯盐类外加剂。

4.1.2.4 常用建筑钢材及应用

(1) 型钢、钢板、钢管

碳素结构钢和低合金高强度结构钢都可以加工成各种型钢、钢板、钢管等构件直接供给工程选用,构件之间可采用铆接、螺栓连接、焊接等方式连接。

①型钢 型钢有热轧、冷轧两种,热轧型钢主要有角钢、工字钢、槽钢、T型钢、Z型钢、H型钢等。以碳素结构钢为原料热轧加工的型钢,可用于大跨度、承受动荷载的钢结构。冷轧型钢主要有角钢、槽钢、方钢、矩形钢等空心薄壁型钢,用于轻型钢结构。

②钢板 钢板有热轧板和冷轧板两种。热轧钢板有厚板(厚度大于4mm)、薄板(厚度小于4mm)两种;冷轧钢板只有薄板(厚度为0.2~4mm)一种。一般厚板用于焊接结构;薄板用作屋面及墙体围护结构等,也可以加工成各种具有特殊用途的钢板使用。

③钢管 钢管分无缝钢管和焊接钢管两大类。无缝钢管用于压力管道。

型钢、钢板、钢管的应用如图4-2所示。

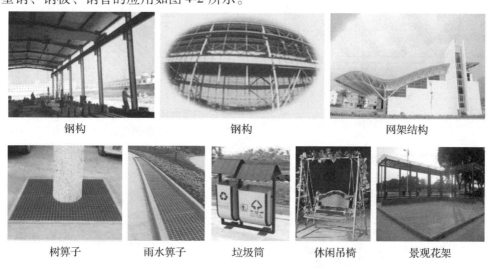

图 4-2 型钢、钢板、钢管的应用

(2) 热轧钢筋

混凝土结构用热轧钢筋分为热轧光圆钢筋和热轧带肋钢筋。《钢筋混凝土用钢 第2部分:热轧带肋钢筋》(GB 1499.2—2007)规定,热轧钢筋分为普通热轧钢筋和细晶粒热轧钢筋。普通热轧钢筋是按热轧状态交货的钢筋,细晶粒热轧钢筋是在热轧过程中通过控轧和控冷工艺形成的细晶粒钢筋,晶粒度不粗于9级,它们的晶相组织主要是铁素体加珠光体,不得有影响使用性能的其他组织存在。

《钢筋混凝土用钢 第1部分:热轧光圆钢筋》(GB 1499.1—2008)、《钢筋混凝土用钢 第2部分:热轧带肋钢筋》(GB 1499.2—2007)规定,热轧钢筋分为 HPB235、HPB300、HRB335、HRBF335、HRB400、HRBF400、HRB500、HRBF500 共8个牌号。牌号中 HPB

代表热轧光圆钢筋，HRB 代表普通热轧带肋钢筋，HRBF 代表细晶粒热轧带肋钢筋，数字代表热轧钢筋的屈服强度特征值，热轧带肋钢筋各级均有抗震（以"E"表示）、不抗震之分。其中热轧光圆钢筋由碳素结构钢轧制而成，表面光圆；热轧带肋钢筋由低合金钢轧制而成，表面带肋。热轧钢筋几何图形如图 4-3 所示。

热轧光圆钢筋表面及截面形状

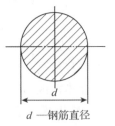
d —钢筋直径

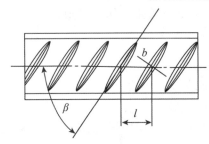
b —横肋顶宽，l —横肋间距，β —横肋与轴线夹角

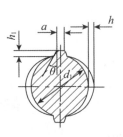
d_1 —钢筋内径，h —横肋高度，h_1 —纵肋高度，θ —纵肋斜角，a —纵肋顶宽

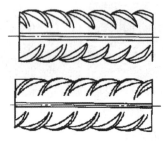
热轧月牙肋钢筋（带纵肋）表面及截面形状

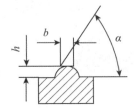
α —横肋斜角，h —横肋高度，b —横肋顶宽

图 4-3　钢筋混凝土用钢筋表面及截面形状

光圆钢筋的强度较低，但塑性及焊接性好，便于冷加工，广泛用于普通钢筋混凝土；带肋钢筋的强度较高，塑性及焊接性也较好，广泛用于大、中型钢筋混凝土结构的受力钢筋。

混凝土结构的钢筋应按下列规定选用：纵向受力普通钢筋宜采用 HRB400、HRB500、HRBF400、HRBF500 钢筋，也可用 HPB300、HRB335、HRBF335 钢筋；梁、柱纵向受力普通钢筋应采用 HRB400、HRB500、HRBF400、HRBF500 钢筋；箍筋宜采用 HPB300、HRB400、HRBF400、HRB500、HRBF500 钢筋，也可以采用 HRB335、HRBF335 钢筋；预应力筋宜采用预应力钢丝、钢绞线和预应力螺纹钢筋。

混凝土结构用热轧带肋钢筋出厂符号标识规范如下：

混凝土结构用热轧带肋钢筋名称：普通热轧钢筋。

钢筋标识：热轧带肋钢筋标志由三部分组成，即牌号、厂标、直径。厂标以该厂商标或厂名的汉语拼音字头表示，直径以毫米的阿拉伯数字表示，牌号表示规定如下：3、4、5 分别代表 HRB335、HRB400、HRB500；C3、C4、C5 分别表示 HRBF335、HRBF400、HRB500；3E、4E、5E、C3E、C4E、C5E 表示各牌号钢筋为抗震钢筋，以永联钢厂为例，⌀⌀3⌀Y⌀L⌀2⌀5⌀⌀ 为 HRB335 钢筋标识，⌀⌀4⌀Y⌀L⌀2⌀5⌀⌀ 为 HRB400 钢筋标识。涉及钢筋为所有直条和盘条螺纹钢；生产 HRB335 时，标识两侧加"·"(凸点)；"Y""L"为"永联(钢厂)"的拼音开头字母(钢厂开头字母)；"25"代表钢筋公称直径 d(即规格)为 25mm；"⌀"为钢筋横肋的图示。

（3）钢筋混凝土用余热处理钢筋

钢筋混凝土用余热处理钢筋是热轧后利用热处理原理进行表面控制冷却，并利用芯部余热自身完成回火处理所得的成品钢筋，其基圆上形成环状的淬火自回火组织。根据《钢筋混凝土用余热处理钢筋》(GB 13014—2013)规定，余热处理钢筋通常带有纵肋，也可不带纵肋。按屈服强度特征值分为 400 级、500 级，按用途分为可焊和非可焊。其牌号由 RRB、钢筋的屈服强度特征值和可焊与否构成，如 RRB400、RRB400W(其中 W 代表可焊)、RRB500。

（4）低碳钢热轧圆盘条

低碳钢热轧圆盘条是指由屈服强度较低的碳素结构钢抛制成的盘条，又称线材，用于供拉丝等深加工及其他一般用途，是目前用量最大、使用最广的线材。盘条公称直径 5.5~14mm。

（5）冷轧带肋钢筋

根据《冷轧带肋钢筋》(GB 13788—2008)规定，冷轧带肋钢筋是用低碳热轧圆盘条经冷轧或冷拔后，在其表面冷轧成 3 面或 2 面横肋的钢筋，横肋呈月牙形。冷轧带肋钢筋的牌号由 CRB 和钢筋的抗拉强度最小值构成，分为 CRB550、CRB650、CRB800、CRB970 共 4 个牌号。

冷轧带肋钢筋强度高，塑性较好，与钢筋握裹力高，综合性能良好，可节约钢材。CRB550 为普通钢筋混凝土用钢筋，用于普通钢筋混凝土结构构件；其他牌号为预应力混凝土用钢筋，用于中、小型预应力混凝土结构构件和焊接钢筋网。

（6）冷轧扭钢筋

根据《冷轧扭钢筋》(JG 190—2006)、《冷轧扭钢筋混凝土构件技术规程》(JGJ 115—2006)规定，冷轧扭钢筋是低碳钢热轧圆盘条经专用钢筋冷轧扭机调直、冷轧并冷扭(或冷滚)一次成型，具有规定截面形式和相应节距的连续螺旋状钢筋(代号 CTB)。冷轧扭钢筋截面位置沿钢筋轴线旋转变化[Ⅰ型为 1/2 周期(180°)，截面近似矩形；Ⅱ型为 1/4 周期(90°)，截面近似正方形；Ⅲ型为 1/3 周期(120°)，截面近似圆形]的前进距离为节距。冷轧扭钢筋按其强度级别不同分为 550 级、650 级。

冷轧扭钢筋的标记由产品名称代号、强度级别代号、标志代号、主参数代号以及类型代号组成，如冷轧扭钢筋550级Ⅱ型，标志直径10mm，标记为：CTB550 ϕ^T 10 - Ⅱ。

冷轧扭钢筋适用于钢筋混凝土结构和先张法预应力冷轧扭钢筋混凝土中、小型结构构件。

(7) 钢丝

钢丝指热轧圆盘条经过减径模拉拔，或在驱动辊之间施加压力，然后将拉拔后的钢丝再卷成盘。其横截面通常是圆形，也有方形、六角形、八角形、半圆形、梯形、鼓形或其他形状。主要用于制钉、焊接网、小五金、预应力混凝土结构等。

(8) 钢丝绳和钢绞线

根据《钢丝绳术语、标记和分类》(GB/T 8706—2006)规定，钢丝绳是将力学性能和几何尺寸符合要求的钢丝按照一定的规则捻制在一起的螺旋状钢丝束形成股，至少由两层钢丝或多个股围绕一个中心或绳芯呈螺旋状捻制而成的结构。钢丝绳种类很多，按捻制方法分为多股钢丝绳和单捻钢丝绳；按表面状态分为磷化涂层钢丝绳、镀锌钢丝绳、涂塑钢丝绳和光面钢丝绳等。钢丝绳的强度高、自重轻、不易骤然整根折断、工作平稳可靠。用于牵引、拉拽、捆扎等。

钢绞线是由符合要求的多根钢丝按规定绞合制成的绞线。钢绞线按用途不同主要有预应力混凝土用钢绞线、建筑结构用钢绞线、桥梁用钢绞线等。

4.2 有色金属材料

4.2.1 铝材及铝合金

铝合金按用途分为3类：

一类结构　以强度为主要因素的受力构件，如屋架、铝合金龙骨等。

二类结构　承力不大或不承力构件，如建筑工程的门、窗、卫生设备、通风管、管系、挡风板、支架、流线型罩壳、扶手等。

三类结构　各种装饰制品和绝热材料，如铝合金门窗、铝合金装饰板、波纹板、压型板、冲孔板、铝塑复合板等。

(1) 性能

铝合金由于延展性好、硬度低、易加工，其产品以人性化设计，具有美观、时尚、环保、节能、防腐、耐候、抗老化、不变形、不变色、不脱皮、永不生锈等性能和优点，目前较广泛地用于各类房屋建筑和园林景观中。

(2) 在景观中的应用

铝合金型材自由组合可任意生产不同规格、款式的阳台护栏，楼梯扶手，栏杆，空调护栏百叶，楼立面装饰栏杆，围墙护栏，花坛、草坪护栏，道路隔离警示护栏，变电站电容器设备护栏，河道、湖滨、跑马场护栏，艺术花架长廊，铝质茅草屋顶等(图4-4)。

图 4-4 铝合金的应用

4.2.2 铜及铜合金

铜为紫红色金属(又称紫铜),铜的密度为 8.72g/cm³,具有良好的延展性,但强度较低,易生铜绿。纯铜在建筑上应用较少。铜按合金的不同成分可分为青铜和黄铜,景观中主要使用青铜和黄铜。铜制品及其应用如图 4-5 所示。

图 4-5 铜制品及应用

(1)青铜

青铜是一种合金,由锡、铝、硅、锰与铜构成。青铜为青灰色或灰黄色,硬度大,强度较高,耐磨性及抗蚀性好。承受室外环境压力的能力在各种金属中较为优异,青铜的氧化结果——铜绿,也是各种金属氧化效果中最受欢迎的。用于树箅子、水槽、排水渠盖、井盖、矮柱、灯柱和固定装置。

(2)黄铜

黄铜有普通黄铜和特殊黄铜之分。铜与锌的合金为普通黄铜,呈金黄色或黄色,用H和数字表示,易于加工成各种五金配件、装饰件、水暖器材等。铜与锌再加锡、铅、镍等元素的合金为特殊黄铜,制成弹簧、首饰、装饰件等。用黄铜生产的铜粉又称为金粉,用作涂料,起到装饰和防腐作用。

4.3 金属紧固件和连接件

金属紧固件是指将两个或两个以上构件(或零件)紧固连接成为一个整体时所采用的一类金属零件的总称,属于标准件。金属紧固件主要有螺栓、螺柱、螺钉、螺母、垫圈、销和各种钉等,材质有碳钢、不锈钢、铜3种。

金属连接件是指用于钢构件、木构件以及其他两种构件之间连接的金属件。连接件有定位功能、加强功能,可以用于各种不同材料。金属连接件主要有铆钉、螺栓、高强度螺栓、焊条、枢(销)及各种钉,材质有铜、铁、钢、铝及合金等。

金属连接件主要有木结构房屋金属连接件、干挂幕墙金属连接件等。

(1)木结构连接件

木结构金属连接件有平板连接件、桁架齿板、紧固件、L形连接件、托梁连接件、柱脚连接件、横梁连接件、旋转连接件、屋面卡子等。木结构金属连接件如图4-6所示。

(2)干挂幕墙金属连接件

干挂是目前墙面装饰中一种新型的施工工艺。该方法是以金属连接件将饰面材料直接吊挂于墙面或空挂于钢架之上,不需再灌浆粘贴。其原理是在主体结构上设置受力点,通过金属连接件将石材固定在建筑物上,形成装饰幕墙。干挂幕墙金属连接件主要有横龙骨、竖龙骨、膨胀螺栓、挂件、角码、预埋件等。常用干挂石材金属连接件如图4-7所示。

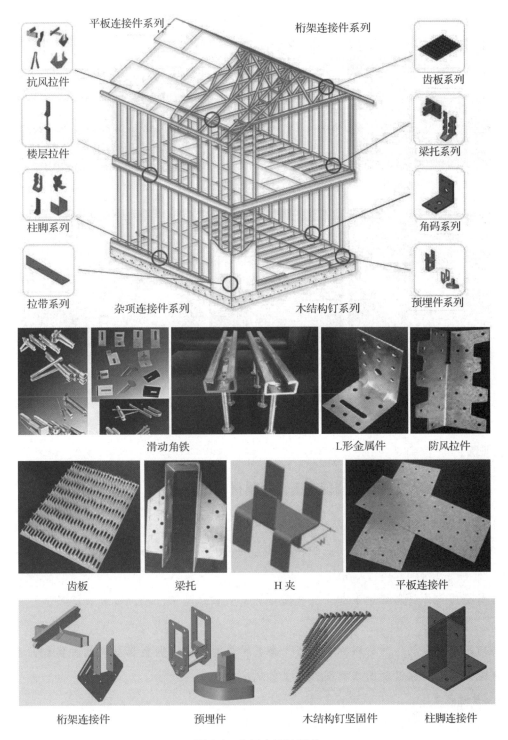

图 4-6 木屋金属连接件

横龙骨：镀锌角钢
规格：5号 L50×50

勾挂板材：不锈钢挂件
规格：T形 70×50×4

竖龙骨：镀锌槽钢
规格：6.3号 40×60×4.8

连接龙骨：不锈钢膨胀螺栓
规格：M12×85

预埋板

角码、锚固栓、垫片

图 4-7　常用干挂石材连接件（单位：mm）

【技能训练】

技能 4-1　金属材料的识别

1. 目的要求

学会辨认常用金属材料及五金配件，具有现场识别金属材料种类的能力。

2. 材料与工具

各类金属构件材料标本 1 套，五金配件标本 1 套，尺子、笔，参考书籍等。

3. 内容与方法

用肉眼观察金属构件材料标本，根据金属材料的特征识别金属材料的种类和品名；观察五金配件识别其品名及所属类别，测量其规格。

4. 实训成果

归纳整理在景观材料实训室所见到的金属材料的名称、特征等，填入表 4-1 中。

表 4-1　金属材料识别报告表

序号	名称	规格	用途
1	不锈钢膨胀螺栓	M12×85	连接龙骨
2			
3			
4			
5			
6			
⋮			

【拓展知识】

铜雕的维护保养

1. 氧化银法

用氧化银与氯化亚铜接触，封闭氯化亚铜的暴露面，达到控制腐蚀铜雕的目的。先用机械方法剔除粉状锈，露出灰白色蜡状物氯化亚铜。然后将氧化银与酒精调成糊剂，涂在氯化亚铜表面，并置于潮湿环境中，使其充分作用，形成氧化亚铜和氯化铜，覆盖于氯化亚铜表面。两者皆为稳定性盐，如此多次操作，直至将器物置于高湿环境中仍不出现粉状锈的腐蚀点为止。此法适用于斑点状局部腐蚀的器物及有金属镶嵌物的器物。

2. 苯骈三氮唑法

苯骈三氮唑是杂环化合物，与铜及其盐类能形成稳定络合物，在铜合金表面生成不溶性且相当牢固的透明保护膜，使铜雕病被抑制并稳定下来，防止水蒸气和空气污染物的侵蚀。用蒸馏水和甲苯、丙酮等有机溶剂，清除铜雕表面泥土油污，然后浸入苯骈三氮唑酒精溶剂中进行渗透，即可形成络合物保护膜。但苯骈三氮唑易受热升华，失去保护作用，所以最后应在铜雕表面涂一层高分子材料，作为封护膜。

3. 碱液浸泡法

将被腐蚀的铜雕置于碳酸钠溶液中浸泡，使铜的氯化物逐渐转换为稳定的铜的碳酸盐，铜雕的氯离子被置换出来转入溶液中。浸液需定时更换，直至浸液中无氯离子出现为止。随后将器物用蒸馏水反复清洗，除去碱液，干燥后封护。碱溶液仅把氯化物提取出来，保留着色彩斑斓的孔雀石等腐蚀层，不损害铜雕的原貌。此法缺点是置换反应时间长；另外，氯化物不仅附在锈层表面，而且已渗入器物腐蚀结壳的深部，难以置换彻底。

【自主学习资源库】

1. 金属材料学(第2版). 吴承建. 冶金工业出版社，2009.
2. 景观材料及其应用. [美]罗布·W·索温斯. 孙兴文，译. 电子工业出版社，2011.
3. 建筑装饰材料(第二版). 向才旺. 中国建筑工业出版社，2004.

4. 环境艺术装饰材料与构造. 李蔚，傅彬. 北京大学出版社，2010.
5. 园林建筑材料与构造. 武佩牛. 中国建筑工业出版社，2007.
6. 中国金属材料网：http://www.jsclw.roboo.com.
7. 金属材料网：http://www.jscl.net.cn.

【自测题】

一、填空题（30分，每小题6分）

1. 被称为三大建筑材料的是（　　）、水泥和木材。
2. 热压钢筋牌号有（　　）、（　　）、（　　）和（　　）。
3. 牌号Q235Bb中，235表示（　　），b表示（　　）。
4. 园林工程中所用的钢材包括各种（　　）、（　　）和（　　）与（　　）。
5. 钢材按有害杂质分为（　　）、（　　）、（　　）和（　　）。

二、单项选择题（20分，每小题4分）

1. 钢筋的直径是（　　）。
   A. 0.5~1.5mm B. 1.6~2.5mm C. 2.6~5mm D. 6~10mm
2. （　　）为普通钢筋混凝土用钢筋，用于普通钢筋混凝土结构构件。
   A. CRB550   B. CRB650   C. CRB800   D. CRB970
3. 普通碳素结构钢随钢号的增加，钢材的（　　）。
   A. 强度增加、塑性增加   B. 强度降低、塑性增加
   C. 强度降低、塑性降低   D. 强度增加、塑性降低
4. 钢结构设计时，对直接承受动荷载的焊接钢结构应选用牌号为（　　）的钢。
   A. Q235AF   B. Q235Bb   C. Q235A   D. Q235C
5. HRB335是（　　）的牌号。
   A. 热轧光圆钢筋   B. 低合金结构钢
   C. 热轧带肋钢筋   D. 碳素结构钢

三、判断题（20分，每小题4分）

1. 铝属于黑色金属。（　　）
2. 屈服强度比越小，钢材受力超过屈服点工作时的可靠性越大，结构的安全性越高。（　　）
3. 用保护法或制成合金钢的方法来防止钢材的锈蚀。（　　）
4. 光圆钢筋适宜做预应力钢筋混凝土。（　　）
5. 钢材经淬火后，强度和硬度提高，脆性增大，塑性和韧性明显降低。（　　）

四、问答题（30分，每小题6分）

1. Q275、Q195各代表什么意思？

2. 常用钢结构用钢和混凝土用钢有哪些种类？
3. 钢材的冷加工和热处理方式有哪些？
4. 碳素结构钢的牌号：Q235-A·F 表示什么意思？
5. 钢材锈蚀的防护处理有哪几种方法？

单元 5

胶凝材料

【知识目标】

(1) 了解石灰、石膏、水玻璃和水泥的常用原料和生产，理解它们的水化(熟化)、凝结、硬化规律。

(2) 掌握石灰、石膏、水玻璃和水泥的技术性质和用途。

(3) 理解沥青的分类，掌握沥青的技术性质和用途。

【能力目标】

(1) 能根据石灰、石膏、水玻璃的应用选择材料。

(2) 能根据各种水泥的应用选择水泥并配制。

(3) 能根据要求选用沥青。

胶凝材料是指能够通过自身的物理化学作用，从浆体变成坚硬的固体，并能把散粒材料（如砂、石）或块状材料（如砖和石块）胶结成为一个整体的材料。

胶凝材料根据化学成分可分为无机胶凝材料和有机胶凝材料。无机胶凝材料是指以无机氧化物或矿物为主要组成的一类胶凝材料。无机胶凝材料按硬化条件分为气硬性胶凝材料和水硬性胶凝材料。气硬性胶凝材料只能在空气中硬化、保持或继续发展强度，如石灰、石膏、菱苦土和水玻璃等，只适用于地上或干燥环境；水硬性胶凝材料不仅能在空气中，而且能更好地在水中硬化、保持或继续发展强度，如各种水泥，既适用于地上，也可用于地下潮湿环境或水中。有机胶凝材料是指以天然或人工合成的高分子化合物为基本组成的一类胶凝材料，如沥青、橡胶等。

5.1 石 灰

石灰是建筑上使用较早的一种无机气硬性胶凝材料，原料丰富，生产工艺简单，成本低廉，至今在土木工程中仍被广泛应用。

5.1.1 石灰的原料及生产

凡是以碳酸钙为主要成分的天然岩石，如石灰岩、白垩、白云质石灰岩等，都可用来生产石灰。将主要成分为碳酸钙的天然岩石在适当温度下煅烧，分解出的二氧化碳排出后，所得的以氧化钙（CaO）为主要成分的产品即为石灰，又称生石灰（图5-1）。其反应式如下：

$$CaCO_3 \xrightarrow{900℃} CaO + CO_2 \uparrow$$

在实际生产中，为加快石灰石的分解，一般将煅烧温度提高到1000~1100℃。由于石灰石原料尺寸大或煅烧时窑中温度分布不均等原因，石灰中常含有欠火石灰和过火石灰。欠火石灰中的碳酸钙未完全分解，使用时缺乏黏结力；过火石灰结构密实，表面常包覆一

图5-1 生石灰

层熔融物,熟化很慢。由于生产原料中常含有碳酸镁($MgCO_3$),因此生石灰中还含有次要成分氧化镁(MgO),根据氧化镁含量的多少,生石灰分为钙质石灰($MgO \leq 5\%$)和镁质石灰($MgO > 5\%$)。生石灰(堆积密度为 $800 \sim 1000 kg/m^3$),呈白色或黄灰色块灰。为便于使用,常将块状生石灰磨细加工成生石灰粉,其主要成分为 CaO。

5.1.2 石灰的熟化

石灰的熟化是指生石灰与水发生水化反应,生成 $Ca(OH)_2$ 的水化过程。其反应式如下:

$$CaO + H_2O \longrightarrow Ca(OH)_2 + 64.85 \text{ kJ/mol}$$

煅烧良好的生石灰与水发生反应的速度较快,水化生成熟石灰时体积膨胀 $1.5 \sim 3.5$ 倍,并大量放热。因此,在石灰熟化过程中,应注意安全,防止烧伤、烫伤。

工地上熟化石灰常用以下两种方法制成消石灰粉和石灰浆。

块状生石灰与水按 $1:3 \sim 1:3.5$ 的比例消化,生成氢氧化钙料液,经净化分离除渣,再经离心脱水,于 $150 \sim 300 ℃$ 下干燥、筛选(120 目以上)即为消石灰粉成品,又称熟石灰,其主要成分是 $Ca(OH)_2$,为白色粉末状固体。

石灰浆是块状生石灰用较多的水(为生石灰体积的 $3 \sim 4$ 倍)熟化而得到的膏状物,也称石灰膏,其主要成分也是 $Ca(OH)_2$;石灰中一般都含有过火石灰,过火石灰熟化速度慢,若在石灰浆体硬化后再发生熟化,会因熟化产生的膨胀而引起隆起和开裂。为了消除过火石灰的这种危害,保证石灰完全熟化,石灰膏必须在原处保存 2 周以上,这个过程称为"陈伏","陈伏"期间石灰浆表面应保持一层一定厚度的水,以隔绝空气,防止碳化。

5.1.3 石灰的硬化

石灰浆体在空气中的硬化,是由下列两个过程同时进行来完成的。

(1)干燥硬化与结晶硬化

石灰浆体因水分蒸发或被吸收,$Ca(OH)_2$ 逐渐从过饱和溶液中结晶析出,促进石灰浆硬化,形成结晶结构网,产生强度。

(2)碳化硬化

在大气环境中,$Ca(OH)_2$ 在潮湿状态下与空气中的 CO_2 反应生成 $CaCO_3$ 晶体,并释放出水分,即发生碳化。碳化所生成的 $CaCO_3$ 晶体使石灰岩硬化,强度有所提高。但是由于空气中的二氧化碳含量很低,表面形成的碳酸钙层结构较致密,会阻碍二氧化碳的进一步渗入,因此,碳化过程十分缓慢。

5.1.4 建筑生石灰产品的标记和技术要求

(1)建筑生石灰产品标记

根据《建筑生石灰》(JC/T 479—2013)标准规定,生石灰的识别标志由产品名称、加工情况和产品依据标准编号组成,其中钙质石灰代号为 CL,CaO + MgO 百分含量有 90、85、75,镁质石灰代号为 ML,CaO + MgO 百分含量有 85、80,生石灰块在代号后加 Q,生石灰粉在代号后加 QP。

例如,符合 JC/T 479—2013 的钙质生石灰粉 90 标记为:CL90 - QP JC/T 479—2013。

其中,CL——钙质石灰;90——CaO + MgO 百分含量(单位%);QP——生石灰粉。

(2)建筑生石灰产品技术要求

建筑生石灰产品技术要求应符合表 5-1 的规定。

表 5-1 建筑生石灰的化学成分和物理性质

名称	CaO + MgO(%)	MgO(%)	CO_2(%)	SO_3(%)	产浆量 (dm^3/10kg)	细度	
						0.2mm 筛余量(%)	90μm 筛余量(%)
CL90 - Q CL90 - QP	≥90	≤5	≤4	≤2	≥26 —	— ≤2	— ≤7
CL85 - Q CL85 - QP	≥85	≤5	≤7	≤2	≥26 —	— ≤2	— ≤7
CL75 - Q CL75 - QP	≥75	≤5	≤12	≤2	≥26 —	— ≤2	— ≤7
ML85 - Q ML85 - QP	≥85	>5	≤7	≤2	—	— ≤2	— ≤7
ML80 - Q ML80 - QP	≥80	>5	≤7	≤2	—	— ≤7	— ≤2

5.1.5 建筑石灰的性质、应用及储存

(1)石灰的性质

①保水性和可塑性好 生石灰熟化后形成的石灰浆中,石灰粒子形成氢氧化钙胶体结构,颗粒极细(粒径约为 1μm),比表面积很大(达 10~30 m^2/g),其表面吸附一层较厚的水膜,可吸附大量的水,因而有较强保持水分的能力,即保水性好,同时水膜层也降低了颗粒之间的摩擦力,可塑性增强。

②硬化慢,强度低 石灰依靠干燥结晶以及碳化作用而硬化,由于空气中的 CO_2 含量低,且碳化后形成的 $CaCO_3$ 硬壳阻止 CO_2 向内部渗透,也妨碍水分向外蒸发,因而硬化缓慢,硬化后的强度也低,如 1∶3 的石灰砂浆 28d 的抗压强度只有 0.2~0.5 MPa。

③耐水性差 未碳化的 $Ca(OH)_2$ 微溶于水,已硬化的石灰遇水还会溶解溃散。因此,石灰不宜在长期潮湿和被水浸泡的环境中使用,也不宜储存过久。

④体积收缩大 石灰在硬化过程中,要蒸发掉大量的水分,引起体积显著收缩,易出现干缩裂缝。所以,石灰不宜单独使用,一般要掺入砂(骨料)、纸筋、麻刀等材料,以抵抗收缩引起的开裂,增加抗拉强度,并能节约石灰。

(2）应用

①粉刷墙壁和配制石灰砂浆或水泥混合砂浆　用熟化并陈伏好的石灰膏，稀释成石灰乳，可用作内、外墙及天棚的涂料，一般多用于内墙涂刷。以石灰膏为胶凝材料，掺入砂和水拌合后，可制成石灰砂浆；在水泥砂浆中掺入石灰膏后，可制成水泥混合砂浆，在建筑工程中用量很大。

②配制灰土与三合土　熟石灰粉可用来配制灰土（熟石灰＋黏土）和三合土（熟石灰＋黏土＋砂、石或炉渣等填料）。常用的三七灰土和四六灰土，分别表示熟石灰和砂土体积比例为3∶7和4∶6。由于黏土中含有的活性氧化硅和活性氧化铝与氢氧化钙反应可生成水硬性产物，使黏土的密实程度、强度和耐水性得到改善。因此灰土和三合土广泛用于建筑的基础和道路的垫层。

③生产硅酸盐制品　以石灰（消石灰粉或生石灰粉）与硅质材料（砂、粉煤灰、火山灰、矿渣等）为主要原料，经过配料、拌合、成型和养护后可制得砖、砌块等各种制品。因内部的胶凝物质主要是水化硅酸钙，所以称为硅酸盐制品，常用的有灰砂砖、粉煤灰砖等。

④制作碳化石灰板　生石灰粉与玻璃纤维或轻质骨料（如炉渣）加水搅拌成型，然后通入CO_2进行人工碳化，可制成轻质碳化石灰板材或石灰空心板，做非承重内隔墙板或天花板等。

（3）石灰的储存

生石灰的吸水、吸湿性极强，在石灰的储存和运输中必须注意，生石灰要在干燥环境中储存和保管，不应与易燃易爆及液体物品接触，以免发生火灾，引起爆炸。若储存期过长，必须在密闭容器内存放。运输中要有防雨措施，防止石灰受潮或遇水后水化，甚至由于熟化热量集中放出而发生火灾。磨细生石灰粉在干燥条件下储存期一般不超过1个月，最好是随产随用。

5.2　建筑石膏

5.2.1　石膏的原料及生产

生产石膏的原料是天然石膏，又称生石膏，或含硫酸钙的化工副产品和磷石膏、氟石膏、硼石膏等废渣，其化学式为$CaSO_4 \cdot 2H_2O$，也称二水石膏。将天然二水石膏在107～170℃的干燥条件下经过煅烧、磨细，可得白色粉末状β型半水石膏（$CaSO_4 \cdot 1/2H_2O$），即建筑石膏，又称熟石膏、灰泥（图5-2），其反应式如下：

$$CaCO_4 \cdot 2H_2O \xrightarrow{107 \sim 170℃} CaSO_4 \cdot \frac{1}{2}H_2O + \frac{3}{2}H_2O$$

（生石膏）　　　　　　　　　　（β型半水石膏）

生石膏　　　　　　　　　　　熟石膏粉

图 5-2　石　膏

天然二水石膏若煅烧温度为 190℃ 可得模型石膏，其细度和白度均比建筑石膏高。若将生石膏在 400～500℃ 或高于 800℃ 下煅烧，即得地板石膏，其凝结、硬化较慢，但硬化后强度、耐磨性和耐水性均较普通建筑石膏好。

5.2.2　建筑石膏的硬化

将建筑石膏加水后，首先溶解于水，然后生成二水石膏析出。随着水化的不断进行，生成的二水石膏胶体微粒不断增多，这些微粒比原先更加细小，比表面积更大，吸附着大量的水分；同时浆体中的自由水分由于水化和蒸发而不断减少，浆体的稠度不断增加，胶体微粒间的黏结逐步增强，颗粒间产生摩擦力和黏结力，使浆体逐渐失去可塑性，即浆体逐渐产生凝结。继续水化，胶体转变成晶体。晶体颗粒逐渐长大，使浆体完全失去可塑性，产生强度，即浆体产生了硬化。这一过程不断进行，直至浆体完全干燥，强度不再增加，此时浆体已硬化成人造石材。实际上石膏的水化、凝结硬化是一个连续的非常复杂的物理化学变化过程。

5.2.3　建筑石膏的主要性质

（1）标记

根据《建筑石膏》（GB/T 9776—2008）的规定，建筑石膏按原材料种类分为天然建筑石膏（N）、脱硫建筑石膏（S）、磷建筑石膏（P），按 2h 强度（抗折）分为 3.0、2.0、1.6 共 3 个等级，按产品名称、代号、等级及标准编号的顺序标记。

例如，等级为 2.0 的天然建筑石膏标记为：建筑石膏 N2.0 GB/T 9776—2008。

（2）技术要求

建筑石膏组成中 β 型半水硫酸钙（$\beta - CaSO_4 \cdot 1/2H_2O$）的含量（质量分数）应不小于 60.0%。建筑石膏的物理力学性能应符合表 5-2 的要求。

表 5-2 建筑石膏的物理力学性能

等级	细度(0.2mm 方孔筛筛余)(%)	凝结时间(min)		2h 强度(MPa)	
		初凝	终凝	抗折	抗压
3.0	≤10	≥3	≤30	≥3.0	≥6.0
2.0				≥2.0	≥4.0
1.6				≥1.6	≥3.0

(3)特点

①色白质细，可塑性好，凝结硬化速度快　建筑石膏在加水拌合后，浆体在几分钟内便开始失去可塑性，30min 内完全失去可塑性而产生强度，大约 7d 完全硬化。

②凝结硬化时体积稍有膨胀　建筑石膏硬化后一般会产生 0.05%～0.15% 的体积膨胀，使得硬化体表面光滑饱满，干燥后不开裂，装饰性好。石膏浆体在凝结硬化初期会产生微膨胀，这一性质使石膏制品的表面光滑、细腻、尺寸精确、形体饱满、干燥后不开裂、装饰性好，有利于制造图案复杂的石膏装饰制品。

③硬化后多孔，重量轻，但强度低　建筑石膏在拌合时，为使浆体具有施工要求的可塑性，需加入石膏用量约 60% 的用水量，而建筑石膏水化的理论需水量为 18.6%，所以大量的自由水在蒸发时，使建筑石膏制品内部形成大量的毛细孔隙，导致该材料导热系数小，吸声性较好，属于轻质保温材料。

④有良好的保温隔热、吸音和"呼吸"功能　石膏硬化体中毛细孔多，导热系数小，故保温隔热性能好，是理想的节能材料。同时石膏中的大量微孔，对声音传导或反射的能力也显著下降，使其具有较强的吸声能力。又由于石膏制品内部的大量毛细孔隙对空气中的水蒸气具有较强的吸附能力，所以对室内的空气湿度有一定的调节作用，所以又具有"呼吸"功能。

⑤防火性优良，但耐水性差　石膏制品在遇火灾时，二水石膏将脱出结晶水，吸热蒸发，并在制品表面形成蒸汽幕和脱水物隔热层，可有效减少火焰对内部结构的危害。建筑石膏硬化体的吸湿性强，吸收的水分会减弱石膏晶粒间的结合力，使强度显著降低；若长期浸水，还会因二水石膏晶体逐渐溶解而导致破坏。

⑥可加工性好　石膏制品可锯、可刨、可钉、可打眼，具有良好的加工性。

(4)建筑石膏的贮存

建筑石膏易吸水变硬，所以袋装时应采用防潮包装袋包装，在正常运输与贮存条件下，贮存期为 3 个月。

5.2.4　建筑石膏的应用

(1)石膏砂浆及粉刷石膏

建筑石膏加水、砂和缓凝剂拌合成石膏砂浆，用于室内抹灰。抹灰后的表面光滑、细腻、洁白美观。石膏砂浆也可以作为油漆的打底层,并可直接涂刷油漆或粘贴墙布或墙纸等。建筑石膏加水及缓凝剂拌合成石膏浆体,可作为室内粉刷涂料。

(2)建筑石膏制品

①纸面石膏板　以建筑石膏为主要原料,掺入适量的纤维材料、缓凝剂等作为芯材,以纸板作为增强保护材料,经搅拌、成型(辊压)、切割、烘干等工序制得。纸面石膏板的规格为:长1800～3600mm,宽900～1200mm,厚9、12、15、18mm;其纵向抗折荷载可达400～850N。纸面石膏板主要用于隔墙、内墙等,其自重仅为砖墙的1/5。耐水纸面石膏板主要用于厨房、卫生间等潮湿环境。耐火纸面石膏板主要用于耐火等级要求高的室内隔墙、吊顶等。

②纤维石膏板　以纤维材料(多使用玻璃纤维)为增强材料,与建筑石膏、缓凝剂、水等经特殊工艺制成的石膏板。纤维石膏板的强度高于纸面石膏板,规格与其基本相同。纤维石膏板除用于隔墙、内墙外,还可用来代替木材制作家具。

③装饰石膏板　建筑石膏、适量纤维材料和水等,经搅拌、浇注、修边、干燥等工艺制成。装饰石膏板造型美观,装饰性强,且具有良好的吸声、防火等功能,主要用于公共建筑的内墙、吊顶等。

④空心石膏板　以建筑石膏为主,加入适量的轻质多孔材料、纤维材料和水,经搅拌、浇注、振捣成型、抽芯、脱模、干燥而成。主要用于隔墙、内墙等,使用时不需龙骨。

(3)制作建筑雕塑和模型

以杂质含量少的建筑石膏(即模型石膏)加入少量纤维增强材料和建筑胶水等制作成各种装饰制品,也可掺入颜料制成彩色制品。

(4)用于生产水泥和各种硅酸盐建筑制品

建筑石膏可作为生产某些硅酸盐制品时的增强剂,如粉煤灰砖、炉渣制品等,也可用作油漆或粘贴墙纸等基层找平。

建筑石膏的应用如图5-3所示。

石膏吊顶板

石膏隔墙板

石膏雕塑制品

图5-3　石膏的应用

5.3 水玻璃

水玻璃又称可溶性玻璃，是一种水溶性硅酸盐，呈强碱性，其水溶液俗称水玻璃，是一种矿黏合剂。其化学式为 $R_2O \cdot nSiO_2$，式中 R_2O 为碱金属氧化物，n 为二氧化硅与碱金属氧化物摩尔数的比值 $\left(n = \dfrac{SiO_2}{R_2O}\right)$，称为水玻璃的模数（$n$ 一般为 2.6~2.8）。建筑上常用的水玻璃为硅酸钠水玻璃（$Na_2O \cdot nSiO_2$），n 一般为 2.6~2.8。

5.3.1 水玻璃的原料及生产

水玻璃通常采用石英粉（SiO_2）加上纯碱（Na_2CO_3）或含碳酸钠等原料，按一定的比例配合磨细，在 1300~1400℃ 的高温下煅烧熔融成液态的硅酸钠，从炉子的出料口流出、制块或水淬成颗粒（固态水玻璃）。再在高温或高温高压水中溶解，制得溶液状水玻璃产品。

5.3.2 水玻璃的硬化

水玻璃在空气中的凝结硬化与石灰的凝结硬化非常相似，主要通过碳化和脱水结晶固结两个过程来实现。随着碳化反应的进行，硅胶含量增加，接着自由水分蒸发和硅胶脱水成固体 SiO_2 而凝结硬化，其特点是：

①凝结硬化速度慢。由于空气中的 CO_2 浓度低，故碳化反应及整个凝结硬化过程十分缓慢。

②体积收缩。

③强度低。

为加速水玻璃的凝结硬化速度和提高强度，使用水玻璃时一般加入固化剂氟硅酸钠作为促凝剂。其反应式如下：

$$2(Na_2O \cdot nSiO_2) + mH_2O + Na_2SiF_6 = 6NaF + (2n+1)SiO_2 \cdot mH_2O$$

氟硅酸钠的掺量一般为 12%~15%，若掺量少，凝结固化慢，且强度低；若掺量太多，则凝结硬化过快，不便于施工操作，虽然硬化后的早期强度高，但后期强度明显降低，因此，使用时应严格控制固化剂的掺量，并根据气温、湿度、水玻璃的模数、密度等因素在上述范围内适当调整。氟硅酸钠有毒，操作时应注意安全。

5.3.3 水玻璃的性质

水玻璃通常为无色、淡黄色或青灰色透明或半透明的胶状黏稠液体，密度一般为 1.36~1.50 g/cm^3。水玻璃的主要性质有：

(1)黏结强度较高

水玻璃硬化后具有较高的黏结强度、抗拉强度和抗压强度,有堵塞毛细孔隙而防止水分渗透的作用。水玻璃的模数越大,黏结力越强。同一模数的水玻璃,其浓度越大,密度越大,黏度越大,黏结力越强。

(2)耐酸性强

水玻璃硬化后的成分为 SiO_2,它能抵抗大多数无机酸和有机酸的腐蚀作用,尤其在强氧化性酸中具有较高的化学稳定性。

(3)耐热性高

水玻璃硬化后形成 SiO_2 空间网状骨架,因此具有良好的耐热性能,而且温度高,其强度有所增加。

(4)耐碱性和耐水性差

水玻璃加入氟硅酸钠后,仍不能彻底硬化,残留一定量的水玻璃。因水玻璃可溶于碱,也可溶于水,所以水玻璃硬化后不耐碱、不耐水。为了提高其耐水性,可采用中等浓度的酸对已硬化的水玻璃进行酸性处理。

5.3.4 水玻璃的应用

(1)配制快凝防水剂

以水玻璃为防水基料,加入 2 种、3 种或者 4 种矾配制成两矾、三矾或四矾快凝防水剂。这种防水剂可以在 1min 内凝结,工程上利用它的速凝作用和黏附性,掺入水泥浆、砂浆或混凝土中,用于修补、堵漏、抢修、表面处理等。

(2)配制耐热砂浆、耐热混凝土或耐酸砂浆、耐酸混凝土

以水玻璃为胶凝材料,氟硅酸钠作促凝剂,耐热或耐酸粗细骨料按一定比例配制而成。水玻璃耐热混凝土的极限使用温度在 1200℃ 以下,水玻璃耐酸混凝土一般用于储酸槽、酸洗槽、耐酸地平及耐酸器材等。

(3)涂刷建筑材料表面,提高材料的抗渗和抗风化能力

用水玻璃浸泡处理多孔材料后,可提高其密度和强度。对黏土砖、硅酸盐制品、水泥混凝土等均有良好效果。但不能用以涂刷或浸渍石膏制品,因为硅酸钠与硫酸钙会发生化学反应生成硫酸钠,在制品孔隙中结晶,体积显著膨胀,从而导致制品的破坏。

(4)加固地基,提高地基的承载力

将液体水玻璃和氯化钙溶液轮流交替注入地层,发生反应生成的硅酸凝胶,将土壤颗粒包裹并填实其孔隙。硅酸胶体是一种吸水膨胀的冻状凝胶,因吸收地下水而经常处于膨胀状态,阻止水分的渗透而使土壤固结。

(5)作为多种建筑涂料的原料

将液体水玻璃与耐火填料等调成糊状的防火漆,涂于木材表面,可抵抗瞬间火焰。

5.4 水 泥

凡磨细成粉末状，加入适量水后可成为塑性浆体，既能在空气中硬化，又能在水中硬化，并能将沙、石等材料牢固地胶结在一起的水硬性胶凝材料，统称为水泥。

水泥是重要的建筑材料之一，作为一种重要的胶凝材料，广泛应用于土木建筑、水利、交通、国防等工程。

水泥的基本特性有以下 5 个方面：

①水硬性好　水泥不但能在空气中硬化，而且也能在水中硬化，并能长期保持和发展强度。

②抗压强度高　水泥标准抗压强度分为 32.5、42.5、52.5、62.5MPa。62.5 级水泥可配制 C80 的特强混凝土。

③与钢筋握裹能力强　在混凝土中加入钢筋后，可克服抗拉强度低的缺点，可用来浇注大跨度、负荷重的建筑构件。

④可塑性强　可以根据设计需要制成各种形状的水泥成品。

⑤耐火、耐水性能强　水泥具有耐火、耐水、耐久性能强的特点。

水泥品种很多，按主要的水硬性矿物分为硅酸盐水泥、铝酸盐水泥、铁铝酸盐水泥、磷酸盐水泥等系列(图 5-4)，其中以硅酸盐系列水泥的应用最广。按用途和性能分为通用水泥、专用水泥和特性水泥三大类。

　　硅酸盐水泥　　　　　铝酸盐水泥　　　抗硫酸盐硅酸盐水泥　　低碱度硫铝酸盐水泥

图 5-4　水泥品种

5.4.1　通用水泥

根据《通用硅酸盐水泥》(GB 175—2007)标准规定，以硅酸盐水泥熟料和适量的石膏及规定的混合材料制成的水硬性胶凝材料统称为通用硅酸盐水泥，简称通用水泥。通用水泥用于一般土木建筑工程，按混合材料的品种和掺量可分为硅酸盐水泥、普通硅酸盐水泥、矿渣硅酸盐水泥、火山灰硅酸盐水泥、粉煤灰硅酸盐水泥和复合硅酸盐水泥等。

5.4.1.1 通用硅酸盐水泥组成材料

（1）硅酸盐水泥熟料

硅酸盐水泥熟料简称为熟料，是主要含 CaO、SiO_2、Al_2O_3、Fe_2O_3 的原料，按适当比例磨成细粉烧至部分熔融所得以硅酸钙为主要矿物成分的水硬性胶凝物质。其中硅酸钙矿物的含量（质量分数）不小于66%，氧化钙和氧化硅质量比不小于2.0。

①硅酸盐水泥熟料生产工艺概述 硅酸盐水泥熟料生产的主要原料有石灰质原料（提供CaO，如石灰石、白垩等）、黏土质原料（提供SiO_2、Al_2O_3及少量Fe_2O_3，如黏土、页岩等）和少量校正原料。校正原料有铁质校正原料（补充生料中Fe_2O_3的不足，如硫铁矿渣和铅矿渣等）、硅质校正原料（补充生料中SiO_2的不足，如硅藻土等）和铝质校正原料（补充生料中Al_2O_3的不足，如铝矾土、煤矸石、铁钒土等）。另外还有少量的矿化剂（如萤石）改善煅烧条件。原料经破碎，按一定比例配合、磨细并调配均匀（也称均化），即为生料；生料在水泥窑内煅烧至约1450℃，部分熔融得到以硅酸钙为主要成分的硅酸盐水泥熟料。硅酸盐水泥熟料生产工艺流程如图5-5所示。

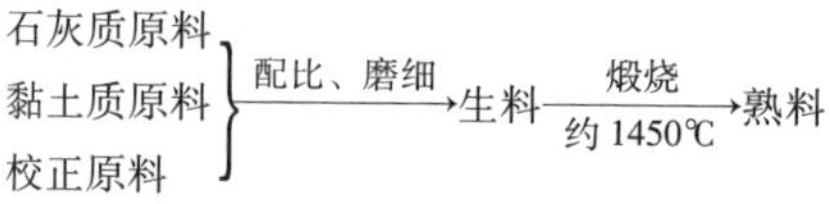

图5-5 硅酸盐水泥熟料生产工艺流程

②硅酸盐水泥熟料矿物组成 硅酸盐水泥熟料经高温烧结而成，主要矿物组成为硅酸三钙（$3CaO \cdot SiO_2$）、硅酸二钙（$2CaO \cdot SiO_2$）、铝酸三钙（$3CaO \cdot Al_2O_3$）、铁铝酸四钙（$4CaO \cdot Al_2O_3 \cdot Fe_2O_3$），还含有少量的游离氧化钙、游离氧化镁、含碱矿物以及玻璃体等。各种硅酸盐水泥熟料矿物的强度增长如图5-6所示，硅酸盐水泥熟料矿物组成特性见表5-3所列。

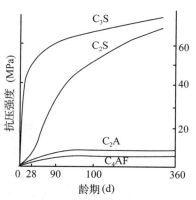

图5-6 各种熟料矿物的强度增长图

表5-3 硅酸盐水泥熟料矿物组成特性

特性	矿物组成			
	硅酸三钙（C_3S）	硅酸二钙（C_2S）	铝酸三钙（C_3A）	铁铝酸四钙（C_4AF）
含量（%）	37~60	15~37	7~15	10~18
水化速度	中	慢	快	中
水化热	中	低	高	中
强度	高	早期低，后期高	低	低
耐化学侵蚀	中	良	差	优
干缩性	中	小	大	小

（2）石膏

由于水泥熟料中的 C_3A 很快溶于水中，迅速生成铝酸钙水化物，使水泥浆体很快凝结，无法施工。水泥磨细过程中加入适量石膏主要起缓凝作用，同时还有利于提高水泥的早期强度、降低干缩变形等性能。

石膏主要采用天然石膏和工业副产品石膏。

（3）混合材料

为改善水泥性能，调节水泥的标号，在磨制水泥时掺入人工或天然矿物材料称为混合材料。混合材料按其性能可分为活性混合材料和非活性混合材料。

①非活性混合材料　在水泥中加水拌合后不发生水化反应或反应甚微，不生成水硬性产物，主要起填充作用，调节水泥强度，增加水泥产量，降低水化热。常用的非活性混合材料有石灰石、石英砂、黏土、慢冷矿渣及高硅质炉灰等。

②活性混合材料　是常温下磨成细粉能与石灰、石膏或硅酸盐水泥一起加水拌合后能发生水化反应、生成水硬性的水化产物，能在水中或在空气中硬化的混合材料。常用的活性混合材料有粒化高炉矿渣、火山灰质混合材料、粉煤灰、硅粉等。

粉煤灰　是从燃煤发电厂的烟道气体中收集的粉末，又称飞灰。主要成分为 Al_2O_3、SiO_2，还含有少量 CaO，具有较高的活性。国家标准《用于水泥和混凝土中的粉煤灰》（GB 1596—2005）规定，用于水泥中的粉煤灰要求活性指数不小于70%。

粒化高炉矿渣　粒化高炉矿渣是将炼铁高炉中的熔融炉渣经急速冷却后形成的质地疏松的颗粒材料。主要成分 CaO、Al_2O_3、SiO_2 含90%以上。具有较高的化学能，即具有较高的潜在活性，但稳定性差。

火山灰质混合材料　凡天然或人工的以 SiO_2、Al_2O_3 为主要成分，磨成细粉加水后，本身并不硬化，但与石灰混合后加水能起胶凝作用的矿物质原料，统称为火山灰质混合材料。其品种很多，天然的有火山灰、凝灰岩、浮石、浮石岩、沸石、硅藻土等；人工的有烧页岩、烧黏土、煤渣、煤矸石等。

硅粉　硅铁合金生产过程排出的烟气，遇冷凝聚所形成的微细球形玻璃质粉末称为硅粉，具有很细的颗粒组成和很大的比表面积，水化活性很大。用于水泥和混凝土时能加速水泥的水化硬化过程，改善硬化水泥浆体的微观结构，可明显提高混凝土的强度和耐久性。

③窑灰　窑灰是从水泥回转窑窑尾废气中收集的粉尘。

（4）通用硅酸盐水泥的组分

水泥是以水泥熟料加适量石膏及不同比例的混合材料组成，生成多种矿物，不同的矿物组成有不同的特性，改变生料配料及各种矿物组成含量比例，可以生产出各种性能的水泥。根据《通用硅酸盐水泥》（GB 175—2007）标准，通用硅酸盐水泥组分应符合表5-4的规定。

表 5-4　通用硅酸盐水泥的组分　　　　　　　　　　　　　　　　　%

品种	代号	组分(质量分数)				
		熟料+石膏	粒化高炉矿渣	火山灰质混合材料	粉煤灰	石灰石
硅酸盐水泥	P·Ⅰ	100	—	—	—	—
	P·Ⅱ	≥95	≤5	—	—	—
		≥95	—	—	—	≤5
普通硅酸盐水泥	P·O	≥80且<95	>5且≤20[a]			
矿渣硅酸盐水泥	P·S·A	≥50且<80	>20且≤50[b]	—	—	—
	P·S·B	≥30且<50	>50且≤70[b]	—	—	—
火山灰质硅酸盐水泥	P·P	≥60且<80	—	>20且≤40	—	—
粉煤灰硅酸盐水泥	P·F	≥60且<80	—	—	>20且≤40	—
复合硅酸盐水泥	P·C	≥50且<80	>20且≤50[c]			

a. 普通硅酸盐水泥掺活性混合材料时,其中允许用不超过水泥质量8%的非活性混合材料或不超过水泥质量5%的窑灰代替。
b. 矿渣硅酸盐水泥掺粒化高炉矿渣时,其中允许用不超过水泥质量8%的活性混合材料或非活性混合材料或窑灰中的任一种材料代替。
c. 复合硅酸盐水泥掺两种(含)以上的混合材料时,允许用不超过水泥质量8%的窑灰代替,掺矿渣时混合材料掺量不得与矿渣硅酸盐水泥重复

5.4.1.2　熟料矿物的水化

(1)硅酸三钙的水化

常温下 C_3S 的水化反应式如下:

$$2(3CaO \cdot SiO_2) + 6H_2O = 3CaO \cdot 2SiO_2 \cdot 3H_2O + 3Ca(OH)_2$$
$$\qquad\qquad\qquad\qquad\qquad 水化硅酸钙 \qquad 氢氧化钙$$

C_3S 的水化反应形成的水化产物为水化硅酸钙(也称 C–S–H 凝胶)和氢氧化钙。

(2)硅酸二钙的水化

C_2S 的水化过程和 C_3S 极为相似,其水化反应式为:

$$2CaO \cdot SiO_2 + 4H_2O = 3CaO \cdot 2SiO_2 \cdot 3H_2O + Ca(OH)_2$$
$$\qquad\qquad\qquad\quad 水化硅酸钙 \qquad 氢氧化钙$$

(3)铝酸三钙的水化

C_3A 水化迅速,放热快,其水化产物的组成与结构受溶液中 CaO 离子浓度、温度和湿度的影响很大。在液相 CaO 浓度达到饱和时,C_3A 的水化产物为 C_4AH_{13};在不同的温度和湿度下,C_3A 的水化产物有 C_4AH_{19}、C_4AH_{13}、C_2AH_8、C_3AH_6 等,在常温下 C_3A 快速水化生成 C_3AH_6,并再与石膏反应,其水化反应式为:

$$3CaO \cdot Al_2O_3 + H_2O = 3CaO \cdot Al_2O_3 \cdot 6H_2O$$
$$\qquad\qquad\qquad\qquad\qquad 水化铝酸钙$$

$$3CaO \cdot Al_2O_3 \cdot 6H_2O + 3(CaSO_4 \cdot 2H_2O) + 19H_2O = 3CaO \cdot Al_2O_3 \cdot 3CaSO_4 \cdot 31H_2O$$
水化铝酸钙　　　　　　　石膏　　　　　三硫型水化硫铝酸钙 AFt（钙矾石）

当石膏已经耗尽时，部分钙矾石会逐渐转变为单硫型水化硫铝酸钙 AFm，延长了水化产物的析出，从而延缓了水泥的凝结。

(4) 铁铝酸四钙的水化

铁铝酸四钙比 C_3A 水化慢，单独水化，也不会急凝，其水化反应和产物与 C_3A 相似。其水化产物有 $C_4(A, F)H_{13}$、$C_3(A, F)H_6$，与石膏作用进一步反应生成钙矾石型固溶体 $C_3(A, F) \cdot 3C\hat{S} \cdot H_{31}$ 和单硫型固溶体 $C_3(A, F) \cdot 3C\hat{S} \cdot H_{12}$。

5.4.1.3 硅酸盐水泥

根据《通用硅酸盐水泥》(GB 175—2007) 规定，凡以硅酸钙为主的硅酸盐水泥熟料，掺 0～5% 的石灰石或粒化高炉矿渣，适量石膏磨细制成的水硬性胶凝材料，统称为硅酸盐水泥(portland cement)，国际上统称为波特兰水泥。硅酸盐水泥分为两种类型，不掺混合材料的称为Ⅰ型硅酸盐水泥，代号 P·Ⅰ；掺入不超过水泥质量5%的石灰石或粒化高炉矿渣混合材料的称为Ⅱ型硅酸盐水泥，代号 P·Ⅱ。

(1) 硅酸盐水泥的凝结硬化

①凝结　水泥加水拌合后，成为可塑的浆体，逐渐变稠，失去塑性，但尚不具有强度的过程称为水泥的凝结。

②硬化　水泥浆体凝结后产生明显的强度，并逐渐发展成为坚硬的人造石的过程称为水泥的硬化。

实际上，水泥加水后 C_3S、C_2S、C_3A、C_4AF 均很快水化，同时石膏迅速溶解，形成 $Ca(OH)_2$ 与 $CaSO_4$ 的饱和溶液，水化产物首先出现六方板状的 $Ca(OH)_2$ 与针状的 AFt 相及无定形的 C-S-H 凝胶。之后，由于不断生成 AFt 相，SO_4^{2-} 不断减少，继而形成 AFm 相及 C-A-H 晶体和 $C_4(A, F) \cdot H_{13}$ 晶体。水泥凝结硬化过程如图5-7所示。

③硬化后的水泥石包含有凝胶体、结晶体、未水化的水泥内核、水和孔隙。

④硅酸盐水泥凝结硬化的特点为：凝结硬化是由表及里进行的；水分和温度是硅酸盐水泥的凝结硬化的必要条件。

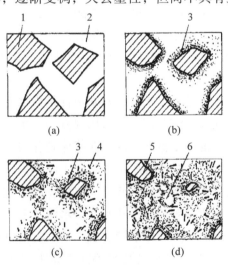

图 5-7　水泥凝结硬化过程示意图

1—水泥颗粒；2—水分；3—凝胶；4—晶体；
5—水泥颗粒的未水化内核；6—毛细孔
(a) 分散在水中未水化的水泥颗粒；(b) 在水泥颗粒表面
形成水化物膜层；(c) 膜层长大并互相连接（凝结）；
(d) 水化物进一步发展，填充毛细孔（硬化）

(2)硅酸盐水泥的技术性质

①细度　细度是指水泥颗粒的粗细程度,它是影响水泥性能的重要指标,水泥颗粒粒径一般在 0.007~0.2 mm 范围内。颗粒越细,与水反应的表面积越大,因而水化反应的速度越快,形成的水泥石早期强度越高,其硬化收缩也越大,且水泥在储运过程中易受潮而降低活性,因此,水泥细度要适中。

水泥细度可用筛析法和比表面积法来测定。比表面积是指单位质量的水泥粉末所具有的总表面积。标准规定硅酸盐水泥的细度以比表面积表示,其比表面积不小于 $300m^2/kg$。

②标准稠度用水量　水泥净浆标准稠度是在测定水泥的凝结时间、体积安定性等性能时,为使测试结果具有可比性,水泥净浆以标准方法测试所达到统一规定的浆体可塑性程度。

水泥净浆标准稠度用水量是指水泥净浆达到标准稠度(采用稠度仪测定,试锥沉入水泥净浆的深度为 28mm±2mm)时所需要的加水量,以占水泥重量的百分比表示。

③凝结时间　凝结时间是指水泥从加水开始,到水泥浆失去可塑性所需要的时间。即从可塑状态发展到固体状态所需的时间,分为初凝时间和终凝时间。初凝时间是指水泥从加水搅拌到水泥浆开始失去可塑性所需的时间;终凝时间是指从水泥加水搅拌到水泥浆完全失去可塑性,并开始产生强度所需的时间。

水泥的凝结时间对工程施工具有十分重要的意义。初凝时间过短,将影响水泥混凝土的拌合、运输、浇筑和砌筑等操作;终凝时间过长,则会影响施工工期。根据标准规定:硅酸盐水泥初凝时间不小于 45min,终凝时间不大于 390min。因此应该严格控制水泥的凝结时间。

④安定性　水泥体积安定性是指水泥浆体在硬化过程中体积变化的均匀性。

检验安定性按规定采用沸煮法,主要采用试饼法或雷氏法。

安定性不良的水泥,在浆体硬化过程中或硬化后产生不均匀的体积膨胀,并引起开裂、起泡、脱落等质量缺陷。水泥体积安定性不良的主要原因是:熟料中含有过量的游离氧化钙、游离氧化镁或三氧化硫。因上述物质均在水泥硬化后开始或继续进行水化反应,其反应产物导致体积膨胀而使水泥开裂。体积安定性不合格的水泥不能用于工程中。

目前,水泥标准稠度用水量、凝结时间、安定性的检验方法按《水泥标准稠度用水量、凝结时间、安定性检验方法》(GB/T 1346—2011)标准测定。

⑤强度　水泥的强度是指水泥胶砂硬化试体所能承受外力破坏的能力,用 MPa(兆帕)表示,是表征水泥力学性质的重要指标,是确定水泥强度等级的指标,也是选用水泥的重要依据。根据《水泥胶砂强度检验方法(ISO)法》(GB/T 17671—1999)规定,以水泥和标准砂为1∶3、水灰比为0.5的配合比,用标准制作方法制成 40mm×40mm×160mm 的棱柱体。在标准养护条件下,测定其达到规定龄期(3d、28d)的抗折和抗压强度,根据《通用硅酸盐水泥》(GB 175—2007)规定的最低强度值来划分水泥的强度等级。

水泥强度等级 按规定龄期抗压强度和抗折强度来划分,各龄期强度不得低于表5-5规定的数值。

水泥型号 为提高水泥的早期强度,我国现行标准将水泥分为普通型和早强型(R)两个型号。早强型水泥的3d抗压强度可以达到28d抗压强度的50%,同强度等级的早强型水泥,3d抗压强度较普通型水泥可提高10%~24%。因此,硅酸盐水泥的抗压强度分为42.5、42.5R、52.5、52.5R、62.5、62.5R共6个标号。

⑥水化热 水化热是指水泥和水之间发生化学反应放出的热量。水化热大,有利于冬季施工,但不利于大体积工程。熟料矿物中铝酸三钙和硅酸三钙的含量越高,则水化热越大。

⑦密度 硅酸盐水泥的密度一般为3.0~3.15g/cm³,通常采用3.1g/cm³;堆积密度为1000~1600kg/m³,在混凝土配合比中通常采用1300 kg/m³。

⑧烧失量 是指水泥在一定水泥的灼烧温度和时间内,烧失的量占原质量的百分数。Ⅰ型水泥的烧失量不得大于3.0%;Ⅱ型水泥的烧失量不得大于3.5%。

(3)硅酸盐水泥的技术标准

《通用硅酸盐水泥》(GB 175—2007)规定,硅酸盐水泥技术标准见表5-5所列。

表5-5 硅酸盐水泥技术标准

技术性质	细度比表面积(m^2/kg)	凝结时间(min)		安定性(沸煮法)	不溶物(%)		MgO含量(%)	SO_3含量(%)	烧失量(%)		氯离子(%)
		初凝	终凝		Ⅰ型	Ⅱ型			Ⅰ型	Ⅱ型	
指标	≮300	≥45	≤390	合格	≤0.75	≤1.50	≤5.0[a]	≤3.5	≤3.0	≤3.5	≤0.06[b]

强度等级	抗压强度(MPa)		抗折强度(MPa)	
	3d	28d	3d	28d
42.5	≥17.0	≥42.5	≥3.5	≥6.5
42.5R	≥22.0		≥4.0	
52.5	≥23.0	≥52.5	≥4.0	≥7.0
52.5R	≥27.0		≥5.0	
62.5	≥28.0	≥62.5	≥5.0	≥8.0
62.5R	≥32.0		≥5.5	

a. 如果水泥压蒸试验合格,则水泥中MgO的含量允许放宽至6.0%。
b. 当有更低要求时,该指标由买卖双方确定

5.4.1.4 掺混合材料的硅酸盐水泥

为了改善硅酸盐水泥的某些性能,增加产量和降低成本,在硅酸盐水泥熟料中掺加适量的混合材料,并与石膏共同磨细得到的水硬性胶凝材料,称为掺混合材料的硅酸盐水泥。按照国家标准《通用硅酸盐水泥》(GB 175—2007)规定,掺混合材料的硅酸盐水泥有普通硅酸盐水泥、矿渣硅酸盐水泥、火山灰质硅酸盐水泥、粉煤灰硅酸盐水泥、复合硅酸

盐水泥。

(1) 普通硅酸盐水泥

根据《通用硅酸盐水泥》(GB 175—2007)规定,凡由硅酸盐水泥熟料、掺大于5%且不超过20%(质量百分比)活性混合材料、适量石膏磨细制成的水硬性胶凝材料,称为普通硅酸盐水泥(简称普通水泥),代号P·O。

掺活性混合材料时,不得超过20%,其中允许有不超过8%的非活性混合材料或不超过5%的窑灰代替。

由于普通水泥中混合材料的掺加数量少,因此其性质与硅酸盐水泥相近。其强度等级分为42.5、42.5R、52.5、52.5R共4个标号。其技术标准见表5-6所列。

表5-6 普通硅酸盐水泥技术标准

技术性质	细度比表面积(m^2/kg)	凝结时间(min)		安定性(沸煮法)	MgO含量(%)	SO_3含量(%)	烧失量(%)	氯离子(%)
		初凝	终凝					
指标	≮300	≥45	≤600	合格	≤5.0[a]	≤3.5	≤5.0	≤0.06[b]

强度等级	抗压强度(MPa)		抗折强度(MPa)	
	3d	28d	3d	28d
42.5	≥17.0	≥42.5	≥3.5	≥6.5
42.5R	≥22.0		≥4.0	
52.5	≥23.0	≥52.5	≥4.0	≥7.0
52.5R	≥27.0		≥5.0	

a. 如果水泥压蒸试验合格,则水泥中MgO的含量允许放宽至6.0%。
b. 当有更低要求时,该指标由买卖双方确定

(2) 矿渣硅酸盐水泥

根据《通用硅酸盐水泥》(GB 175—2007)规定,凡由硅酸盐水泥熟料、掺大于20%且不超过70%(按质量百分比计)粒化高炉矿渣、适量石膏磨细制成的水硬性胶凝材料称为矿渣硅酸盐水泥(简称矿渣水泥),代号P·S。矿渣水泥分为两种类型,掺大于20%且不超过50%的粒化高炉矿渣称为A型矿渣水泥,代号P·S·A;掺大于50%且不超过70%的粒化高炉矿渣称为B型矿渣水泥,代号P·S·B。掺加粒化高炉矿渣时,其中允许用不超过水泥质量8%的活性混合材料或非活性混合材料或窑灰中的任何一种材料代替。

矿渣水泥的特性如下:

①耐热性好 因为矿渣本身为耐火材料,因此可用于耐热混凝土工程,如制作冶炼车间、锅炉房等高温车间的受热构件和窑炉外壳等。

②标准稠度需水量较大 矿渣水泥中混合材料掺量较多,且磨细粒化高炉矿渣有尖锐棱角,所以矿渣水泥的标准稠度需水量较大,但保持水分的能力较差,泌水性较大,故矿渣水泥的干缩性较大。如养护不当,就易产生裂纹。因此矿渣水泥的抗冻性、抗渗性和抵

抗干湿交替循环的性能均不及普通水泥。

（3）火山灰质硅酸盐水泥

根据《通用硅酸盐水泥》(GB 175—2007)规定，凡由硅酸盐水泥熟料、掺大于20%且不超过50%（按质量百分比计）火山灰质混合材料、适量石膏磨细制成的水硬性胶凝材料称为火山灰质硅酸盐水泥（简称火山灰水泥），代号P·P。

火山灰水泥的特性如下：

①抗渗性好　当处在潮湿环境或水中养护时，火山灰质硅酸盐水泥中的活性混合材料吸收石灰而产生膨胀胶化作用，并且形成较多的水化硅酸钙凝胶，使水泥石结构致密，因此有较高的紧密度和抗渗性，故宜用于抗渗要求较高的工程。

②需水量大、收缩大、抗冻性差、抗碳化能力差。

（4）粉煤灰硅酸盐水泥

根据《通用硅酸盐水泥》(GB 175—2007)规定，凡由硅酸盐水泥熟料、掺大于20%且不超过40%（按质量百分比计）粉煤灰、适量石膏磨细制成的水硬性胶凝材料称为粉煤灰硅酸盐水泥（简称粉煤灰水泥），代号P·F。

粉煤灰水泥的特性如下：

①干缩性小、抗裂性较高。由于粉煤灰内比表面积较小，吸附水的能力较小，粉煤灰本身是球体，需水量小，故干缩性小。

②抗冻性较差，且随粉煤灰掺量的增加而降低。同时，由于粉煤灰水泥石中碱度较低，抗碳化性能也较差。

③制品表面易产生收缩裂纹，在施工时应予以注意。

（5）复合硅酸盐水泥

根据《通用硅酸盐水泥》(GB 175—2007)规定，凡由硅酸盐水泥、掺大于20%且不超过50%（按质量百分比计）两种或两种以上规定的混合材料、适量石膏磨细制成的水硬性胶凝材料，称为复合硅酸盐水泥（简称复合水泥），代号P·C。掺混合材料时，允许用不超过水泥质量8%的窑灰代替，掺矿渣时混合材料掺量不得与矿渣硅酸盐水泥重复。

复合硅酸盐水泥的特性如下：

①产品和易性好，泌水量小，保水性好，水化热低，干缩性小，配制的混凝土不易开裂，施工性能好，凝结时间正常。

②早期强度较高，后期强度高，耐热性好。

③抗冻性差，抗硫酸盐侵蚀能力也较弱。

矿渣水泥、火山灰水泥、粉煤灰水泥和复合水泥的技术标准见表5-7所列。

表 5-7 矿渣水泥、火山灰水泥、粉煤灰水泥和复合水泥的技术标准

技术性质	细度 80μm 方孔筛筛余量(%)	细度 45μm 方孔筛筛余量(%)	凝结时间(min)		安定性(沸煮法)	MgO 含量(%)	SO₃ 含量(%)		氯离子(%)
			初凝	终凝			矿渣水泥	其余水泥	
指标	≤10	≤30	≥45	≤600	合格	≤6.0[a]	≤4.0	≤3.5	≤0.06[b]

强度等级	抗压强度(MPa)		抗折强度(MPa)	
	3d	28d	3d	28d
32.5	≥10.0	≥32.5	≥2.5	≥5.5
32.5R	≥15.0		≥3.5	
42.5	≥15.0	≥42.5	≥3.5	≥6.5
42.5R	≥19.0		≥4.0	
52.5	≥21.0	≥52.5	≥4.0	≥7.0
52.5R	≥23.0		≥5.0	

a. 如果水泥中 MgO 的含量大于 6.0%，需进行水泥压蒸安定性试验并合格。
b. 当有更低要求时，该指标由买卖双方确定

5.4.1.5 通用水泥的包装、标志和贮运

(1)包装

水泥可以散装或袋装，袋装水泥每袋净含量为 50kg，且应不少于标志质量的 99%；随机抽取 20 袋总质量(含包装袋)应不少于 1000kg。其他包装形式由供需双方协商确定，但有关袋装质量要求，应符合上述规定。水泥包装袋应符合《水泥包装袋》(GB 9774—2010)的规定。

6 种常用水泥的选用见表 5-8 所列。

表 5-8 6 种常用水泥的选用

		混凝土工程特点或所处环境条件	优先选用	可以选用	不得使用
环境条件	1	在普通气候环境中的混凝土	普通水泥	矿渣水泥、火山灰水泥、粉煤灰水泥、复合水泥	
	2	在干燥环境中的混凝土	普通水泥	矿渣水泥	火山灰水泥、粉煤灰水泥
	3	在高温高湿环境中或长期处在水中的混凝土	矿渣水泥、火山灰水泥、粉煤灰水泥、复合水泥	普通水泥	
	4	严寒地区的露天混凝土、寒冷地区处于水位升降范围内的混凝土	普通水泥	矿渣水泥(强度等级>32.5)	火山灰水泥、粉煤灰水泥
	5	严寒地区处于水位升降范围内的混凝土	普通水泥		矿渣水泥、火山灰水泥、粉煤灰水泥、复合水泥
	6	受蚀性环境水或侵蚀性气体作用的混凝土	根据侵蚀性介质的种类、浓缩等具体条件按专门(或设计)规定选用		

（续）

	混凝土工程特点或所处环境条件	优先选用	可以选用	不得使用
工程特点	1 厚大体积的混凝土	矿渣水泥、粉煤灰水泥	火山灰水泥、复合水泥	硅酸盐水泥、快硬硅酸盐水泥
	2 要求快硬的混凝土	硅酸盐水泥、快硬硅酸盐水泥	普通水泥	矿渣水泥、火山灰水泥、粉煤灰水泥、复合水泥
	3 高强（大于C50）的混凝土	硅酸盐水泥	普通水泥、矿渣水泥	火山灰水泥、粉煤灰水泥
	4 有抗渗要求的混凝土	普通水泥、火山灰质水泥		矿渣水泥、粉煤灰水泥
	5 有耐磨要求的混凝土	硅酸盐水泥、普通水泥	矿渣水泥（强度等级>32.5）	火山灰水泥、粉煤灰水泥

（2）标志

水泥包装袋上应清楚标明：执行标准、水泥品种、代号、强度等级、生产者名称、生产许可证标志（QS）及编号、出厂编号、包装日期、净含量。包装袋两侧应根据水泥的品种采用不同的颜色印刷水泥名称和强度等级，硅酸盐水泥和普通硅酸盐水泥采用红色，矿渣硅酸盐水泥采用绿色，火山灰质硅酸盐水泥、粉煤灰硅酸盐水泥和复合硅酸盐水泥采用黑色或蓝色。

散装发运时应提交与袋装标志内容相同的卡片。

（3）运输与贮存

水泥在运输与贮存时不得受潮和混入杂物，不同品种和强度等级的水泥在贮运中避免混杂。应尽量缩短水泥的储存期，通用水泥不超过90d，否则应重新测定强度等级。

5.4.1.6 硅酸盐水泥石的腐蚀与防治

（1）硅酸盐水泥石腐蚀的主要原因

①水泥石内含有易引起腐蚀的成分，即氢氧化钙和水化铝酸钙等。

②水泥石本身不密实，内部含有大量的毛细孔隙。

③外界有腐蚀的介质存在，如软水及含硫酸盐、镁盐、碳酸盐、一般酸、强碱的水。

（2）硅酸盐水泥石腐蚀的类型

①**软水腐蚀** 又称溶出性侵蚀，雨水、雪水、蒸馏水、工厂冷凝水及含重碳酸盐甚少的河水与湖水等都属于软水。

$$Ca(OH)_2 + Ca(HCO_3)_2 =\!=\!= 2CaCO_3 + 2H_2O$$
$$\text{溶析} \qquad\qquad \text{自动填实}$$

②**盐类腐蚀** 绝大部分硫酸盐对水泥石都有明显的侵蚀作用，使水泥石产生膨胀、开裂以至破坏。

硫酸盐的腐蚀

$$4CaO \cdot Al_2O_3 \cdot 12H_2O + 3CaSO_4 + 20H_2O = 3CaO \cdot Al_2O_3 \cdot 3CaSO_4 \cdot 31H_2O + Ca(OH)_2$$
$$\text{水泥杆菌}$$

镁盐的腐蚀

$$MgSO_4 + Ca(OH)_2 + 2H_2O = CaSO_4 \cdot 2H_2O + Mg(OH)_2$$
$$MgCl_2 + Ca(OH)_2 = CaCl_2 + Mg(OH)_2$$

③酸类腐蚀 当水中含有一些无机酸或胡杨酸时，硬化水泥石就受到溶析和化学溶解双重作用。

碳酸腐蚀

$$Ca(OH)_2 + CO_2 + H_2O = CaCO_3 + 2H_2O$$
$$CaCO_3 + CO_2 + H_2O = Ca(HCO_3)_2$$

一般酸的腐蚀

$$2HCl + Ca(OH)_2 = CaCl_2 + 2H_2O$$
$$H_2SO_4 + Ca(OH)_2 = CaSO_4 \cdot 2H_2O$$

④强碱腐蚀 水泥石在一般情况下能够抵抗碱类的侵蚀，但长期处于较高浓度的碱溶液中也会受到腐蚀，且浓度升高腐蚀加快。主要包括化学腐蚀和物理析晶两类作用。

$$3CaO \cdot A_2lO_3 + 6NaOH = 3NaO \cdot Al_2O_3 + 3Ca(OH)_2$$
$$2NaOH + CO_2 = Na_2CO_3 + H_2O$$

(3) 硅酸盐水泥石腐蚀的防止

为防止或减轻水泥石的腐蚀，通常采用下列措施：

①根据腐蚀环境特点，合理选择水泥品种。
②提高水泥石的密实度，降低孔隙率。
③加做保护层，加不透水的沥青层。
④对具有特殊要求的抗侵蚀混凝土，采用浸渍混凝土。

5.4.2 专用水泥

专用水泥是指专门用途的水泥，如砌筑水泥、道路硅酸盐水泥、大坝水泥和油井水泥等。专用水泥可以根据不同的专门用途来进行不同的命名，可以有不同的型号。

5.4.2.1 砌筑水泥

砌筑水泥是由一种或一种以上大于50%（按质量百分比计）的水泥混合材料，加入适量硅酸盐水泥熟料和石膏，经磨细制成的工作性较好的水硬性胶凝材料，代号 M。水泥混合材料是指粒化高炉矿渣、粉煤灰、火山灰质混合材料、粒化电炉磷渣、粒化铬铁渣、粒化高炉钛矿渣、粒化增钙液态渣、窑灰、钢渣、化铁炉渣等。掺水泥混合材料时允许掺入适量的石灰石和窑灰，石灰石中 $Al_2O_3 \leq 2.5\%$。

根据《砌筑水泥》(GB/T 3183—2003)规定，其技术标准见表5-9所列。

表 5-9 砌筑水泥技术标准

技术性质	细度 80μm 方孔筛筛余量(%)	凝结时间(min)		安定性(沸煮法)	保水率(%)	SO_3 含量(%)
		初凝	终凝			
指标	≥10	≥60	≤720	合格	≥80	≤4.0

强度等级	抗压强度(MPa)		抗折强度(MPa)	
	7d	28d	7d	28d
12.5	≥7.0	≥12.5	≥1.5	≥3.0
22.5	≥10.0	≥22.5	≥2.0	≥4.0

砌筑水泥主要用于砌筑和抹面砂浆、垫层混凝土等,不应用于结构混凝土。

5.4.2.2 道路水泥

由道路硅酸盐水泥熟料,掺 0~10%(按质量百分比计)适当成分的混合材料和适量石膏磨细制成的水硬性胶凝材料称为道路硅酸盐水泥(简称道路水泥),代号 P·R。

道路硅酸盐水泥熟料以适当成分的生料烧至部分熔融,所得以硅酸钙为主要成分,铁铝酸四钙($4CaO \cdot Al_2O_3 \cdot Fe_2O_3$)的含量应不低于 16.0%,铝酸三钙($3CaO \cdot Al_2O_3$)的含量应不超过 5.0%,游离氧化钙的含量,旋窑生产应不大于 1.0%,立窑生产应不大于 1.8%。混合材料为 F 类粉煤灰、粒化高炉矿渣、粒化电炉磷渣或钢渣。

根据《道路硅酸盐水泥》(GB/T 13693—2005)规定,其技术标准见表 5-10 所列。

表 5-10 道路硅酸盐水泥技术标准

技术性质	细度比表面积(m^2/kg)	凝结时间(h)		安定性(沸煮法)	保水率(%)	MgO含量(%)	SO_3含量(%)	烧失量(%)	干缩率(%)	磨耗量(kg/m^2)	碱含量
		初凝	终凝								
指标	300~450	≥1.5	≤10	合格	≥80	≯5.0	≤4.0	≯3.0	≯0.10	≯3.00	商定

强度等级	抗压强度(MPa)		抗折强度(MPa)	
	3d	28d	3d	28d
32.5	≥3.5	≥6.5	≥16.0	≥32.5
42.5	≥4.0	≥7.0	≥21.0	≥42.5
52.5	≥5.0	≥7.5	≥26.0	≥52.5

出厂水泥应保证出厂强度等级和干缩率及耐磨性指标,其余技术要求符合道路硅酸盐水泥技术标准。凡 MgO、SO_3、初凝时间、安定性中任一项不符合技术标准规定的指标,均为废品。凡比表面积、终凝时间、烧失量、干缩率和耐磨性的任何一项不符合技术标准规定,或强度低于商品等级规定的指标,均为不合格品。水泥包装标志中的水泥品种、等级、工厂名称和出厂编号不全的也属于不合格品。

道路硅酸盐水泥强度高(尤其是抗折强度高)、耐磨性好、干缩性小、抗冲击性好、抗冻性好和抗硫酸性比较好，具有耐久性好、裂缝和磨耗等病害少的显著特点。

道路硅酸盐水泥适用于道路路面及对耐磨、抗干缩等性能要求较高的其他工程用的道路硅酸盐水泥，如机场道面、城市广场等。

5.4.2.3 大坝水泥

大坝水泥包括低热矿渣硅酸盐水泥、低热和中热硅酸盐水泥、低热微膨胀水泥。

低热矿渣硅酸盐水泥（P·SLH）和低热微膨胀水泥（LHEC）标号为32.5MPa，低热（P·LH）和中热硅酸盐水泥（P·MH）标号为42.5MPa。

技术性质见标准《中热硅酸盐水泥、低热硅酸盐水泥、低热矿渣硅酸盐水泥》（GB 200—2003），《低热微膨胀水泥》（GB 2938—2008）。

大坝水泥适用于大坝工程及大型构筑物、大型房屋基础等大体积工程。

5.4.3 特性水泥

特性水泥是某种特性比较突出的一类水泥，常见的特性主要有快硬性、水化热、抗硫酸盐性、膨胀性以及耐高温性，这样的特性水泥有低热矿渣硅酸盐水泥、硫铝酸盐水泥、白水泥和彩色水泥、自应力铁铝酸盐水泥等。

5.4.3.1 铝酸盐水泥

凡以铝酸钙为主的铝酸盐水泥熟料，经磨细制成的水硬性胶凝材料，称为铝酸盐水泥。按水泥中Al_2O_3含量分为CA50、CA60、CA70、CA80共4个类型。根据《铝酸盐水泥》（GB/T 201—2015）规定，其化学成分见表5-11所列。

表5-11　铝酸盐水泥化学成分　　　　　　　　　　　　%

类型	Al_2O_3含量	SiO_3含量	Fe_2O_3含量	碱含量 $[\omega(Na_2O)+0.658\omega(K_2O)]$	S(全硫)含量	Cl^-含量
CA50	≥50且<60	≤9.0	≤3.0	≤0.50	≤0.2	≤0.06
CA60	≥60且<68	≤5.0	≤2.0			
CA70	≥68且<77	≤1.0	≤0.7	≤0.40	≤0.1	
CA80	≥77	≤0.5	≤0.5			

（1）技术性质

强度发展迅速，24h内可达到最高强度的80%左右；低温下（5~10℃）能很好硬化；抗渗性和抗硫酸盐性好；放热大且集中；耐高温性好；长期强度及其他性能有下降的趋势；耐碱性很差。

（2）用途

适用于紧急抢修工程、冬季施工和对早期强度要求较高的工程；可配制耐热混凝土；

可用于与酸性介质接触的工程。

不能做结构工程；不宜用于大体积混凝土工程；不宜用于与碱接触的混凝土工程；不得用于高温高湿环境，也不能在高温季节施工或采用蒸汽养护。

（3）使用时应注意的问题

最合适的硬化温度为15℃；强度下降有一个稳定值；不得与其他硅酸盐水泥、石灰等能析出 $Ca(OH)_2$ 的胶凝材料混合使用。

铝酸盐水泥胶砂强度见表5-12所列。

表5-12 铝酸盐水泥胶砂强度   MPa

类型		抗压强度				抗折强度			
		6h	1d	3d	28d	6h	1d	3d	28d
CA50	CA50－Ⅰ	≥20*	≥40	≥50	—	≥3*	≥5.5	≥6.5	—
	CA50－Ⅱ		≥50	≥60	—		≥6.5	≥7.5	—
	CA50－Ⅲ		≥60	≥70	—		≥7.5	≥8.5	—
	CA50－Ⅳ		≥70	≥80	—		≥8.5	≥9.5	—
CA60	CA60－Ⅰ	—	≥65	≥85	—	—	≥7.0	≥10.0	—
	CA60－Ⅱ	—	≥20	≥45	≥85	—	≥2.5	≥5.0	≥10.0
CA70		—	≥30	≥40	—	—	≥5.0	≥6.0	—
CA80		—	≥25	≥30	—	—	≥4.0	≥5.0	—

注：*用户要求时，生产厂家应提供试验结果。

5.4.3.2 白水泥与彩色水泥

（1）白水泥

由氧化铁含量少的硅酸盐水泥熟料、适量石膏和0～10%的混合材料，磨细制成水硬性胶凝材料称为白色硅酸盐水泥（简称白水泥），代号P·W。混合材料是指石灰石和窑灰，石灰石中的 Al_2O_3 不超过2.5%。

根据《白色硅酸盐水泥》（GB/T 2015—2005）规定，其技术标准见表5-13所列。

表5-13 白色硅酸盐水泥技术标准

技术性质	细度80μm方孔筛筛余量(%)	凝结时间(min)		安定性(沸煮法)	SO_3含量(%)	白度
		初凝	终凝			
指标	≥10	≥45	≤600	合格	≤3.5	≥87
强度等级	抗压强度(MPa)			抗折强度(MPa)		
	3d		28d	3d		28d
32.5	≥12.0		≥32.5	≥3.0		≥6.0
42.5	≥17.0		≥42.5	≥3.5		≥6.5
52.5	≥22.0		≥52.5	≥4.0		≥7.0

白水泥主要用于建筑装饰工程的粉刷、勾缝、雕塑、地面、楼梯、亭柱、台阶的装饰和制造各种颜色水刷石、水磨石制品，在白色水泥中渗入适量的耐碱色素，可制成彩色水泥。

（2）彩色水泥

由硅酸盐水泥熟料、适量石膏（或白色硅酸盐水泥）及掺量不超过50%的混合材料和着色剂磨细或混合制成的带有色彩的水硬性胶凝材料称为彩色硅酸盐水泥（简称彩色水泥）。

根据《彩色硅酸盐水泥》（JC/T 870—2012）规定，其技术标准见表5-14所列。

表5-14 彩色硅酸盐水泥技术标准

技术性质	细度80μm方孔筛筛余量（%）	凝结时间（h）		安定性（沸煮法）	SO_3含量（%）	色差 ΔE_{ab}（CIELAB色差单位）	500h人工老化色差 ΔE_{ab}（CIELAB色差单位）
		初凝	终凝				
指标	≥6.0	≥1	≤10	合格	≥4.0	≥3.0	≥6.0

强度等级	抗压强度（MPa）		抗折强度（MPa）	
	3d	28d	3d	28d
27.5	≥7.5	≥27.5	≥2.0	≥5.0
32.5	≥10.0	≥32.5	≥2.5	≥5.5
42.5	≥15.0	≥42.5	≥3.5	≥6.5

彩色水泥可配制成各种不同颜色的彩色水磨石、人造大理石、水刷石、斧刹石和干黏石等人工石材，是一种彩色混凝土装饰面层材料，主要用于道路、市政工程及建筑装饰工程；彩色水泥也可配制彩色水泥砂浆、彩色灰沙涂料，用于装饰工程饰面抹灰，也可用于混凝土、砖、石等粉刷饰面。白水泥与彩色水泥及应用如图5-8所示。

白水泥　　　　　彩色水泥　　　　　白水泥与彩色水泥的应用

图5-8　白水泥与彩色水泥及应用

5.4.3.3 膨胀水泥与自应力水泥

膨胀水泥是指由硅酸盐水泥熟料与适量石膏和膨胀剂一起共同磨细制成,在水化和硬化过程中产生体积膨胀的水硬性胶凝材料。按水泥的主要成分不同分为硅酸盐型、铝酸盐型和硫铝酸盐型膨胀水泥;按水泥的膨胀值及其用途不同分为收缩补偿水泥和自应力水泥两大类。

(1) 收缩补偿水泥

收缩补偿水泥能大致抵消干缩所引起的拉应力,防止混凝土的干缩裂缝。收缩补偿水泥有以下几种:

①硅酸盐膨胀水泥　硅酸盐膨胀水泥制造防水层和防水混凝土,用于加固结构、浇铸机器底座或固结地脚螺栓、接缝及修补工程。但不得在有硫酸盐介质的工程中使用。

②低热膨胀水泥　低热膨胀水泥主要用于要求较低水化热和要求补偿收缩的混凝土、大体积混凝土,也可用于要求抗渗和抗硫酸侵蚀的工程。

③膨胀硫铝酸盐水泥　膨胀硫铝酸盐水泥主要用于配制结点、抗渗和补偿收缩的混凝土工程中。

(2) 自应力水泥

自应力水泥有较高的膨胀率,在膨胀的过程中对钢筋有握裹力,使钢筋受拉应力时,当外界因素使混凝土结构产生较大的拉应力时,可被预先具有的压应力所抵消或降低克服抗拉强度不足的缺陷。

5.5　沥　青

沥青是由一些复杂的高分子碳氢化合物及其非金属(氧、硫、氮)衍生物所组成的混合物,在常温下呈黑色或黑褐色的半固态、固态或液态的有机胶凝材料。沥青分为地沥青和焦油沥青两大类。地沥青包括天然沥青和石油沥青,天然沥青是石油在自然条件下长时间经受地球物理因素作用形成的产物;石油沥青是将精制加工石油所残余的渣油,经适当的工艺处理后得到的产品。焦油沥青(即柏油)包括煤沥青、岩沥青,煤沥青是煤经干馏所得的焦油再加工后的产品;岩沥青是页岩炼油工业的副产品。沥青不透水,属憎水性材料,几乎不溶于水、丙酮、乙醚、稀乙醇,但溶于二硫化碳、四氯化碳、氢氧化钠。具有防水、防潮和防腐性能,主要用于生产防水材料以及铺筑路面等,在建筑工程中主要使用石油沥青。

5.5.1　石油沥青

石油沥青是原油加工过程的副产品,在常温下是黑色或黑褐色的黏稠的液体、半固体或固体,含有可溶于三氯乙烯的烃类及非烃类衍生物,其性质和组成随原油来源和生产方法的不同而变化。

(1)组成

从使用角度将沥青分离为化学成分和物理力学性质相近,与其工程性质有一定联系的几个组,这些组称为组分,石油沥青的组分及主要物性有油分、树脂、地沥青和蜡4种。油分是淡黄色至红褐色的油状液体,分子量为100~500,密度0.71~1.00g/cm^3,能溶于大多数有机溶剂,但不溶于酒精,使沥青具有流动性。在石油沥青中,油分的含量为40%~60%。树脂是半固体的黄褐色或红褐色的黏稠状物质,分子量600~1000,密度1.0~1.1g/cm^3。在一定条件下可以由低分子化合物转变为高分子化合物,以至成为沥青质和炭沥青。树脂使沥青具有塑性和黏结性。地沥青为深褐色至黑色固态无定性的超细颗粒固体粉末,分子量2000~6000,密度大于1.0g/cm^3,不溶于汽油,但能溶于二硫化碳和四氯化碳。地沥青是决定石油沥青温度敏感性和黏性的重要组分。沥青中地沥青含量在10%~30%之间,其含量越多,则软化点越高,黏性越大,也越硬脆。石油沥青中还含有蜡,它会降低石油沥青的黏结性和塑性,其在沥青组分总含量越高,沥青脆性越大,同时对温度特别敏感(即温度稳定性差)。石油沥青中还含2%~3%的沥青碳和似碳物(黑色固体粉末),是石油沥青中分子量最大的,它会降低石油沥青的黏结力。

(2)技术性质

石油沥青的技术性质包括黏滞性、塑性、温度敏感性和大气稳定性。

①黏滞性 又称黏性或黏度,它是反映沥青材料内部阻碍其相对流动的一种特性,是沥青材料软硬、稀稠程度的反映。建筑工程中多采用针入度表示石油沥青的黏滞性,其数值越小,表明黏度越大,沥青越硬。针入度是以温度为25℃时100g重的标准针经5s沉入沥青试样中的深度(每沉入0.1mm为1°)。沥青的黏滞性与其组分及所处的温度有关。当地沥青质含量较高又有适量的树脂,且油分含量较少时,黏滞性较大。在一定的温度范围内,当温度升高,黏滞性随之降低,反之则增大。

②塑性 是指石油沥青在外力作用下产生变形而不破坏,除去外力后,仍能保持变形后形状的性质。石油沥青的塑性用延伸度表示,简称延度,延伸度是将石油沥青标准试件在规定温度(25℃)和规定速度(5cm/s)条件下在延度仪上进行拉伸,以试件拉断时的伸长值(单位:cm)表示。沥青的塑性与其组分、所处的温度和拉伸速度有关。当树脂含量较高时,塑性较大;在一定的温度范围内,当温度升高,塑性增大,反之则减小;拉伸速度越大,塑性越大,反之越小。沥青的塑性对冲击振动荷载有一定的吸收能力,并能减少摩擦时的噪声,故沥青是一种优良的道路路面材料;沥青的塑性还能配制性能良好的柔性防水材料。

③温度敏感性 又称感温性,是指石油沥青的黏滞性和塑性随温度升降而变化的性能。温度敏感性以软化点表示,指沥青受热由固态转变为具有一定流动性膏体时的温度。

石油沥青的黏滞性和塑性随温度升高而增大，随温度降低而变小。工程应用中的沥青软化点既不能太低，也不能太高，软化点太低夏季易产生变形甚至流淌；软化点太高，沥青太硬，不易施工，冬季易发生龟裂现象。

④大气稳定性　是指石油沥青在热、阳光、氧气和潮湿等大气因素的长期综合作用下抵抗老化的性能，也是沥青材料的耐久性。石油沥青的大气稳定性通过测定加热蒸发损失百分率、加热前后针入度和软化点等性质的改变值来评定。因此，使石油沥青随着时间的进展而流动性和塑性逐渐减小，硬脆性逐渐增大直至脆裂。这个过程称为石油沥青的"老化"。

5.5.2　改性沥青

改性沥青(modified bitumen)是掺加橡胶、树脂、高分子聚合物、磨细的橡胶粉或其他填料等外掺剂(改性剂)，或采取对沥青轻度氧化加工等措施，使沥青或沥青混合料的性能得以改善制成的沥青结合料。沥青改性机理有两种：一是改变沥青化学组成；二是使改性剂均匀分布于沥青中形成一定的空间网络结构。目前改性沥青分为橡胶及热塑性弹性体改性沥青、塑料与合成树脂类改性沥青和共混型高分子聚合物改性沥青三大类，主要用于道路和防水工程。

(1)道路用改性沥青

随着国民经济的发展，车流量越来越大，车荷载越来越重，气温逐渐变暖，重交通对道路沥青的性能提高了使用要求，为了提高路面的抗永久变形、抗车辙、抗推移、抗疲劳、抗低温开裂、抗老化、抗水侵害等病害能力，对道路沥青进行改性，提高沥青材料的综合性能。所谓沥青改性就是在基质沥青中添加适当和适量的改性剂(1种或多种)，以提高或改善沥青的某些性能，达到路用要求的过程或手段。沥青改性剂主要有树脂类、橡胶类、热塑性弹性体(如SBS)和天然沥青类。

近年研究的几种改性沥青有：应力吸收改性沥青，高黏性改性沥青，高模量改性沥青，稳定型橡胶改性沥青，废沥青混合料热再生添加剂，废沥青混合料冷再生添加剂——乳化沥青。

改性沥青的特点有：耐高温，抗低温，适应性强；韧性好，抗疲劳，增大路面承载能力；抗水、油和紫外线辐射，延缓老化；性能稳定，使用寿命长，降低养护费用。

目前改性道路沥青主要用于机场跑道、防水桥面、停车场、运动场、重交通路面、交叉路口和路面转弯处等特殊场合的铺装应用。近年来，欧洲将改性沥青应用到公路网的养护和补强，较大地推动了改性道路沥青的普遍应用。

(2)防水工程用改性沥青

现代建筑物普遍采用大跨度预应力屋面板，要求屋面防水材料适应大位移，更耐受严酷的高低温气候条件,有自黏性,方便施工,减少维修工作量,耐久性好。经过数十年研究开发,已出现品种繁多的改性防水卷材和涂料,在高档建筑物的防水工程中表现出一定的工程实用效果。

【技能训练】

技能5-1　胶凝材料的识别

1. 目的要求

学会辨认常用胶凝材料,熟练掌握胶凝材料种类、性质和应用。

2. 材料与工具

胶凝材料样本1套,笔,参考书籍等。

3. 内容与方法

用肉眼观察胶凝材料样本,根据胶凝材料的特征识别胶凝材料品名、所属类别、性质和用途(表5-15)。

4. 实训成果

归纳整理在景观材料实训室所见到的胶凝材料名称、性质和用途等(表5-15)。

表5-15　胶凝材料的识别报告表

序号	名称	规格	性质	用途
1	白色硅酸盐水泥	P·W32.5	白度≥87,初凝≥45min,终凝≤600min	用于建筑装饰工程的粉刷、勾缝、雕塑、地面、楼梯、亭柱、台阶的装饰和制造各种颜色水刷石、水磨石制品;可制彩色水泥
2				
3				
4				
5				
6				
7				
⋮				

【知识拓展】

快凝快硬硅酸盐水泥

凡以适当成分的生料烧至部分熔融,所得以硅酸三钙、氟铝酸钙为主的熟料,加入适量的硬石膏、粒化高炉矿渣、无水硫酸钠,经过磨细制成的一种凝结快、小时强度增长快的水硬性胶凝材料,称为快凝快硬硅酸盐水泥,简称快凝快硬水泥。

粒化高炉矿渣必须符合《粒化高炉矿渣》(GB/T 203—2008)规定,其掺加量按水泥重量百分比计为10%～15%。

注:①磨制水泥时允许加入不超过1%的助磨剂(如木炭、煤等);②若采用其他无水石膏,必须经过试验,并呈报省、市、自治区主管部门批准。

1. 分类

快凝快硬硅酸盐水泥的标号是按4h强度而定,分为双快-150、双快-200共2个标号,其最低强度值见表5-16所列。

表5-16　快凝快硬硅酸盐水泥最低强度值　　　　　　　　　　MPa

水泥标号	抗压强度			抗折强度		
	4h	1d	28d	4h	1d	28d
双快-150	150	190	325	28	35	55
双快-200	200	250	425	34	46	64

2. 品质指标

①氧化镁　熟料中氧化镁的含量不得超过5.0%。

②三氧化硫　水泥在三氧化硫的含量不得超过9.5%。

③细度　水泥比表面积不得低于4500cm^2/g。

④凝结时间　初凝不得早于10min,终凝不得迟于60min。

⑤安定性　用沸煮法检验,必须合格。

⑥强度　按本标准规定的强度试验方法检验,各龄期强度均不得低于表5-15的数值。

3. 特点

凝结硬化快,早期强度高,1d或3d即达到标准强度。

4. 应用

快凝快硬水泥适用于机场道面、桥梁、隧道和涵洞等紧急抢修工程,以及冬季施工、堵漏等工程。

使用注意事项:

使用时,先将干料拌匀,再加水拌合,要严格控制水灰比,随拌随用,如需缓凝,可掺入适量缓凝剂。如在使用过程中混凝土已凝结,不可加水再拌。快凝快硬水泥搅拌时黏性大,需加强搅拌,加压振捣。

【自主学习资源库】

1. 建筑材料(第二版). 王春阳. 高等教育出版社, 2010.

2. 景观材料及其应用. [美]罗布·W·索温斯基. 孙兴文, 译. 电子工业出版社, 2011.

3. 建筑装饰材料(第二版). 向才旺. 中国建筑工业出版社,2004.
4. 环境艺术装饰材料与构造. 李蔚,傅彬. 北京大学出版社,2009.
5. 水泥浆体中氢氧化钙晶体的生长习性. 沈裕盛,等. 硅酸盐学报,2016,44(2):232－238.
6. 中国水泥网：http://www.ccement.com.
7. 中国沥青网：http://www.sinoasphalt.com/paper.

【自测题】

一、填空题(20分,每小题4分)

1. 根据硬化条件和使用特性,无机胶凝材料可分为(　　)和(　　　)。
2. 石灰按成品加工方法不同分为(　　)、(　　)、(　　)、(　　)、(　　)5种。
3. 矿渣水泥、粉煤灰水泥、火山灰水泥和复合水泥的强度等级有(　　)、(　　)、(　　)、(　　)、(　　)和(　　)。其中R为早强型水泥,这种水泥3d强度较高。
4. 硅酸盐水泥是由硅酸盐水泥熟料,适量(　　)和加入(　　),经磨细制成的水硬性胶凝材料。
5. 建筑工程中通用水泥主要包括(　　)、(　　)、(　　)、(　　)、(　　)和(　　)六大品种。

二、单项选择题(20分,每小题2分)

1. P·C是(　　)的代号。
   A. 普通硅酸盐水泥　　　　B. 粉煤灰质硅酸盐水泥
   C. 矿渣硅酸盐水泥　　　　D. 复合硅酸盐水泥
2. 水泥硬化过程中,(　　)水泥强度接近最大值。
   A. 3d　　　B. 7d　　　C. 28d　　　D. 30d
3. 属于水硬性材料有(　　)。
   A. 水泥　　　B. 生石灰　　　C. 石膏　　　D. 水玻璃
4. 建筑行业中,使用最广的(　　)水泥系列,属通用水泥。
   A. 硫酸盐　　　B. 铁铝酸盐　　　C. 硅酸盐　　　D. 铝酸盐
5. (　　)不能用于海水工程,但能用于高温环境的工程。
   A. 硫酸盐水泥　　B. 硅酸盐水泥　　C. 铝酸盐水泥　　D. 铁铝酸盐水泥
6. 为了延缓水泥的凝结时间,在生产水泥时必须掺入适量(　　)。
   A. 石灰　　　B. 石膏　　　C. 助磨剂　　　D. 水玻璃
7. 有抗冻要求的混凝土工程,在下列水泥中应优先选择(　　)硅酸盐水泥。
   A. 矿渣　　　B. 火山灰　　　C. 粉煤灰　　　D. 普通
8. 水泥安定性即指水泥浆在硬化时(　　)的性质。

A. 产生高密实度　　　　　B. 体积变化均匀
C. 不变形　　　　　　　　D. 收缩

9. 国家标准规定,水泥安定性经( )检验必须合格。
A. 坍落度法　　B. 沸煮法　　C. 筛分析法　　D. 维勃稠度法

10. 水泥石产生腐蚀的内因是:水泥石中存在大量( )结晶。
A. C—S—H　　B. Ca(OH)$_2$　　C. CaO　　D. 环境水

三、多项选择题(20分,每小题4分)

1. 属于气硬性胶凝材料有( )。
A. 石灰　　　B. 水泥　　　C. 石膏　　　D. 水玻璃

2. 石灰浆体的硬化过程,包含了( )3个交错进行的过程。
A. 结晶　　　B. 凝固　　　C. 碳化　　　D. 干燥

3. 下列材料中,( )是胶凝材料。
A. 石灰　　　B. 水泥　　　C. 生石膏　　D. 沥青

4. 沥青起火时应用( )施救。
A. 隔离法　　B. 窒息法　　C. 冷却法　　D. 水

5. 普通水泥的初凝时间不得早于( ),终凝时间不得迟于( )。
A. 40min　　B. 10h　　C. 45min　　D. 6.5h

四、判断题(20分,每小题4分)

1. 水硬性胶凝材料不但能在空气中硬化,而且能在水中硬化,并保持和发展强度。
( )
2. 气硬性胶凝材料,既能在空气中硬化又能在水中硬化。 ( )
3. 通用水泥的贮存不宜超过3个月。 ( )
4. 普通水泥可以配制砌筑砂浆。 ( )
5. 普通硅酸盐水泥的组成材料包括硅酸盐水泥熟料、石膏。 ( )

五、简答题(20分,每小题10分)

1. P·P 32.5、P·O 42.5R 分别代表什么意思?
2. 简述石灰的用途。在储存和保管时需要注意哪些方面?

单元 6

混凝土

【知识目标】

(1) 掌握普通混凝土、沥青混凝土、轻混凝土和混凝土制品的组成材料、技术性质和应用。

(2) 熟悉建筑砂浆的分类、组成材料、技术性质和应用。

(3) 了解混凝土外加剂和掺合料的概念与作用效果。

【技能目标】

能配制常用混凝土和建筑砂浆。

混凝土是指由胶凝材料(胶结料)、骨料和水,必要时加入外加剂、矿物掺合料,按适当比例配合拌制成拌合物,经一定时间硬化而成的工程复合材料的统称。

混凝土的种类很多,具体分类如下:

①按所用胶凝材料不同分类　无机胶凝材料混凝土,如水泥混凝土、石膏混凝土、硅酸盐混凝土、水玻璃混凝土等;有机胶结料混凝土,如沥青混凝土、聚合物混凝土等;复合胶凝材料混凝土,如聚合物水泥混凝土、聚合物浸渍混凝土。

②按所用骨料粒径不同分类　粗细骨料混凝土、粗骨料混凝土(即大孔混凝土)和细骨料混凝土(即砂浆)。

③按表观密度不同分类　重混凝土,干表观密度大于$2800kg/m^3$;普通混凝土,干表观密度为$2000\sim2800kg/m^3$;轻混凝土,干表观密度小于$1950kg/m^3$。

④按使用功能分类　结构混凝土、保温混凝土、装饰混凝土、防水混凝土、耐火混凝土、水工混凝土、道路混凝土、膨胀混凝土和防辐射混凝土等。

⑤按生产和施工方法分类　压力灌浆混凝土、喷射混凝土、碾压混凝土、挤压混凝土、泵送混凝土、预拌混凝土(商品混凝土)等。

⑥按配筋方式分类　素混凝土、钢筋混凝土、钢丝网水泥、纤维混凝土、预应力混凝土等。

园林工程中常用的混凝土有普通混凝土(即水泥混凝土)、轻混凝土、沥青混凝土、防水混凝土、装饰混凝土、细骨料混凝土(即建筑砂浆)和混凝土制品等。

6.1　建筑砂浆

建筑砂浆是指由胶凝材料、细骨料、掺合料和水以及根据性能确定的各种组分按适当比例配合、拌制并经硬化而成的工程材料,又称细骨料混凝土、无粗骨料混凝土。主要起黏结、衬垫、传递应力的作用,用于砌筑、抹面、修补和装饰等工程,如在砖石结构中,砂浆可以把砖、石块、砌块胶结成砌体。在建筑工程中建筑砂浆是一种用量最大、用途广泛的建筑材料。

建筑砂浆按生产方式不同分为施工现场拌制的砂浆和由专业生产厂家生产的商品砂浆。按用途分为砌筑砂浆、抹灰砂浆、地面砂浆和其他用途砂浆,抹灰砂浆分为普通抹灰砂浆、装饰砂浆,其他用途砂浆可分为防水砂浆、耐酸砂浆、绝热砂浆、吸声砂浆。按使用的胶凝材料不同分为水泥砂浆、石灰砂浆、石膏砂浆、混合砂浆。

6.1.1　砌筑砂浆

砌筑砂浆是指能将砖、石、砌块等材料黏结成为砌体的砂浆。它起着黏结砌块、衬垫和传递荷载的作用，是砌体的重要组成部分。砌筑砂浆可分为水泥砂浆、水泥混合砂浆和石灰砂浆3种。

6.1.1.1 组成材料

（1）胶凝材料

砌筑砂浆常用的胶凝材料有水泥、石灰膏、建筑石膏等。胶凝材料的选用一般应根据砂浆用途及使用环境确定。对于干燥环境中使用的砂浆，可选用气硬性胶凝材料；对于处于潮湿环境或水中的砂浆，则必须选用水硬性胶凝材料。

应根据砌筑的部位、环境条件、强度和特殊功能要求等选择适宜的水泥。一般来说，普通水泥、复合水泥、矿渣水泥、火山灰水泥、粉煤灰水泥及砌筑水泥等可配制砌筑砂浆和普通抹面砂浆；普通水泥、复合水泥、白色水泥、彩色水泥和膨胀水泥等可配制特种砂浆和装饰砂浆。

配制砌筑砂浆时，水泥强度的等级应根据砂浆的强度等级进行选择，一般以砂浆强度的4~5倍为宜，用于水泥砂浆的水泥，其强度等级为32.5级，水泥用量不应小于200kg/m³。

（2）细骨料

建筑砂浆用砂应符合混凝土用砂的技术要求。由于砂浆铺设层较薄，应对砂的粗细加以限制。

砌筑砂浆用砂的技术指标，应符合《砌筑砂浆配合比设计规则》（JGJ/T 98—2010）的技术要求。砌筑用砂宜选用中砂，且应全部通过4.75mm的筛孔。由于砌筑砂浆层较薄，对砂子的最大粒径应有限制。对于毛石砌体所用砂，可采用粗砂，一般砌体的砌筑结构，宜采用中砂，最大粒径应小于砂浆层厚度的1/5~1/4；对于砖砌体，砂的粒径不得大于2.5mm；对于光滑抹面及勾缝应使用细砂。

（3）水

砂浆拌合用水的技术要求与混凝土拌合用水要求相同，应使用不含有害物质的洁净水或饮用水，并符合《混凝土用水标准》（JGJ 63—2006）的规定。

（4）外加剂

外加剂是指能改善和调节砂浆的功能，在拌制时掺加的有机、无机或复合的化合物。在砌筑砂浆中，可使用减水剂、防水剂、早强剂或微沫剂等来改善砂浆的性能。用前应进行试验验证，确定符合要求后方能使用。

（5）掺合料

掺合料是一种能改善性能、节省水泥、降低成本而掺加的矿物质粉状材料。常用的掺合料有石灰膏、黏土膏、粉煤灰等，如砌筑砂浆中所用的粉煤灰，其技术要求应符合《用于水泥和混凝土中的粉煤灰》（GB/T 1596—2005）的规定。配制砂浆所用的水泥，其强度等级不宜超过42.5级，水泥和掺合料的总量宜为300~350kg/m³，这样的砂浆称为水泥混合砂浆。

6.1.1.2 技术性质

(1) 和易性

新拌砂浆的和易性是指新拌砂浆是否便于施工并保证质量的综合性质。新拌砂浆应具有良好的和易性，和易性良好的砂浆易在粗糙的砖石上铺设成均匀的薄层且能与底面紧密黏结，既便于施工，又能提高生产效率和保证工程质量。新拌砂浆的和易性可以根据其流动性和保水性来综合评定。

① 流动性 砂浆的流动性也叫做稠度，是指新拌砂浆在自重或外力的作用下流动的性能。砂浆流动性的影响因素与胶凝材料的种类和用量、用水量、砂的粗细及形状、砂浆配合比、搅拌时间等均有关系。砂浆的流动性是用砂浆稠度仪测定稠度值（即沉入量），用沉入度(mm)表示。

建筑砂浆流动性一般应根据砌体种类（砖、石、砌块）、用途（砌筑、抹面）、施工方法（机械施工、手工操作）及天气情况（温度、湿度、风力）等选择（表6-1）。

表6-1 建筑砂浆流动性(沉入量)　　　　　　　　　　　　　　　mm

砌体种类	干燥气候	寒冷气候
砖砌体	80~100	60~80
普通毛石砌体	60~70	40~50
振捣毛石砌体	20~30	10~20
炉渣砼砌体块	70~90	50~70

② 保水性 新拌砂浆的保水性是指砂浆保持内部水分不泌出流失及整体均匀一致的能力。保水性好的砂浆在存放、运输和使用过程中，能很好地保持其中水分不致很快流失，在砌筑和抹面时容易铺成均匀密实的砂浆层，保证砂浆与基面材料有良好的黏结力和较高的强度。砂浆保水性是用分层度仪测定分层度（两次沉入量之差），普通砂浆分层度宜为1~2cm。

③ 改善措施 加入适量的石灰膏或黏土膏；加入适量的外加剂。

实践证明：为保证砂浆的和易性，水泥砂浆的水泥用量应≥200kg/m³，混合砂浆中胶凝材料总用量应在300~500kg/m³及以上。

(2) 强度

建筑砂浆在砌体中主要起传递荷载的作用，并经受周围环境介质作用，因此砂浆应具有一定的抗压强度、黏结力和耐久性。按《建筑砂浆基本性能试验方法》(JGJ 70—2009)的规定，以边长为70.7mm的立方体作为标准试件，按规定的成型方法在标准条件下养护28d，用标准试验方法测得的抗压强度平均值来表示砂浆的强度。

砌筑砂浆的强度等级根据《砌筑砂浆配合比设计规程》(JGJ 98—2010)的规定,分为M5、M7.5、M10、M15、M20、M25、M30 共 7 个等级。水泥混合砂浆的强度等级分为M5、M7.5、M10、M15 共 4 个等级。

砌筑砂浆实际强度主要决定于所砌筑的基层材料的吸水性,基层材料为不吸水材料(如致密的石材)时,影响强度的因素主要取决于水泥强度和水灰比;基层为吸水材料(如砖)时,砂浆的强度取决于水泥强度和水泥用量,与用水量无关。

(3) 黏结力

为保证砌体的强度、耐久性及抗震性等,要求砂浆与基层材料之间应有足够的黏结力。砂浆的黏结力是按《建筑砂浆基本性能试验方法》(JGJ 70—2009)规定的"拉伸黏结的强度试验"来确定的。一般强度越大,其黏结力越强。

砂浆的黏结力主要与砂浆的抗压强度和砌体材料的表面粗糙程度、清洁程度和湿润状况以及施工养护条件等因素有关,因此,在施工前应做好相关的准备工作,保证砂浆黏结力。

(4) 变形性

砂浆在承受荷载、温度或湿度变化等情况时,会产生变形。若变形过大或不均匀,会降低砌体及面层质量,引起沉降或产生裂缝。特别是用轻骨料拌制的砂浆,其收缩变形要比普通砂浆大,一般可掺一定量的纸筋或其他纤维材料,减少砂浆变形引起的干裂。用《建筑砂浆基本性能试验方法》(JGJ 70—2009)中规定的"静力受压弹性模量试验"和"收缩试验"来确定砂浆的变形性。

(5) 砂浆的耐久性

砂浆的耐久性是指砂浆在受到外界环境条件(如温度、荷载等)的作用下,具有经久耐用的性能。是按《建筑砂浆基本性能试验方法》(JGJ 70—2009)中规定的标准实验方法进行检测,如抗冻性、抗渗性的试验检测。

6.1.1.3 选用

工程中应根据砌体种类、砌体性质、作用环境及强度等级指标要求等选用砌筑砂浆。一般情况下,多层建筑物墙体、工业厂房、水中建筑、潮湿环境等建筑砌筑选用大于M5.0 的砌筑砂浆;砖石基础、雨水井等砌体常采用 M5 的砌筑砂浆;二层以下建筑常采用 M5.0 以下的砌筑砂浆;简易平房、临时建筑可选用石灰砂浆。

6.1.2 抹灰砂浆

涂抹在建筑物或建筑构件表面的砂浆统称为抹灰砂浆,也称作抹面砂浆。根据抹灰砂浆的功能不同,可分为普通抹面砂浆、装饰砂浆和其他用途砂浆。抹灰砂浆要求具有良好的和易性,容易抹成均匀平整的薄层,还要有较高的黏结力,不致开裂或脱落。抹灰砂浆在建筑物表面起着保护、平整、美观的作用。

6.1.2.1 普通抹灰砂浆

普通抹灰砂浆主要是对建筑物和墙体起到保护作用,能抵抗自然界中的风、霜、雨、雪等对建筑物的侵蚀,提高建筑物的耐久性,并使其达到表面平整、清洁和美观的效果。一般分2层或3层进行施工。

①准备层(底层)砂浆　能使砂浆与基层牢固黏结,保水性要好,以防止水分被底面材料吸收而影响黏结力;

②中间层砂浆　主要是起找平的作用,有时不用,可以省去;

③面层砂浆　主要是使表面达到光洁细腻、平整、美观的装饰效果,应选择细砂。一般在容易碰撞或潮湿的地方,应采用1∶2.5的水泥砂浆,如墙裙、踢脚板、地面、雨棚、窗台以及水池和水井等处。

在硅酸盐砌块墙面上做抹灰砂浆或粘贴饰面材料时,最好在砂浆层内夹1层事先固定好的铁丝网,以免日后发生剥落现象。

6.1.2.2 装饰砂浆

涂抹在建筑物内外墙表面,具有美观装饰效果的抹面砂浆称为装饰砂浆。装饰砂浆的底层和中间层与普通抹面砂浆基本相同,主要是装饰的面层,一般选用具有一定颜色的胶凝材料和骨料以及采用某些特殊的操作工艺,使表面呈现出不同的色彩、线条与花纹等装饰效果。

装饰砂浆所采用的胶凝材料有白水泥和彩色水泥等,或是在常用水泥中掺加一些耐碱矿物颜料配成彩色水泥以及石灰、石膏等,骨料采用大理石、花岗岩等带颜色的细石渣和玻璃及陶瓷碎粒等。

常用装饰砂浆有以下几种工艺做法:

(1)彩色灰浆

彩色灰浆是把水泥等粉料调成浆或浆糊,用刷、抹、喷涂等方法装修窗套、腰线、墙面、天棚、柱面等。彩色灰浆在施工中经常出现因涂抹层薄,前期失水过多而导致饰面起粉、脱落。施工前,基层须用水润湿,凝固后涂层应洒水养护。

(2)水磨石

水磨石是按设计要求,在彩色水泥或普通水泥中加入一定规格、比例、色泽的彩砂或彩色石渣,加水拌匀作为面层材料,铺敷在普通水泥砂浆或混凝土基层之上,成型、养护、硬化后,再经洒水粗磨、细磨、抛光、切边(预制板)、酸洗、面层打蜡等工序而制成。水磨石生产方便,既可预制,又可现场磨制。水磨石色彩丰富,装饰质感接近于磨光的天然石材,且造价低。一般多用于室内外地面、柱面和台阶等。

(3)拉毛

拉毛是在水泥混合砂浆、低筋石灰或水泥石灰砂浆等装饰面层用拉毛工具将砂浆拉出波纹和毛头，做成装饰面层。

(4) 水刷石

水刷石是用颗粒细小(约5mm)的石渣所拌成的砂浆作面层，待表面稍凝固时立即喷水冲刷表面水泥浆，使其半露出石渣，通过不同色泽的石渣，达到装饰目的。

水刷石的组成与水磨石的组成基本相同，只是石渣的粒径稍小。

水刷石粗犷、自然、美观、淡雅、庄重，通过分色、分格、凹凸线条等处理可进一步提高其艺术性以及装饰性。但缺点是操作技术要求高、费工费料、湿作业量大、劳动条件差。多用于外墙、围墙饰面装饰，具有天然石材质感，也适用于有声学要求的礼堂、剧院等室内墙面、阳台栏板等。

(5) 干黏石

干黏石是指将彩色石粒粘在砂浆层上的一种装饰抹灰做法。其效果与水刷石相同，与水刷石相比，既节约水泥、石粒等原材料，减少湿作业，又能提高工效，应用广泛。

干黏石与水刷石的用途相同，但房屋底层、勒脚不宜使用。

(6) 斩假石

斩假石又称剁斧石，是待水泥砂浆抹面层硬化后，用剁斧、齿斧和凿子等工具剁出有规律的石纹，使其形成天然花岗石纹的效果。

斩假石的配料与水磨石基本相同，只是石渣的粒径较小，一般为2mm以下。

斩假石朴实、自然、美观、素雅、庄重，具有天然石材的质感，外观很像天然石材。其缺点是费工费力、劳动强度大、施工效率低。斩假石主要用于柱面、勒脚、栏杆、台阶、花坛、踏步和园林人造石等处的装饰，有时也用于整个外墙面。

(7) 弹涂

弹涂是在建筑物表面刷一道聚合物水泥浆后，用弹涂器分别将不同色彩聚合物水泥砂浆弹在涂刷的基层上，形成3~5mm的花点或圆圈，再喷罩甲基硅树脂。这种装饰面层黏结力强，对基层的适应性广，可直接弹涂在底层灰、混凝土板、石膏板等上面。适用于外墙、顶棚饰面，园林中用于仿树木的石凳、椅子等。

(8) 喷涂

喷涂是用挤压式砂浆泵或喷斗，将聚合物水泥砂浆喷涂在墙面基层或底灰上，形成饰面层，再在表面喷一层甲基硅树脂，以提高饰面的耐久性和减少墙面污染。用于墙面，园林人造石，仿生动物、人物、植物等。

6.1.2.3 其他用途砂浆

(1) 防水砂浆

防水砂浆是一种制作防水层的抗渗性高的特种砂浆。它是在普通水泥砂浆中掺加防水剂配制而成的。主要用于刚性防水层，这种刚性防水层仅用于不受震动和具有一定刚度的混凝土和砖石砌体工程，对于变形较大或可能发生不均匀沉陷的建筑物，都不宜使用刚性防水层。

为了达到高抗渗的目的,对防水砂浆的材料组成提出如下要求:应使用32.5以上标号的普通水泥或微膨胀水泥,适当增加水泥用量;应选用级配良好的洁净中砂,灰砂比应控制在1∶2.5~1∶3.0范围内;水灰比应保持在0.5~0.55之间;掺入防水剂,一般是氯化物金属盐类或金属皂类防水剂,可使砂浆密实不透水。

氯化物金属盐类防水剂主要是用氯化钙、氯化铝和水按一定比例配成的有色液体。其配合比大致为氯化钙∶氯化铝∶水=1∶10∶11。掺加量一般为水泥质量的3%~5%。这种防水剂掺入水泥砂浆中,能在凝结硬化过程中生成不透水的复盐,起促进结构密实的作用,从而提高砂浆的抗渗性能。一般可用于园林刚性水池或地下构筑物的抗渗防水。

金属皂类防水剂是由硬脂酸、氨水、氢氧化钾(或碳酸钠)和水按一定比例混合加热皂化而成。这种防水剂主要起填充微细孔隙和堵塞毛细管的作用,掺加量一般为水泥质量的3%左右。

施工方法为:先在湿润清洁的底面抹一层纯水泥浆,然后抹一层5mm厚的抗渗性高的砂浆,初凝前压实,共4~5层,最后一层压光,加强养护。

砂浆防水层是刚性防水,适用于不受振动和具有一定刚度的混凝土或砖石砌体工程,用于水塔、水池、地下工程等的防水。

(2)绝热砂浆

用水泥、石灰和石膏等无机胶凝材料与膨胀蛭石、陶粒砂等材料按一定比例配制的轻质多孔砂浆称为绝热砂浆。绝热砂浆具有轻质和绝热、保温性能良好等特点。主要用于屋面、墙壁或供热管道的绝热保护。

(3)吸声砂浆

绝热砂浆也具有吸声性,还可配制水泥、石膏、砂、锯末等砂浆,或在石灰、石膏砂浆中掺玻璃纤维、矿物棉等。用于室内墙壁和吊顶吸声处理。

6.2 普通混凝土

普通混凝土(俗称混凝土)是由水泥、砂、石和水,必要时加入外加剂和掺合料,按一定比例配制,经搅拌均匀,成型密实,水化硬化而成的一种人造石,其表观密度为2000~2800kg/m^3。普通混凝土是建筑工程中常用的混凝土,主要用作各种建筑的承重结构材料。

普通混凝土具有如下特点:

①原材料丰富,加工简单,能耗低 组成材料中的砂、石等材料占80%以上,符合就地取材,因而价格低廉。

②易于加工成型,施工简便 新拌混凝土有良好的可塑性,可浇筑不同形状、大小的制品构件。

③性能可根据需要设计调整　通过调整各组成材料的品种和数量，掺入不同外加剂和掺合料，可获得和易性、强度、耐久性不同或具有特殊性能的混凝土，满足工程上的不同要求。

④抗压强度高　混凝土的抗压强度一般在 7.5~60MPa 之间。当掺入高效减水剂和掺合料时，强度可达 100MPa 以上。混凝土与钢筋具有良好的匹配性，浇筑成钢筋混凝土后，可以有效地改善抗拉强度低的缺陷，使混凝土能够应用于各种结构部位。

⑤耐久性好　原材料选择正确、配比合理、施工养护良好的混凝土具有优异的抗渗性、抗冻性和耐腐蚀性能，且对钢筋有保护作用，可保持混凝土结构长期使用性能稳定。

但普通混凝土存在自重大、抗拉强度低（是其抗压强度的 1/20~1/10）、比强度小、变形能力差、易开裂和施工周期长等缺点，有待研究改进。

6.2.1　组成材料

普通混凝土的基本组成材料是水泥、天然砂、石子和水，为改善混凝土的某些性能掺入适量的外加剂和掺合料。

混凝土的组成材料中的砂、石是骨料，对混凝土起骨架作用。水泥和水形成水泥浆体，包裹在粗、细骨料的表面并填充骨料之间的空隙，在混凝土凝结、硬化以前，水泥浆体起着润滑作用，赋予混凝土拌合物流动性，便于施工；在混凝土硬化以后，水泥浆体起胶结作用，将砂、石等骨料黏结成为一个整体，使混凝土产生强度，成为坚硬的人造石材。混凝土结构如图 6-1 所示。

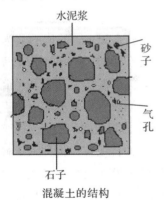
混凝土的结构

混凝土实物结构

图 6-1　混凝土结构图

混凝土是一个宏观匀质、微观非匀质的堆聚结构，混凝土的质量和技术性能是由原材料的性质及相对含量决定的，也与施工工艺（配料、搅拌、捣实成型、养护等）有关。因此，必须了解混凝土原材料的性质、作用及质量要求，合理选择原材料，以保证混凝土的质量。

6.2.1.1 水泥

水泥在混凝土中起胶结作用，正确、合理选择水泥的品种和强度等级是影响混凝土强度、耐久性及经济性的重要因素。

(1) 水泥品种的选择

应符合现行国家标准的有关规定，根据工程特点和所处的环境条件选用水泥品种。

(2) 水泥强度等级(标号)的选择

水泥强度等级应与混凝土的配制强度等级相适应。对于强度等级小于或等于 C30 的混凝土，一般水泥强度等级是混凝土强度等级的 1.5~2.0 倍；强度等级大于 C30 的混凝土可取 0.9~1.5 倍；强度等级为 C50~C80 的混凝土，应选择强度等级不小于 42.5 级的硅酸盐水泥或普通硅酸盐水泥。

6.2.1.2 骨料

混凝土用骨料(也称集料)，按其粒径大小的不同分为细骨料和粗骨料。粗细骨料的总体积占混凝土体积的 70%~80%，因此，骨料的性能对所配制的混凝土性能有很大的影响，为保证混凝土的质量，对骨料技术性能的要求主要有：表面清洁，含有害成分(含泥量、云母、硫化物等)少；具有良好的颗粒形状(如圆形较好)、适宜的颗粒级配和粗细程度；表面粗糙，与水泥黏结牢固；性能稳定，坚固耐久等。

(1) 细骨料

混凝土及其制品、砂浆用细骨料主要采用天然砂和机制砂，粒径为 0.15~4.75mm 之间的岩石颗粒。

天然砂是自然生成的，经人工开采和筛分粒径小于 4.75mm 的岩石颗粒，主要有河砂、湖砂、山砂、淡化海砂，但不包括软质、风化的岩石颗粒。河砂和海砂等长期受水流的冲刷作用，颗粒表面比较圆滑、洁净，且分布较广，但海砂中常含有贝壳碎片及可溶性盐等有害物质。山砂一般棱角较多，表面粗糙，砂中含泥及有机物质等有害杂质较多。

机制砂是经除泥土(如水洗)处理，由机械破碎、筛分制成的，粒径小于 4.75mm 的岩石、矿山尾矿或工业废渣颗粒，但不包括软质、风化的岩石颗粒，俗称人工砂。

细骨料应符合现行的标准《建设用砂》(GB/T 14684—2011)和《普通混凝土用砂、石质量及检验方法标准》(JGJ 52—2006)中的规定，砂的质量和技术要求主要有以下几个方面：

① 砂的粗细程度与颗粒级配 砂的粗细程度是指不同粒径的砂粒混合后的总体粗细程度；砂的颗粒级配是指不同大小颗粒粒径的砂混合后的搭配比例。

砂的粗细程度和颗粒级配用筛分析方法测定，用细度模数(M_x)表示粗细程度，用级配区表示砂的级配。筛分析是用一套孔径为 9.50、4.75、2.36、1.18、0.600、0.300 及 0.150mm 的方孔标准筛，将 500g 干砂试样由粗到细依次过筛(详见试验)，称量各筛上的筛余量 m_i(g)，计算各筛上的分计筛余率 a_i(%)，再计算累计筛余率 A_i(%)。

砂的细度模数(Mx)按式(6-1)计算,精确至0.01。

$$Mx = \frac{(A_2 + A_3 + A_4 + A_5 + A_6) - 5A_1}{100 - A_1} \tag{6-1}$$

式中 $A_1 \cdots A_6$ —— $A_1 = a_1$,$\cdots$,$A_6 = a_1 + a_2 + a_3 + a_4 + a_5 + a_6$;

$a_1 \cdots a_6$ —— $a_1 = m_1/G$,$\cdots$,$a_6 = m_6/G$,G 为干砂试样重量。

根据筛分结果计算得到的细度模数(Mx)的大小将砂分为粗、中、细3种规格。Mx 为 3.7~3.1 为粗砂,3.0~2.3 为中砂,2.2~1.6 为细砂。

细度模数 Mx 越大,表示砂粒越粗,单位质量总表面积(或比表面积)越小;Mx 越小,则砂粒越细,其比表面积越大。

砂的级配分为1区、2区、3区。砂的实际颗粒级配除4.75mm和0.60mm筛档外,可以略有超出,但各级累计筛余率超出总和应不大于5%。

级配良好的砂的特点:良好的级配是指粗颗粒的空隙恰好由中颗粒填充,中颗粒的空隙恰好由细颗粒填充,如此逐级填充(图6-2),使砂粒形成最密实的堆积状态,空隙率达到最小值,堆积密度达到最大值。这样就可以达到节约水泥、提高混凝土综合性能的目的。因此,砂颗粒级配反映空隙率以大小,空隙率小,水泥浆能充分用于黏结砂粒;总表面积小,节约水泥。

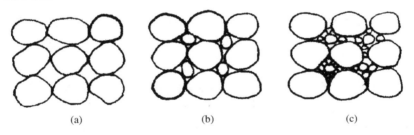

图6-2 骨料的颗粒级配

各区砂的应用:1区砂偏粗,适合配制水泥用量多的富混凝土及流动性较小的低塑性混凝土。在应用时应提高砂率,保证有足够的水泥用量,以满足混凝土和易性的要求。2区砂适中,较理想,级配较好,泵送混凝土宜选用中砂。3区砂偏细,适合配制水泥用量少的贫混凝土,在应用时应降低砂率以保证混凝土的强度。

在实际工作中,将砂过筛去除过粗或过细的颗粒,进行人工级配,使其符合砂的级配要求,一般优选2区砂。

②表观密度、松散堆积密度、空隙率 砂的表观密度、松散堆积密度、空隙率应符合如下规定:表观密度不小于 2500kg/m³,松散堆积密度不小于 1400kg/m³,空隙率不大于44%。

③有害杂质与坚固性

有害杂质 砂中有害物质有云母、轻物质、有机物、硫化物及硫酸盐、氯化物、贝壳、石粉和泥块等。如果这些物质超过规定的标准，会影响混凝土的性能，在工程中应严格控制砂中有害杂质的含量。

坚固性　砂在气候、环境变化或其他物理因素作用下抵抗破裂的能力称为砂的坚固性。砂在长期受到各种自然因素的综合作用下，其物理力学性能会逐渐下降，这些自然因素包括温度变化、干湿度变化和冻融循环等。可采用硫酸钠溶液法试验砂的坚固性，根据砂的质量损失和压碎指标，将砂分为Ⅰ类、Ⅱ类和Ⅲ类。天然砂的质量损失：Ⅰ类≤8.0%，Ⅱ类≤8.0%，Ⅲ类≤10.0%；机制砂的质量损失与天然砂相同，还要求单级最大压碎指标：Ⅰ类≤20%，Ⅱ类≤25%，Ⅲ类≤30%。

④砂在混凝土和砂浆中的选用

Ⅰ类适用于强度等级＞C60的混凝土；

Ⅱ类适用于强度等级C30～C60及抗冻、抗渗或其他要求的混凝土；

Ⅲ类适用于强度等级＜C30的混凝土和建筑砂浆。

（2）粗骨料

水泥混凝土及其制品用粗骨料主要有碎石和卵石，粒径为4.75～75.0mm之间的岩石颗粒。

碎石是天然岩石、卵石或矿山废石经机械破碎、筛分制成的，粒径大于4.75mm的岩石颗粒。卵石是由自然风化、水流搬运和分选、堆积形成的，粒径大于4.75mm的岩石颗粒，按其产源可分为河卵石、海卵石、山卵石等。碎石、卵石按技术要求分为Ⅰ类、Ⅱ类和Ⅲ类。

根据《建设用碎石、卵石》（GB/T 14685—2011）和《混凝土质量控制标准》（GB 50164—2011），对碎石和卵石的质量及技术要求主要有以下几个方面：

①最大粒径、颗粒级配

石子最大粒径（dmax）　石子各粒级的公称上限粒径称为这种石子的最大粒径。

水泥混凝土中粗骨料最大粒径的要求为：颗粒最大粒径不得大于结构最小截面短边尺寸的1/4，且不得大于钢筋最小净间距的3/4；对于混凝土实心板，粗骨料的最大粒径不宜大于板厚的1/3，且不得大于40mm；对于大体积混凝土，粗骨料的最大公称粒径不宜小于31.5mm；对于高强混凝土，粗骨料的最大公称粒径不宜大于25mm。

颗粒级配　粗骨料的级配原理和要求与细骨料基本相同。级配试验采用筛分法测定，即用孔径为90、75.0、63.0、53.0、37.5、31.5、26.5、19.0、16.0、9.50、4.75、2.36mm的方孔筛，并加筛底和筛盖（筛框内径为300mm）进行筛分。

卵石、碎石的颗粒级配可分为连续级配和间断级配。连续级配是石子粒级呈连续性，即颗粒由小到大，每级石子占一定比例。用连续级配的骨料配制的混凝土混合料，和易性较好，不易发生离析现象。连续级配是工程上最常用的级配。间断级配也称单粒级配。由间断级配制成的混凝土，可以节约水泥。由于其颗粒粒径相差较大，混凝土混合物容易产生离析现象，导致施工困难，仅适合配制流动性小的混凝土、半干硬性及干硬性混凝土、富混凝土，且宜在预制厂使用。

②粗骨料颗粒形状及表面特征

颗粒形状　粗骨料较理想的颗粒形状是三维长度相等或相近的方圆形颗粒，而针、片状颗粒较差。粗骨料中的针状（颗粒长轴长度大于平均粒径的2~4倍）和片状（厚度小于平均粒径的0.4倍）颗粒不仅影响混凝土的和易性，而且会使混凝土的强度降低，其含量要求Ⅰ类<5%，Ⅱ类<10%，Ⅲ类<15%。

颗粒表面特征　碎石具有棱角，表面粗糙，清洁且具有吸收水泥浆的孔隙特征，与水泥黏结较好，宜配制高强度混凝土；卵石圆滑、棱角少，与水泥胶结性较差，但流动性好，宜配制中低强度混凝土。

③有害杂质　粗骨料中的有害杂质主要有黏土、淤泥及细屑、硫酸盐及硫化物、有机物质、蛋白石及其他含有活性氧化硅的岩石颗粒等。它们的危害作用与在细骨料中相同，各种有害杂质的含量都不应超出规范的规定。

④粗骨料的抗压强度及坚固性　粗骨料按压碎指标和质量损失分为Ⅰ类、Ⅱ类、Ⅲ类。

抗压强度　《混凝土质量控制标准》（GB 50164—2011）规定，对于高强混凝土，粗骨料的岩石应至少比混凝土设计强度高30%。

压碎指标表示粗骨料抵抗受压破坏的能力。其值越小，表示骨料的抗压强度越高。《建设用碎石、卵石》（GB/T 14685—2011）规定，在水饱和状态下，其抗压强度要求为：火成岩应不小于80MPa，变质岩应不小于60MPa，水成岩应不小于30MPa。碎石压碎指标为：Ⅰ类≤10%，Ⅱ类≤20%，Ⅲ类≤30%；卵石压碎指标为：Ⅰ类≤12%，Ⅱ类≤14%，Ⅲ类≤16%。

坚固性　粗骨料的坚固性是指在气候、外力和其他物理力学因素作用（如冻融循环作用）下骨料抗碎裂的能力。为了保证混凝土的耐久性，作为骨架的粗集料应当具有足够的坚固性。坚固性试验是采用硫酸钠溶液法检验，试样经5次干湿循环后，卵石、碎石的质量损失为：Ⅰ类≤5%，Ⅱ类≤8%，Ⅲ类≤12%。C60及C60以上的混凝土应进行岩石抗压强度检验。

⑤粗骨料的含水状态　骨料的含水状态可分为干燥状态、气干状态、饱和面干状态和湿润状态4种，如图6-3所示。干燥状态下的骨料含水率等于或接近于0；气干状态的骨料含水率与大气湿度平衡，但未达到饱和状态；饱和面干状态的骨料，其内部孔隙含水达到饱和，而其表面干燥；湿润状态的骨料不仅内部孔隙含水达到饱和，而且表面还附着一部分自由水。计算普通混凝土配合比时，一般以干燥状态的骨料为基准，而大型水利工程常以饱和面干状态的骨料为基准。

⑥粗骨料在混凝土中的选用

Ⅰ类适用于强度等级 >C60 的混凝土;

Ⅱ类适用于强度等级 C30~C60 及抗冻、抗渗或其他要求的混凝土;

Ⅲ类适用于强度等级 <C30 的混凝土和建筑砂浆。

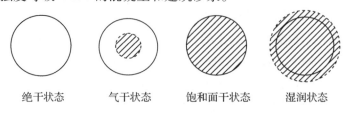

图 6-3　骨料的含水状态

6.2.1.3　混凝土拌合与养护用水

《混凝土用水标准》(JGJ 63—2006)规定,混凝土用水是混凝土拌合与养护用水的总称,包括饮用水、地表水、地下水、再生水、混凝土企业设备的洗刷水和经处理的海水等。再生水是指污水经适当再生工艺处理后具有使用功能的水。

混凝土拌合用水不应有漂浮明显的油脂和泡沫,不应有明显的颜色和异味。混凝土企业设备的洗刷水不宜用于预应力混凝土、装饰混凝土、加气混凝土和暴露于腐蚀环境中的混凝土,不得用于使用碱活性或潜在活性骨料的混凝土。未经处理的海水严禁用于钢筋混凝土和预应力混凝土。无法获得水源的情况下,海水可用于素混凝土,但不宜用于装饰混凝土。

混凝土养护用水可不检验不溶物、可溶物。

6.2.2　混凝土的性质

工程中使用的普通混凝土,一般须满足 4 项基本要求:混凝土拌合物的和易性、强度、耐久性和经济性。

6.2.2.1　混凝土拌合物的和易性

(1)和易性的概念

和易性是指混凝土拌合物易于各工序(如拌合、运输、浇注、捣实)施工操作,并能保证质量均匀、成型密实的性能。和易性是一项综合的技术指标,包括流动性、黏聚性和保水性 3 个方面。

①流动性　流动性是指混凝土拌合物在自重或施工机械振捣的作用下,能产生流动,并均匀密实地填满模板的性能。流动性的大小反映混凝土拌合物的稀稠程度,直接影响浇注捣实等施工的难易和混凝土的质量。混凝土的稠度可采用坍落度、维勃稠度或扩展度表示。

②黏聚性　黏聚性是指新拌混凝土的组成材料之间具有一定的黏聚力,保持整体均匀

的能力,在施工过程中,不致发生分层和离析现象的性能。黏聚性反映混凝土拌合物的均匀性。若混凝土拌合物黏聚性不好,则混凝土中的集料与水泥浆容易分离,造成混凝土不均匀,振捣后会出现蜂窝和空洞等现象,其主要影响因素是胶砂比。

③保水性 保水性是指新拌混凝土具有一定的保水能力,在施工过程中,不致产生严重泌水现象的性能。保水性反映混凝土拌合物的稳定性。保水性差的混凝土内部易形成透水通道,影响混凝土的密实性,并降低混凝土的强度和耐久性。主要影响因素是水泥品种、用量和细度。

新拌混凝土的和易性是流动性、黏聚性和保水性的综合体现,三者之间既互相关联又互相矛盾。如黏聚性好则保水性也好,但当流动性增大时,黏聚性和保水性往往变差;反之亦然。因此,拌合物的和易性良好是在一定施工工艺条件下,三方面性质均达到良好,使矛盾得到统一。

混凝土拌合物的和易性是一个综合概念,目前尚无全面反映和易性的测定方法。根据《普通混凝土拌合物性能试验方法》(GB/T 50080—2002)规定,采用坍落度与坍落扩展度和维勃稠度实验测定混凝土拌合物的稠度,再辅以直观经验评定黏聚性和保水性。

混凝土拌合物坍落度的测定如图6-4所示。

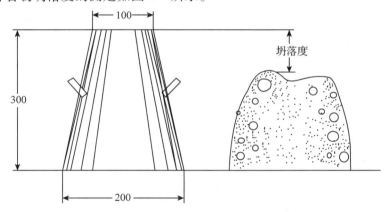

图6-4 混凝土拌合物坍落度的测定

(2)流动性的选择

根据《混凝土质量控制标准》(GB 50164—2011)规定,坍落度测定适用于坍落度不小于10mm的混凝土拌合物,维勃稠度测定适用于维勃稠度5~30s的混凝土拌合物,坍落扩展度测定适用于泵送高强混凝土和自密实混凝土。

混凝土拌合物的流动性的选择原则,是在满足施工操作及混凝土成型密实的条件下,尽可能选用较小的坍落度,以节约水泥并获得较高质量的混凝土。工程中选用坍落度时,应根据结构类型、构件截面尺寸、钢筋疏密程度、输送方式和施工方法等综合确定。若构件截面尺寸小、钢筋较密,坍落度可选择大一些;反之,坍落度可选择小一些。

(3)影响和易性的主要因素

①水泥浆的数量和稠度　水泥浆的作用是填充骨料空隙，包裹骨料形成润滑层，增加流动性。在水胶比一定的情况下，当水泥浆的数量较少时，水泥浆不能填满骨料空隙或不足以包裹骨料表面，混凝土拌合物的流动性变小，拌合物将发生崩塌现象，黏聚性也变差；当水泥浆数量过多时，骨料表面包裹层过厚，混凝土拌合物的流动性增大，会出现严重流浆和泌水现象，使拌合物的黏聚性变差。因此，水泥浆的数量既不能太少也不能太多，应以满足流动性要求为度。

水泥浆的稠度取决于水胶比，水胶比过小，水泥浆干稠，拌合物流动性小；水胶比过大，使水泥浆的黏聚性变差，保水能力不足，导致严重的泌水、分层、流浆现象，并使混凝土强度和耐久性降低。因此，水胶比应根据混凝土设计强度等级和耐久性要求而定。实际上单位体积用水量决定水泥浆的数量和稠度，它是影响混凝土和易性的最主要因素。

②砂率（β_s）　是指混凝土中砂的质量占砂石总质量的百分率。砂率的变动会使骨料的空隙率和骨料的总表面积改变，因而对混凝土拌合物的和易性产生显著影响。如砂率过大，骨料的总表面积及空隙率都会增大，在水泥浆含量不变的情况下，水泥浆相对减小，减弱了水泥浆的润滑作用，使混凝土拌合物的流动性减小。如砂率过小，又不能保证在粗骨料之间有足够的砂浆层，也会降低混凝土拌合物的流动性，而且会严重影响其黏聚性和保水性，容易造成离析、流浆等现象。因此砂率有一个合理值（即最佳砂率）。当采用合理砂率时，在用水量及水泥用量一定的情况下，能使混凝土拌合物获得最大的流动性，且具有良好的黏聚性和保水性；或能使混凝土拌合物获得所要求的流动性及良好的黏聚性与保水性，而水泥用量最小。

砂率应根据骨料的技术指标、混凝土拌合物性能和施工要求，参考既有历史资料确定。当缺乏砂率的历史资料时，混凝土砂率的确定应符合下列规定：

- 坍落度小于10mm的混凝土，其砂率应经试验确定。
- 坍落度为10~60mm的混凝土，其砂率可根据粗骨料品种、最大公称粒径及水灰比按表6-2选取。
- 坍落度大于60mm的混凝土砂率，可经试验确定，也可在表6-2的基础上，按坍落度每增大20mm、砂率增大1%的幅度调整。

③组成材料的品种和性质　不同品种水泥的需水量不同，因此在相同配合比时，拌合物的坍落度也不同。水泥对和易性的影响主要表现在水泥的需水性上。使用不同水泥拌制的混凝土，其和易性由好至差为：粉煤灰水泥—普通水泥、硅酸盐水泥—矿渣水泥（流动性大，但黏聚性差）—火山灰水泥（流动性差，但黏聚性和保水性好）。

级配良好，相同配合比拌合物具有较好的和易性和保水性；较粗大骨料，总比表面积越小，拌合物流动性越大；河沙及卵石比山砂、碎石拌合物流动性好。混凝土砂率见表6-2所列。

表 6-2 混凝土的砂率　　　　　　　　　　　　　　　%

水胶比 (W/B)	卵石最大公称粒径(mm)			碎石最大粒径(mm)		
	10.0	20.0	40.0	16.0	20.0	40.0
0.40	26~32	25~31	24~30	30~35	29~34	27~32
0.50	30~35	29~34	28~33	33~38	32~37	30~35
0.60	33~38	32~37	31~36	36~41	35~40	33~38
0.7	36~41	35~40	34~39	39~44	38~43	36~41

注：(1)本表系数值中砂的选用砂率，对细砂或粗砂，可相应地减少或增大砂率；
　　(2)采用人工砂配制混凝土时可适当增大砂率；
　　(3)只用一个单粒级粗骨料配制混凝土时，应适当增大砂率。

④外加剂　外加剂(如减水剂、引气剂等)对混凝土的和易性有很大的影响。少量的外加剂能使混凝土拌合物在不增加水泥用量的条件下，获得良好的和易性。如减水剂明显提高流动性；引气剂提高黏聚性和保水性，改善流动性等。

⑤时间和温度　混凝土拌合物的流动性随时间的延长逐渐降低，其原因是：一部分水被骨料吸收；一部分水蒸发；一部分水参与水泥水化反应。

环境温度升高，水分蒸发及水化反应速度加快，相应坍落度下降，流动性损失增大。

(4)改善和易性的措施

①改善砂、石(特别是石子)的级配。

②在级配良好的情况下，尽可能采用较大粒径的骨料。

③尽可能降低砂率，选用合理砂率。

④在拌合混凝土时，当坍落度太小，应保持水胶比不变，增加水泥浆量。当坍落度太大，但黏聚性良好时，应保持砂率不变，适当增加砂石用量。

⑤掺加外加剂。

6.2.2.2　混凝土的强度

(1)混凝土受力破坏特点

混凝土受力变形与破坏是混凝土内部微裂纹产生、扩展、汇合的结果，只有当微裂纹的数量、长度和宽度达到一定程度时，混凝土才会完全破坏。

(2)混凝土抗压强度与等级

①混凝土立方体抗压强度(f_{cc})　按照《普通混凝土力学性能试验方法》(GB/T 50081—2002)，混凝土立方体抗压强度是指按标准方法制作的边长为150mm的立方体试件，在标准条件下[温度20℃±3℃，相对湿度95%以上的标准养护室或20℃±2℃的不流动的$Ca(OH)_2$饱和溶液中]，养护到28d龄期以标准试验方法测得。混凝土标准砖如图6-5所示。

混凝土立方体抗压强度按下式计算(精确至0.1 MPa)：

图6-5 混凝土标准砖

$$f_{cc} = \frac{F}{A} \quad (6\text{-}2)$$

式中 f_{cc}——混凝土立方体抗压强度，MPa；
F——试件破坏荷载，N；
A——试件承压面积，mm^2。

为了正确进行设计和控制工程质量，按标准方法制作边长为150mm的立方体试件，在28d龄期，用标准试验方法测得的抗压强度总体分布中具有不低于95%保证率的抗压强度值称为混凝土立方体抗压强度标准值，以$f_{cc,k}$表示。

《混凝土质量控制标准》(GB 50164—2011)规定，将混凝土(代号C)强度等级按立方体抗压强度标准值(MPa)划分为C10、C15、C20、C25、C30、C35、C40、C45、C50、C55、C60、C65、C70、C75、C80、C85、C90、C95、C100共19个强度等级。不同强度等级混凝土的选用见表6-3所列。

表6-3 不同强度等级的混凝土选用

混凝土强度等级	应　用
C10～C15	垫层、基础、地坪及受力不大的结构
C15～C25	普通混凝土结构的梁、柱、板、屋架、楼梯等
C25～C30	大跨度结构，耐久性较高的结构及预制构件
C30～C50	预应力混凝土结构，吊车梁和特种结构
C60～C100	高层建筑的梁、柱等

②混凝土轴心抗压强度标准值(f_{ck}) 混凝土立方体抗压强度标准值用来评定强度等级，但它不能直接用来作为设计的依据。实际工程中钢筋混凝土的构件形式一般是棱柱体或圆柱体。在钢筋混凝土结构设计中，混凝土受压构件的计算都是采用混凝土的轴心抗压强度标准值(f_{ck})。

根据《普通混凝土力学性能试验方法》(GB/T 50081—2002)，混凝土轴心抗压强度标准值是指按标准方法制作的棱柱体150mm×150mm×300mm作为标准试件，在标准养护条件下养护到28d龄期以标准试验方法测得的具有95%保证率抗压强度值。《混凝土结构设计规范》(GB 50010—2010)规定了混凝土轴心抗压强度标准值。

试验表明，在立方体抗压强度f_{cc}=10～55MPa的范围内，轴心抗压强度f'_{ck}=(0.80～0.90)f_{cc}。

③混凝土抗拉强度标准值(f_{tk}) 混凝土抗拉强度通常指混凝土轴心抗拉强度，是指试件受拉力后断裂时所承受的最大负荷除以截面积所得的应力值，用f'_{tk}来表示。具有95%保证率的抗拉强度值称为混凝土抗拉强度标准值(f_{tk})。

混凝土是脆性材料,抗拉强度很低,抗拉强度只有抗压强度的 1/20~1/10,抗拉强度与抗压强度比值随着混凝土等级的提高而降低。

混凝土轴心抗拉强度的测试主要有两种方法:一是直接测试法;二是劈裂试验。

(3)影响混凝土强度的因素

①水泥实际强度与水灰比　水泥的强度和水灰比是决定混凝土强度最主要的因素。水泥是混凝土中的胶结组分,其强度的大小直接影响着混凝土的强度。在配合比相同的条件下,水泥的强度越高,混凝土强度也越高。当采用同一水泥(品种和强度相同)时,混凝土的强度主要取决于水灰比;在混凝土能充分密实的情况下,水灰比越大,水泥石中的孔隙越多,强度越低,对骨料黏结力也越小,混凝土的强度就越低。反之,水灰比越小,混凝土的强度越高。试验证明:混凝土的抗压强度随着水灰比的增大而降低,其规律呈曲线关系,而与灰水比呈直线关系(图6-6)。

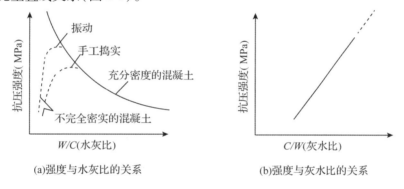

图6-6　水泥实际强度与水灰比、灰水比之间的关系

②骨料的性质　在水泥强度与水灰比相同的条件下,碎石混凝土的强度高于卵石混凝土;骨料有害杂质少,颗粒呈立方体、球体或锥体,级配良好,砂率适当时混凝土的强度高。

③养护温度和湿度　混凝土的温度取决于本身储备的热能,由于混凝土温度与外界气温有差别,在混凝土与周围环境之间就会产生热交换,新拌混凝土热量变化情况,除了水泥的水化增加混凝土热量外,其余都属于混凝土与周围环境的热交换,当环境温度很低时,这种热交换会很快地降低混凝土的温度,对新拌混凝土而言,温度降低的快慢决定了水化程度的大小,换言之,温度降低越快,强度的增长越慢。为此,施工规范规定,在混凝土浇筑完毕后,要进行养护。

标准养护　在温度20℃±2℃,相对湿度95%以上或20℃±2℃的不流动的$Ca(OH)_2$饱和溶液中进行养护。

自然养护　包括洒水养护和喷涂薄膜养护两种。洒水养护是指在自然条件下,温度随气温的变化而变化,应保持湿度,12h用草袋、塑料薄膜等覆盖,并不断浇水,以防止收缩。喷涂薄膜养护是指用喷枪将过氯乙烯树脂溶液喷涂在混凝土表面上。

④龄期　指混凝土在正常养护条件下所经历的时间。在正常养护条件下，混凝土强度将随着龄期的增加而增长。最初的 7~14d 内，强度增长较快，28d 以后增长缓慢，龄期延续很长，混凝土的强度仍有增长，所以混凝土以 28d 龄期的强度作为质量评定依据。

普通水泥制成的混凝土，在标准养护条件下，混凝土强度的发展大致与其龄期的常用对数成正比（龄期不小于 3d），按下式计算：

$$f_n = f_{28} \times \frac{\lg n}{\lg 28} \tag{6-3}$$

式中　f_n ——n d 龄期混凝土的抗压强度，MPa；

f_{28} ——28d 龄期混凝土的抗压强度，MPa；

n ——养护龄期，d，$n \geq 3d$。

⑤施工方法、施工质量及控制　机械搅拌的混凝土，强度可提高 10%，机械振动成型的混凝土可获得致密结构，强度也高。

(4) 提高混凝土强度的措施

①采用高标号的水泥或快硬早强水泥。

②采用干硬性混凝土或较小的水胶比。

③采用质量高、级配好、粒径适宜的粗细骨料。

④湿热处理

蒸汽养护　将混凝土放在温度低于 100 ℃常压蒸汽中进行养护。一般处理 16~20h。

蒸压养护　将混凝土构件放在 125 ℃及 8atm 的压蒸锅内进行养护。

⑤采用机械搅拌合振捣成型。

⑥掺入混凝土掺外加剂、掺合料。

6.2.2.3　混凝土的耐久性

混凝土抵抗环境介质作用并长期保持良好的使用性能的能力称为混凝土的耐久性。混凝土的耐久性主要包括抗渗性、抗冻性、抗侵蚀性、抗碳化性、抗碱—骨料反应及混凝土中的钢筋耐锈蚀等性能。提高混凝土的耐久性，对于延长结构寿命、减少修复工作、提高经济效益具有重要的意义。

(1) 满足混凝土耐久性的要求

根据《混凝土质量控制标准》(GB 50164—2011) 规定，混凝土的长期使用性能和耐久性能应满足设计要求。

①混凝土的抗渗性　是指混凝土抵抗压力水渗透的能力。混凝土渗水的原因，是由于内部孔隙形成连通的渗水孔道。这些孔道主要来源于水泥浆中多余水分蒸发而留下的气孔、水泥浆泌水所产生的毛细管孔道、内部的微裂缝以及施工振捣不密实产生的蜂窝、孔洞等，这些都会导致混凝土渗漏水。

混凝土的抗渗性以抗渗等级(Pn)来表示，以 28d 龄期的标准抗渗试件，按规定方法试验，以不渗水时所能承受的最大水压力来表示，划分为 P4、P6、P8、P10、P12、>P12 共 6 级，它们分别表示能抵抗 0.4、0.6、0.8、1.0、1.2、>1.2MPa 的水压力而不渗透。

地下工程及有防水或抗渗要求的工程应考虑混凝土的抗渗性。

②混凝土的抗冻性　是指混凝土在水饱和状态下，能经受多次冻融循环作用而不破坏，同时也不严重降低强度的能力。

混凝土抗冻性以抗冻等级（快冻法）Fn 或抗冻标号（慢冻法）Dn 表示。混凝土抗冻等级（快冻法）是以 28d 龄期的混凝土标准试件，在饱和水状态下承受反复冻融循环，以抗压强度损失不超过 25%，且质量损失不超过 5% 时所能承受的最大循环次数来确定的。混凝土的抗冻等级（快冻法）分为 F50、F100、F150、F200、F250、F300、F350、F400、>F400 共 9 个等级，分别表示混凝土能够承受反复快速冻融循环次数为 50、100、150、200、250、300、350、400、>400 次。混凝土的抗冻标号（慢冻法）分为 D50、D100、D150、D200、>D200 共 5 个等级，分别表示混凝土能够承受反复慢速冻融循环次数为 50、100、150、200、>200 次。

处于受冻环境，特别是处于水位变化区域的受冻混凝土应具有比较高的抗冻性。

③混凝土的抗侵蚀性　是指混凝土在含有侵蚀性介质环境中遭受到化学侵蚀、物理作用而不被破坏的能力。混凝土的抗侵蚀性以抗硫酸盐等级表示。混凝土的抗硫酸盐等级是指混凝土尺寸为 100mm×100mm×100mm 立方体试件标准养护 28d 后，首先在 5% Na_2SO_4 溶液中浸泡 15h±0.5h，然后排液、风干 1h，在 80℃ 高温下烘干再冷却共 6h，如此循环试验，每个干湿循环的总时间控制在 24h+2h。经过规定的干湿循环次数后，测定遭受硫酸盐侵蚀混凝土的抗压强度，然后计算得出抗压强度耐蚀系数，根据耐蚀系数判断混凝土的抗硫酸盐腐蚀性能等级可划分为 KS30、KS60、KS90、KS120、KS150、>KS150 共 6 个等级。

混凝土的抗侵蚀性主要取决于水泥的品种、混凝土密实度与孔隙特征等。如在酸性环境中，宜采用抗硫酸盐硅酸盐水泥等。

④混凝土的碳化　混凝土的碳化作用是指空气中的二氧化碳与水泥石中的氢氧化钙作用，生成碳酸钙和水。碳化又叫中性化。

$$CO_2 + Ca(OH)_2 =\!=\!= CaCO_3 + H_2O \tag{6-4}$$

碳化对混凝土性能有以下影响：

● 减弱对钢筋的保护作用。碳化作用降低了混凝土的碱度，pH<10 时，钢筋表面钝化膜破坏，导致钢筋锈蚀。

● 碳化还会引起体积膨胀，使混凝土保护层开裂或剥落，加速混凝土进一步碳化。

● 碳化还会引起混凝土的收缩，使混凝土表面碳化层产生拉应力和微细裂缝，从而降低了混凝土的抗折强度。

混凝土的碳化以混凝土抗碳化性能的等级划分（表 6-4）。

表6-4　混凝土抗碳化性能的等级

等级	T-Ⅰ型	T-Ⅱ型	T-Ⅲ型	T-Ⅳ型	T-Ⅴ型
碳化深度 d（mm）	$d \geq 30$	$20 \leq d < 30$	$10 \leq d < 20$	$0.1 \leq d < 10$	$d < 0.1$

对薄壁钢筋混凝土结构，或 CO_2 浓度高的环境中的钢筋混凝土结构，须专门考虑混凝土的抗碳化性。

⑤碱—骨料反应　碱—骨料反应是指混凝土中所含的碱（Na_2O 或 K_2O）与骨料的活性成分（活性 SiO_2，如蛋白石、鳞石英等），混凝土硬化后在潮湿条件下逐渐发生化学反应，反应生成复杂的碱—硅酸凝胶，这种凝胶吸水膨胀，会导致混凝土开裂。碱—骨料反应的反应速度很慢，需几年甚至几十年，因而对混凝土的耐久性十分不利。

应采取如下措施加以预防：
- 用低碱水泥，控制混凝土碱含量 $Na_2O < 0.6\%$。
- 掺加活性混合材料（如硅灰石和火山灰等）可吸收、消耗水泥中的碱。
- 加入引气剂等。

（2）提高混凝土耐久性的主要措施

①合理选择水泥品种。

②适当控制混凝土的水灰比及水泥用量。

③选用质量优良、技术条件合格的砂石骨料。改善粗细骨料级配，在允许的最大粒径范围内尽量选用较大粒径的粗骨料，减小骨料的空隙率和比表面积也有助于提高混凝土的耐久性。

④掺入引气剂或减水剂。掺入引气剂或减水剂对提高抗渗、抗冻等有良好的作用，在某些情况下，还能节约水泥。

⑤加强混凝土的施工质量控制。在混凝土施工中，应当搅拌均匀，浇灌和振捣密实并加强养护，以保证混凝土的施工质量。

6.2.3　混凝土外加剂及掺合料

6.2.3.1　混凝土外加剂

混凝土外加剂是指在拌制混凝土过程中掺入用以改善混凝土性能的物质。掺入量不大于水泥质量的5%（特殊情况除外）。混凝土外加剂在改善混凝土拌合物的和易性，调节凝结硬化时间，控制强度发展和提高耐久性等方面起着显著作用。

（1）分类

混凝土外加剂按其主要功能分为4类：

①改善混凝土拌合物流变性能的外加剂　包括各种减水剂、引气剂和泵送剂等。

②调节混凝土凝结时间、硬化性能的外加剂　包括缓凝剂、早强剂和速凝剂等。

③改善混凝土耐久性的外加剂　包括引气剂、防水剂和阻锈剂等。

④改善混凝土其他性能的外加剂　包括加气剂、膨胀剂、防冻剂、着色剂、防水剂等。

(2)常用外加剂

①减水剂　是指在混凝土坍落度基本相同的条件下，能显著减少混凝土拌合水量的外加剂。根据减水剂的作用效果和功能情况，可分为普通减水剂、高效减水剂、引气减水剂、缓凝减水剂、早强减水剂。

减水剂按其主要化学成分分为木质素磺酸盐系、多环芳香族磺酸盐系、水溶性树脂磺酸盐系、糖钙以及腐植酸盐等。

使用减水剂的目的为：使混凝土的原配合比不变，流动性提高；使混凝土的流动性及水泥用量不变，降低用水量，使强度提高；保持混凝土拌合物的流动性、水灰比不变，使水泥用量减小，降低成本；提高混凝土的耐久性。

②早强剂　是指能提高混凝土的早期强度的外加剂。早强剂能促进水泥的水化和硬化，提高早期强度，缩短养护周期，提高模板和场地周转率，加快施工速度。主要有氯化物系、硫酸盐系、三乙醇胺、石膏等。主要能加快施工进度，适用于冬季施工、紧急抢修工程等。

③引气剂　是指能在混凝土拌合物中产生一定量的微小独立气泡并使之均匀分布的外加剂。如松香热聚物、松香皂、烷基苯磺酸钠、脂肪醇硫酸钠等。一般掺量为 0.005%～0.015%，引气量为 3%～6%。其引气机理是能吸附空气表面，憎水基向里，亲水基向外，吸附水分子，使气泡稳定存在。

引气剂的作用为：由于水分子均匀分布气泡表面，改善了混凝土的黏聚性、保水性；气泡起着滚珠、润滑的作用，使混凝土的流动性提高，节约水泥；0.01～0.25mm 的微气泡能稳定均匀分布，遮断了毛细管道，其抗渗性、抗冻性提高；气泡的弹性变形，对抗裂性有利；气泡的存在，虽然使混凝土的强度降低，但由于水灰比降低，使混凝土强度得到补偿。

引气剂主要适用于抗渗、抗冻、抗硫酸侵蚀、轻混凝土和对饰面有要求的混凝土，不宜用于蒸养混凝土、预应力钢筋混凝土。

④调凝剂　有缓凝剂和速凝剂两种。

缓凝剂　缓凝剂是能延缓混凝土的凝结时间，而不显著影响混凝土的后期强度的外加剂；掺加量为 0.03%～0.1%；主要应用于油井工程、大体积混凝土、商品混凝土等。

速凝剂　速凝剂能使混凝土迅速凝结，并改善混凝土与基底的黏结性及稳定性；掺加量为 2.5%～4%；主要应用于喷射混凝土、抢修工程等。

(3)外加剂的使用方法

①先掺法　与水泥等一起混合后加水拌合。

②同掺法 加水配成溶液后掺入。
③后掺法 将拌合物拌好送到浇注地点后加入。

高强度混凝土宜采用高性能减水剂,有抗冻要求的混凝土宜采用引气剂或引气减水剂,大体积混凝土宜采用缓凝剂或缓凝减水剂,混凝土冬季施工可采用防冻剂。

6.2.3.2 混凝土矿物掺合料

配制混凝土时,掺加到混凝土中的磨细混合材料称为混凝土矿物掺合材料。掺合料可取代部分水泥,减少水泥用量,降低水化热与混凝土成本,并可改善混凝土拌合物的和易性,提高混凝土的强度与耐久性等。主要混凝土掺合料有粉煤灰、粒化高炉矿渣粉、硅灰、沸石粉、钢渣粉、磷渣粉等。

矿物掺合料应符合《混凝土质量控制标准》(GB 50164—2011)的规定:
①掺用矿物掺合料的混凝土,宜采用硅酸盐水泥和普通硅酸盐水泥。
②在混凝土中掺用矿物掺合料时,矿物掺合料的种类和掺量应经试验确定。
③矿物掺合料宜与高效减水剂同时使用。
④对于高强混凝土或有抗渗、抗冻、抗腐蚀、耐磨等其他特殊要求的混凝土,不宜采用低于Ⅱ级的粉煤灰。
⑤对于高强混凝土和有耐腐蚀要求的混凝土,当采用硅灰时,不宜用二氧化硅含量小于90%的硅灰。

6.2.4 混凝土的质量控制与评定

根据《混凝土质量控制标准》(GB 50164—2011)规定,从原材料质量控制、混凝土性能要求、配合比控制、生产控制水平、生产与施工质量控制和混凝土质量检验6个方面加强普通混凝土质量控制,确保混凝土工程质量。

6.2.4.1 材料进场质量检验和质量控制

①水泥 对每批水泥应检查其质量证明书,检验其安定性和强度。
②骨料 进场骨料应附有质量证明书,并验证。

6.2.4.2 混凝土拌合物质量检验

①用于材料的计量器应定期检验,使其保持准确。要求:水泥、水的误差2%;粗细骨料3%;随时测定砂、石含水率,保证准确性。
②混凝土在搅拌、运输和浇筑过程中,应采用正确的搅拌合振捣方式,并严格控制搅拌与振捣时间;按规定的方式运输与浇注混凝土;加强对混凝土的养护,并严格控制养护温度和湿度。

6.2.4.3 混凝土强度的检验

对硬化后的质量检验,主要检验混凝土的抗压强度。

按规定在混凝土浇筑地点随机抽取混凝土试样,所测强度不低于标准值的5%。

6.2.4.4 混凝土强度质量合格评定

①在一定施工条件下,统计周期内对同一种相同强度等级混凝土进行随机取样,制作 n 组试件($n \geqslant 30$),测得其28d龄期的抗压强度,然后以混凝土强度为横坐标,以混凝土强度出现的概率为纵坐标,绘制出混凝土强度概率分布曲线(图6-7)。实践证明,混凝土的强度分布曲线一般为正态分布曲线。

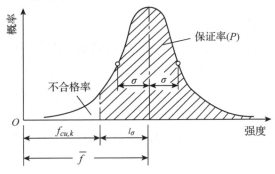

图6-7 混凝土强度保证率

②在正常生产控制条件下,用混凝土强度标准差 σ 及强度保证率 P 来评定混凝土生产质量水平。分为优等、一般、差3个等级。对于差的混凝土结构或构件,必须处理。

③标准差 σ 反映强度波动的大小,可用作评定混凝土质量均匀性的一种指标。

④强度保证率 P 是指混凝土强度总体中,大于等于设计强度等级的概率。

工程中 P 值可根据统计周期内混凝土试件强度不低于要求强度等级的组数 n_0 与试件总组数 $n(n \geqslant 30)$ 之比求得,即:

$$P = \frac{n_0}{n} \times 100\% \quad (6-5)$$

⑤预拌混凝土搅拌站和预制混凝土构件厂的统计周期可取1个月;施工现场搅拌站的统计周期可根据实际情况确定,但不宜超过3个月。

⑥为了保证工程混凝土具有设计所要求的95%强度保证率,根据《普通混凝土配合比设计规程》(JGJ 55—2011)规定,当混凝土的设计强度等级小于C60时,配制强度应按下式计算:

$$f_{cu,0} = f_{cu,k} + 1.645\sigma \quad (6-6)$$

式中 $f_{cu,0}$——混凝土配制强度,MPa;

$f_{cu,k}$——设计的混凝土强度标准值,MPa;

σ——混凝土强度标准差,MPa。

当施工单位不具有近期的同一品种混凝土的强度资料时,σ 值可按表6-5取值。

表 6-5　混凝土强度标准差 σ 值　　　　　　　　　　MPa

混凝土设计强度等级($f_{cu,k}$)	< C20	C20～C45	C50～C55
σ	4.0	5.0	6.0

6.2.5　普通混凝土的配合比设计

混凝土配合比设计是根据材料的技术性能、工程要求、结构形式和施工条件来确定混凝土各组成材料数量之间的比例关系。

配合比常用的表示方法有两种：一种是以 $1m^3$ 混凝土中各组成材料的质量来表示，如水泥300kg、砂720kg、石子1200kg、水180kg；另一种表示方法是以各组成材料相互间的质量比来表示（以水泥质量为1），将上述比例换算成质量比为：水泥:砂:石子:水 = 1:2.4:4:0.6。

根据原材料的技术性质及施工条件合理选择原材料，并确定能满足工程要求的技术经济指标的各项组成材料的用量。

6.2.5.1　混凝土配合比的基本要求

混凝土配合比的基本要求，应满足：①混凝土结构设计强度要求。②满足施工所要求的混凝土拌合物的和易性要求。③满足工程在使用环境和条件下的耐久性要求。④符合经济原则，节约水泥，节约能耗，降低成本。

6.2.5.2　混凝土配合比设计的步骤

根据《普通混凝土配合比设计规程》（JGJ 55—2011）规定，混凝土配合比设计分为3步：

（1）混凝土初步配合比计算

①水胶比计算；②用水量和外加剂用量确定；③胶凝材料、矿物掺合料和水泥用量的计算；④砂率确定；⑤粗、细骨料用量计算。

（2）配合比的试配、调整与确定

①试配拌合物用量　为满足设计要求，根据以上计算求出的初步配合比，各材料用量需要通过试验及试配来调整。试验用拌合物用量主要根据骨料的最大粒径，考虑混凝土检验、搅拌机的容量等来确定。

②和易性检验与调整　根据拌合物用量，按初步配合比，称取使用材料的重量进行试拌，搅拌均匀，测定其坍落度，并观察其黏聚性和保水性。如经试配和易性不符合设计要求，应做以下调整：

坍落度值大，可保持水灰比不变，减少水泥浆用量，如减少2%～5%的水泥浆，可减少10mm坍落度；也可保持砂率不变，提高砂石用量；若拌合物黏聚性、保水性差，可减少水泥浆、增大砂率。

坍落度值小，可保持水灰比不变，提高水泥浆的用量。

这样重复调整与检验，直至符合要求为止。

③强度校验　混凝土配合比除应满足和易性要求外，还应满足混凝土强度等级及耐久性要求，须进行强度校验。校验所做配合比的混凝土强度时至少应采用3个不同水灰比的配合比。其中一个为基准配合比，另外两个配合比的水灰比分别在基准配合比基础上增减0.05，用水量不变，砂率适当调整。当$W/C \pm 0.05$时，采用中砂时砂率$\pm(2\% \sim 3\%)$，细砂时$\pm(1\% \sim 2\%)$，特细砂时$\pm(0.5\% \sim 1\%)$。3个配合比配制后制成标准试件测28d抗压强度，选取一个最佳的；若3个均不满足，则使用作图法把不同水灰比值的立方体强度标在以强度为纵轴、灰水比为横轴的坐标上，可得到强度—灰水比的线性关系。由该直线求出与配制强度相对应的水灰比值，即为所需的设计水灰比值。

④设计配合比确定　按强度和湿表观密度检验结果修正配合比，即可得设计配合比。

（3）换算施工配合比

现场测定原材料的含水率，再换算施工配合比。

6.3　轻混凝土

轻混凝土是体积密度不大于1950kg/m³的混凝土的统称。轻混凝土按孔隙结构分为轻骨料混凝土、多孔混凝土和大孔混凝土。

轻混凝土具有自重轻、强度高、保湿隔热、耐火、抗震、易于加工等特点（图6-8）。

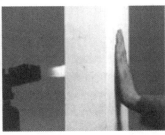

图6-8　轻混凝土的性质

轻混凝土体积密度不大于800kg/m³，热导率为0.116~0.488W/(m·K)的保温轻混凝土，主要用作有保温要求的墙体、屋面或各种热工构筑物的保温层；体积密度为800~1400kg/m³、抗压强度为5.0~15MPa的结构保温轻混凝土，主要用于承重保温的围护结构；体积密度为1400~1900kg/m³、抗压强度为15~60MPa的结构轻混凝土，主要用作工业与民用建筑，特别是高层建筑和桥梁工程的承重结构。

6.3.1 轻骨料混凝土

根据《轻骨料混凝土技术规程》(JGJ 51—2002)规定：轻骨料混凝土是用轻粗骨料、轻砂(或普通砂)、水泥和水配制而成的表观密度不大于 1950kg/m³ 的混凝土。为减轻混凝土的质量及提高热工性能而采用的表观密度比普通骨料低的骨料，包括工业废料轻骨料(粉煤灰、煤渣)、天然轻骨料(火山渣、浮石、膨胀珍珠岩)、人工轻骨料(页岩陶粒、黏土陶粒)。

轻骨料混凝土按骨料种类可分为全轻混凝土(粗细骨料均为轻骨料)、砂轻混凝土(细骨料全部或部分为普通砂)；按用途分为保温轻骨料混凝土、结构保温轻骨料混凝土、结构轻骨料混凝土。

轻骨料混凝土的强度等级按立方体抗压强度标准值确定，其强度等级划分为 CL5.0、CL7.5、CL10、CL15、CL20、CL25、CL30、CL35、CL40、CL45、CL50、CL55、CL60 共 13 个等级；轻骨料混凝土的密度等级按其干表观密度分为 600、700、800、900、1000、1100、1200、1300、1400、1500、1600、1700、1800、1900 共 14 个等级。

轻骨料混凝土具有体积密度比普通混凝土减小 1/4～1/3，绝热性能改善，结构尺寸减小，使用面积增加，基础费用和材料运输费用降低，综合效益良好的特点。主要用于多层和高层建筑、软土地基、大跨度结构、抗震结构、耐火等级要求高的结构以及要求节能和旧建筑加层等。例如，南京长江大桥采用轻骨料混凝土桥板，天津、北京采用轻骨料混凝土做墙体和屋面板。

6.3.2 大孔混凝土

大孔混凝土是由粒径相近的粗骨料、水泥和水拌制成的一种具有大孔隙的轻混凝土，也称无砂混凝土。

大孔混凝土按所用骨料品种可分为普通大孔混凝土和轻骨料大孔混凝土。前者用普通碎石、卵石或硬矿渣配制而成，表观密度为 1500～1900 kg/m³，抗压强度为 3.5～15MPa，主要用于承重及保温外墙；后者用陶粒、浮石、碎砖等轻集料制成，表观密度为 500～1500 kg/m³，抗压强度为 0.3～7.5MPa，通常用于非承重和承重的保温外墙。

6.3.3 多孔混凝土

多孔混凝土是由粒径比较小的粗骨料(如小石子)、一定数量的细骨料(如砂)、少量聚合物、水泥和水组成，内部分布着大量小气孔的轻混凝土。其表观密度为 300～1000kg/m³，空隙率为 10%～30%，抗压强度为 10～20MPa，具有透气、透水和重量轻的特点。按用途分为透水性混凝土、绿化混凝土和多孔混凝土块体材料；按气孔产生方法分为加气混凝土和泡沫混凝土。园林中使用较多的是透水性混凝土、泡沫混凝土和绿化混凝土。绿化混凝土在 6.7.1.2 中详述。

6.3.3.1 透水性混凝土

以较高强度硅酸盐类水泥为胶凝材料,采用单一的粗骨料,不用或少用细骨料配料的无砂、多孔混凝土称为透水性混凝土。

该种混凝土成本低,制作简单,适用于用量较大的道路铺筑,同时耐久性好。其透水机理如图 6-9 所示。

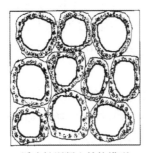
透水性混凝土结构模型

透水性混凝土的透水性能

图 6-9 透水性混凝土结构模型及透水机理

6.3.3.2 泡沫混凝土

泡沫混凝土是应用比较多的一种材料,其基本原料为水泥、石灰、水、泡沫,在此基础上掺加一些填料、骨料及外加剂。常用的填料及骨料有砂、粉煤灰、陶粒、碎石屑、膨胀聚苯乙烯、膨胀珍珠岩,外加剂与普通混凝土相同,有减水剂、防水剂、缓凝剂、促凝剂等。泡沫混凝土具有密度小、质量轻、保温、隔音、抗震等性能,是一种新型建筑材料。其气孔率可达到 85%,表观密度 $300\sim1800kg/m^3$,导热率 $0.081\sim0.17W/(m\cdot K)$,兼具结构及保温功能,容易切割,易于施工。可应用于挡土墙、修建运动场和田径跑道、夹心构件、复合墙板、管线回填、贫混凝土填层、屋面边坡、储罐底脚的支撑等。但其在应用中存在强度偏低、开裂、吸水等缺陷,其性能有待进一步改进。

6.4 沥青混凝土

沥青混凝土(bituminous concrete)俗称沥青砼,是指人工选配具有一定级配组成的矿料(如碎石或轧碎砾石、石屑或砂、矿粉等)与一定比例的路用沥青材料,在严格控制条件下拌制而成的混合料。

沥青混凝土的分类很多,从广义上来说可包括沥青玛碲脂(MA)、热压式沥青混凝土(HRA)、传统的密级配沥青混凝土(HMA)、多空隙沥青混凝土(PA)、沥青玛碲脂碎石(SMA)以及其他新型沥青混凝土(如彩色沥青混凝土、透水性沥青混凝土等)。按所用结合料不同,可分为石油沥青的和煤沥青两大类,有些国家或地区也有采用或掺用天然沥青拌制的。按所用集料品种不同,可分为碎石类、砾石类、砂质类、矿渣类等,普遍应用的是碎石。按混合料公称最大粒径不同,可分为特粗粒(等于或大于31.5mm)、粗粒(26.5mm)、中粒式(16或19mm)、细粒式(9.5或13.2mm)和砂粒(小于9.5mm)等。按混合料的密实程度不同,可分为密级配、半开级配和开级配等,开级配混合料也称沥青碎石,其中热拌热铺的密级配碎石混合料经久耐用,强度高,整体性好,是修筑高级沥青路面的代表性材料,应用最广泛。各国对沥青混凝土制定有不同的规范,中国制定的热拌热铺沥青混合料技术规范,将空隙率10%及以下者称为沥青混凝土,又细分为Ⅰ型和Ⅱ型,Ⅰ型的孔隙率为2%~6%,属密级配型;Ⅱ型为6%~10%,属半开级配型;空隙率10%以上者称为沥青碎石,属开级配型。

世界各国高等级公路大多采用沥青路面,因其具有下列良好性能:①足够的力学强度,能承受车辆荷载施加到路面上的各种作用力;②一定的弹性和塑性变形能力,能承受应变而不破坏;③与汽车轮胎的附着力较好,可保证行车安全;④有高度的减震性,可使汽车快速行驶,平稳,低噪声;⑤不扬尘,且容易清扫和冲洗;⑥维修工作比较简单,且沥青路面可再生利用。

我国沥青路面的设计,应满足《公路沥青路面设计规范》(JTG D50—2006)要求,沥青混合料施工过程中,应符合《公路沥青路面施工技术规范》(JTG F40—2004)的要求。

6.4.1 热拌沥青混合料

热拌沥青混合料是指经人工组配的矿质混合料与黏稠沥青在专门设备中加热拌合而成,用保温运输工具运至施工现场,在热态下进行摊铺和压实的混合料,通称热拌热铺沥青混合料,是目前应用最广泛的普通沥青混凝土材料之一。

热拌沥青混合料具有施工和易性好、高温稳定性好、低温抗裂性好、抗滑性好、耐久性好的特点。

热拌沥青混合料主要有普通沥青混合料、改性沥青混合料、沥青玛蹄脂碎石混合料、改性(沥青)沥青玛蹄脂碎石混合料等多种。

普通沥青混合料即AC型沥青混合料,适用于城镇次干道、辅路或人行道等场所。

改性沥青混合料是指掺加橡胶、树脂、高分子聚合物、磨细的橡胶粉或其他填料等外加剂(改性剂),使沥青或沥青混合料的性能得以改善制成的沥青混合料。与AC型沥青混合料相比具有较高的高温抗车辙能力,良好的低温抗开裂能力,较高的耐磨能力和较长的使用寿命。改性沥青混合料面层适用城镇快速路、主干路。沥青玛蹄脂碎石混合料(SMA)是一种以沥青、矿粉及纤维稳定剂组成的沥青玛蹄脂结合料,填充于间断骨架中所形成的混合料。SMA是一种间断级配的沥青混合料,5mm以上的粗骨料比例高达70%~80%,矿粉用量高达7%~13%(粉胶比超出通常值1.2的限制);沥青用量较多,高达6.5%~

7%。SMA是当前国内外使用较多的一种抗变形能力强、耐久性较好的沥青面层混合料,适用于城镇快速路、主干路。改性(沥青)沥青玛蹄脂碎石混合料使用改性沥青,材料配比采用SMA结构形式。有非常好的高温抗车辙能力,低温抗变形性能和水稳定性,且构造深度大,抗滑性能好,耐老化性能及耐久性都有较大提高。适用于交通流量和行使频度急剧增长,客运车的轴重不断增加,严格实行分车道单向行驶的城镇快速路、主干路。

6.4.2 彩色沥青混凝土

彩色沥青混凝土是指脱色沥青与各种颜色石料、色料和添加剂等材料在特定的温度下混合拌合配制成各种色彩的沥青混合料。

彩色沥青混凝土的主要特点包括:①具有良好的路用性能,在不同的温度和外部环境作用下,其高温稳定性、抗水损坏性及耐久性均非常好,且不出现变形、沥青膜剥落等现象,与基层黏结性良好。②具有色泽鲜艳持久、不褪色、能耐77℃的高温和-23℃的低温,维护方便。③具有较强的吸音功能,汽车轮胎在马路上高速滚动时,不会因空气压缩产生强大的噪音,同时还能吸收来自外界的其他噪音。④具有良好的弹性和柔性,防滑效果好。

6.4.3 透水性沥青混凝土

透水性沥青混凝土是指用60%矿物混合料与黏稠沥青在专门设备中热拌而成的具有10%~20%空隙率的沥青混凝土。

透水性沥青路面具有以下优点:①增强道路的抗滑能力;②减少行车引起的水雾及避免水漂;③降低噪音;④改善雨天及夜晚的可见度,提高行车安全性;⑤减少夜晚车灯的眩目。

6.5 防水混凝土

防水混凝土是通过调整配合比,掺外加剂或掺合料,或使用新品种水泥等措施来提高自身的密实性、憎水性和抗渗性,其抗渗不得小于P6,并应根据地下工程所处的环境和工作条件,满足抗压、抗冻和抗侵蚀性等耐久性要求的不透水性混凝土。《地下工程防水技术规范》(GB 50108—2008)规定,防水混凝土的设计抗渗等级见表6-6。

防水混凝土按防渗措施分为普通防水混凝土、外加剂防水混凝土、膨胀混凝土。

表6-6 防水混凝土设计抗渗等级

工程埋置深度 $H(m)$	$H<10$	$10 \leqslant H<20$	$10 \leqslant H<20$	$H>350$
设计抗渗等级	P6	P8	P10	P12

6.5.1 普通防水混凝土

以调整配合比的方法提高混凝土自身的密实度和抗渗性的混凝土称为普通防水混凝土,也称富水泥浆混凝土。

普通防水混凝土的抗渗等级可达到 P6~P12,施工简便,性能稳定,但施工质量要求比普通混凝土严格。主要用于地上、地下要求防水抗渗的工程。

6.5.2 外加剂防水混凝土

在混凝土中掺入外加剂,隔断或堵塞混凝土中的孔隙、裂缝和渗水通道,从而达到改善抗渗性能的混凝土称为外加剂防水混凝土。

外加剂的品种有引气剂、减水剂、三乙醇胺和氯化铁防水剂。

6.5.3 膨胀混凝土

用混凝土膨胀剂或膨胀水泥配制的水泥混凝土称为膨胀混凝土。根据《混凝土膨胀剂》(GB/T 23439—2009)规定,膨胀剂可分为3类,即硫铝酸钙类混凝土膨胀剂(包括明矾石、UEA 和 AEA 3 种膨胀剂,代号 A)、氧化钙类混凝土膨胀剂 CEA(代号 C)、硫铝酸钙—氧化钙类混凝土膨胀剂(代号 AC)。我国生产的膨胀水泥主要有低热微膨胀水泥、明矾石膨胀水泥。

膨胀混凝土分补偿收缩混凝土和自应力混凝土两大类。前者指在有约束的条件下,由于膨胀水泥或膨胀剂的作用能产生 0.2~0.7MPa 自应力的混凝土;后者是指在约束的条件下,由于膨胀水泥或膨胀剂的作用能产生 2.0~8.0MPa 自应力的混凝土。

膨胀混凝土除具有补偿收缩和产生自应力的功能外,还具有抗渗性强、早期快硬、后期强度高(或超过 100MPa)、耐硫酸盐等特点。

膨胀混凝土主要用于加固结构、补强、接缝和防渗堵工程,自应力膨胀混凝土还可代替预应力混凝土使用。

6.6 装饰混凝土

装饰混凝土作为混凝土水泥制品家族中较新的产品体系,产品的涉及面较广。从建筑内外装饰、城市景观和创意户外建筑空间到家居和工艺品均有其身影。因此,除建筑市场外,装饰混凝土市场的可开拓空间非常大。按表面装饰效果划分装饰混凝土有清水混凝土、彩色混凝土、露骨料混凝土、表面造型混凝土等种类。

6.6.1 清水混凝土

清水混凝土是指直接利用混凝土成型后的自然质感作为饰面效果的混凝土。可分为普通清水混凝土、饰面清水混凝土和装饰清水混凝土。

①普通清水混凝土　指表面颜色无明显色差，对饰面效果无特殊要求的清水混凝土，主要用于桥梁、大坝、立交桥和地铁等。

②饰面清水混凝土　指表面颜色基本一致，由有规律排列的对拉螺栓眼、明缝、蝉缝、假眼等组合形成的、以自然质感为饰面效果的清水混凝土，主要用于外墙装饰。

③装饰清水混凝土　指表面可形成装饰图案、镶嵌装饰片或彩色的清水混凝土，主要用于展览馆、办公楼、研发中心楼等。

清水混凝土是装饰混凝土的一种，其表面非常光滑，棱角分明，无任何外部装饰，只是在表面涂1层或2层透明的保护剂，便显得十分天然、庄重，极具装饰效果，是装饰混凝土中的一种。其质量验收标准按照装修后的指标控制，垂直度、平整度、色差、无蜂窝麻面等要求非常严格，因此施工难度也较高。

清水混凝土在材料和浇筑方法允许的条件下，应采用尽可能低的坍落度和水灰比，坍落度一般为90mm±10mm，以减少泌水的可能性，同时控制混凝土含气量不超过1.7%，初凝时间6~8h。清水混凝土构筑物模板应在48h后拆除，模板拆除后其表面养护的遮盖物不得直接用草垫或草包铺盖，以免造成永久性黄颜色污染，应采用塑料薄膜严密覆盖养护，养护时间一般不得少于14d。

清水混凝土是一种低廉的建筑材料，只要施工得法，严格控制，精细设计，可以省略大量贴面的装饰装潢，省去大量吊顶及内外装饰材料，在追求欣赏品味的同时实现成本节约和工期高效率，有望大面积推广。

6.6.2　彩色混凝土

彩色透水混凝土是由骨料、水泥、掺合料、彩色强化剂、稳定剂及水，有时掺入水性树脂等拌制而成的一种混凝土。

(1) 装饰效果

彩色混凝土通过采取适当措施，用以制备各种建筑砌块、砖、瓦，并使其表面具有装饰性的线条、图案、纹理、质感及色彩，逼真地模拟自然的材质和纹理，随心所欲地勾画各类图案，以满足各种装饰的不同要求及审美要求，展现出独特的建筑装饰艺术效果，而且愈久弥新，使人们轻松地实现园林、建筑与自然环境、人文环境和谐相处，融为一体的理想。使彩色混凝土获得装饰效果的手段很多，主要有线条与质感、色彩、造型与图案3个方面。

①线条与质感　混凝土是一种塑性成型材料，利用模板可加工成任意形状和尺寸，使混凝土表面形成大的分格缝；纹理质感则可通过模板、模衬、表面加工，或露出的粗、细骨料形成；在表面形成不同的凸凹线条、纹理质感等。

②颜色与色彩　在混凝土制品表面做彩色装饰层或喷涂料，或混凝土组成材料的多种

颜色而呈现出不同色彩。

③造型与图案　混凝土制品按设计的艺术造型进行制作，或使混凝土表面带有几何图案及立体浮雕花饰，既美观耐久，又经济实用。

（2）特性

彩色混凝土的特性有：外观美观，具立体感，图案、色彩丰富，不褪色，不变色，且可按需制作特种图案；耐冲击和耐腐蚀好，使用寿命达15年以上；外层特耐油污，以水冲洗即可，且防滑；产品抗压强度达90MPa，耐磨；彩色环保、无撞击噪音、不破裂。

（3）应用

彩色混凝土主要用于建筑中承重墙、间隔墙、花格墙、楼梯板、柱和屋面等；水池、挡土墙等；人行道路、公共场所地面等。也可根据业主需要，设计师的创作构思开发出独特而适用的彩色艺术混凝土制品及浮雕。

（4）工艺

彩色混凝土的生产工艺主要有压模法、纸模法和喷涂法。

①压模法　在未硬化的现浇混凝土基层上，通过着色、硬化、压印、脱模、养护、密封保护等多道工艺制成的极具艺术韵味的地坪或墙面。适用于室内、外地坪装饰，也可用于建筑物立面的装饰（详见2.2.3常用人造石材）。

②纸模法　指选好纸模模板式样，排列在新灌的水泥面上，喷撒彩色强化剂到铺好模板的区域，并铲平，干燥成形后，拉掉模板，清洗表面，然后上保护剂，便可历久弥新。

③喷涂法　采用喷涂方法将喷涂材料均匀地涂布到水泥表面，把灰暗的水泥表面变成光洁的、色彩明快的、有特殊纹理或图案的效果。该标准色可组合调制出无数种颜色，且价格低廉，施工方便，适用于大面积使用。喷涂地面具有耐磨、耐久、防水、防滑等特性，其使用寿命很长，地面至少保用20年，墙面的寿命更长，而且在日晒雨淋的情况下不会脱落、褪色，可为水泥墙面增添防水性能，也能解决游泳池的渗水问题。

6.6.3　露骨料混凝土

露骨料混凝土是在混凝土硬化前或硬化后，通过一定工艺手段，使混凝土表层的骨料适当外露，以骨料的天然色泽和不规则的分布，达到自然、古朴的装饰效果。因此，在使用彩色石子时，应注意石子的品种和彩色选择适当，配色要协调美观。由于多数石子色泽稳定，且耐污染，故只要石子的品种和色彩选择恰当，其装饰耐久。

露骨料混凝土装饰的制作方法有水洗法、缓凝剂法、水磨法、埋砂法、抛丸法、凿剁法等工艺。

（1）水洗法

水洗法适用于预制墙板正打工艺。它是在水泥混凝土终凝前，采用具有一定压力的射流水冲刷混凝土表层水泥浆，把骨料暴露出来，养护后即为露骨料装饰混凝土。

(2)缓凝剂法

缓凝剂法适用于反打工艺或立模工艺。它是在模板表面先刷上一层缓凝剂,然后浇筑混凝土。当混凝土达到脱模强度时,表层水泥浆在缓凝剂的作用下并未硬化,因而能用水冲刷去掉水泥浆,暴露出骨料。

(3)水磨法

水磨法实际上就是水磨石的工艺,不同的是水磨露骨料工艺不需抹水泥石碴浆,而是将抹面硬化的混凝土表面磨至露出骨料。水磨时间一般宜在混凝土强度 12~20MPa 时进行。

水磨法制作的装饰混凝土制品的主要优点是表面平滑,不易挂灰积尘,耐污染性能好。在装饰效果和工艺方面应采取合理的措施,如根据设计要求适当分块、分格(仿石材、面砖、马赛克等),提高石碴的密实度,控制磨光程度等。

(4)埋砂法

埋砂法是在模底铺一层湿砂,将大颗粒的骨料部分埋入砂中,然后在骨料上浇筑混凝土,待混凝土硬化脱模后,翻转混凝土并把砂子去除干净,即可显示骨料部分外露。

(5)抛丸法

抛丸法是将混凝土制品以 1.5~2m/min 的速度通过抛丸室,室内抛丸机以 65~80m/s 的线速度抛出铁丸,利用铁丸冲击力将混凝土表面的水泥浆皮剥离,露出骨料。因为此方法可同时将骨料表皮凿毛,故其效果如花锤剁斧,自然逼真。

(6)凿剁法

凿剁法是使用手工或电动工具剁混凝土表面的水泥浆皮,使其骨料外露,是传统的剁斧石饰面做法。过去手工操作工效低($1m^2$/工日),现在成功研制了以压缩空气为动力的气动剁斧,这种机具构造简单,操作方便,比手工剁斧提高工效 4 倍以上。

6.7 水泥制品、新型墙体及屋面材料

6.7.1 水泥制品

水泥制品是指以水泥为基材经过深加工制成的工业产品。

常用的水泥制品有:预制构件、管桩、预应力钢筒混凝土管(PCCP)、排水管、硅酸钙板、混凝土路面砖等。

6.7.1.1 混凝土路面砖

①混凝土路面砖主要指以混凝土为生产主材的砖,包括车行道砖、人行道砖、广场砖、植草砖、树孔砖、路侧石砖、平石砖等(图 6-10)。

图 6-10　混凝土路面砖

②主要用于铺设人行道、车行道、广场、仓库等的混凝土路面及地面工程。

混凝土路面砖所用的水泥为矿渣硅酸盐水泥。

6.7.1.2　绿化混凝土

绿化混凝土是指能够适应植物生长,进行绿色植物种植的混凝土及其制品。

绿化混凝土的类型有孔洞型绿化混凝土块体材料、多孔连续型绿化混凝土、孔洞型多层结构绿化混凝土块体材料。主要应用于城市道路两侧及中央隔离带、水边护坡、屋顶、停车场等部位。

(1) 孔洞型绿化混凝土块体材料

孔洞型绿化混凝土块体材料制品的实体部分与传统的混凝土材料相同,只是在块体材料的形状上设计了一定比例的孔洞,为绿色植被提供空间。

适用于停车场、城市道路两侧树木之间,不适合大面积、大坡度、连续型绿化。

(2) 多孔连续型绿化混凝土

多孔连续型绿化混凝土由 3 个要素构成:

①多孔混凝土骨架　由粗骨料和少量的水泥浆体或砂浆构成,是绿化混凝土的骨架部分。孔隙率在 18%～30%。

②保水性填充材料　由各种土壤的颗粒、无机的人工土壤以及吸水性的高分子材料配制而成。

③表层客土　通常在土壤中拌入黏结剂,采用喷射施工将土壤浆体黏附在混凝土的表面,形成表层客土。为植物种子发芽提供空间,同时防止混凝土硬化体内的水分蒸发过快,并提供养分。

适合于大面积、现场施工的绿化工程,尤其是大型土木工程之后的景观修复等。作为护坡材料,基体混凝土具有一定的强度和连续型,同时能够生长绿色植物。

(3)孔洞型多层结构绿化混凝土块体材料

采用多孔混凝土并施加孔洞、多层板复合制成的绿化混凝土块体材料。上层为孔洞型多孔混凝土板,其均匀分布的小孔为植物生长孔,中间的培土层填充土壤及肥料,蓄积水分,为植物提供生长所需的营养和水分。

多数应用在城市楼房的阳台、院墙顶部等不与土壤直接相连的部位,增加城市的绿色空间,美化环境。

6.7.2 新型墙体材料及屋面材料

新型墙体材料是指除黏土实心砖以外的具有节土、节能、利废、较好物理力学性能的墙体材料。

新型墙体材料目前的品种有20多种。新型墙体材料可分为板材、块材、砖3类。板材分为条板、薄板、复合板。条板有水泥轻质条板、轻骨料水泥条板、玻璃纤维增强水泥条板和加气混凝土条板等;薄板有石膏板、纤维水泥薄板等;复合板有钢丝网架夹心墙板、金属夹心墙板等。块材分为实心砌块、空心砌块。实心砌块有加气混凝土砌块、石膏砌块;空心砌块有普通混凝土小型空心砌块、轻骨料混凝土小型空心砌块。砖可分为实心砖和空心砖。实心砖有灰砂砖、水泥砖、页岩砖、粉煤灰烧结砖等;空心砖有黏土空心砖、混凝土空心砖等。

新型墙体及屋面材料见表6-7所列。

表6-7 新型墙体及屋面材料

品种	主要组成材料	主要性质	主要用途
轻骨料水泥条板	由水泥、砂、轻粗骨料、水等组成,并配钢筋	表观密度$1000 \sim 1500 kg/m^3$	小于15MPa,用于非承重内外墙;大于15MPa,用于自承重、承重墙
混凝土夹心墙板	内外表层为$20 \sim 30 mm$厚钢筋混凝土板,中间夹石棉毡等保温材料	承重板密度$500 \sim 542 kg/m^3$,板厚250mm,非承重板$260 kg/m^3$,板厚180mm	承重外墙,非承重外墙等
普通混凝土小型空心砌块	由水泥、砂、石、水等搅拌成型而得,分单排孔、双排孔、三排孔	砌块强度$3.5 \sim 15 MPa$,空心率$35\% \sim 50\%$	主要用于低、中层建筑的内墙、承重外墙
轻骨料混凝土小型空心砌块	由水泥、砂、轻粗骨料、水等搅拌、成型而得,分单排孔、多排孔	砌块强度$2.5 \sim 10 MPa$	主要用于保温墙体($<3.5MPa$)、非承重墙体、承重保温墙体($\geq 3.5 MPa$)
纤维增强水泥瓦	由水泥、增强纤维组成	防水、防潮、防腐、绝缘	厂房、库房、堆货棚、凉棚屋面
钢丝网水泥大波瓦	由水泥、砂、钢丝网组成	尺寸、重量较大	工厂散热车间、仓库、临时围护结构

【技能训练】

技能6-1　混凝土制品的识别

1. 目的要求

学会辨认常用混凝土制品，具备现场识别重要混凝土种类的能力。

2. 材料与工具

各类混凝土制品标本1套，参考书籍等。

3. 内容与方法

用肉眼观察本地区常见混凝土制品标本，注意区分不同类型混凝土制品的表面特征等。

4. 实训成果

归纳整理在园林景观所见到的混凝土制品名称、规格、特点和用途等（表6-8）。

表6-8　混凝土制品识别报告表

序号	名称	规格	特点	用途
1				
2				
3				
4				
5				
6				
7				
⋮				

【拓展知识】

预拌混凝土

预拌混凝土是指在集中搅拌站（楼）生产的、通过运输设备送至使用地点的、交货时为拌合物的混凝土。它是商品混凝土中的一种，是新拌合且未硬化即交货的商品混凝土。

根据《预拌混凝土》（GB/T 14902—2012）规定，其种类、性能及代号见表6-9所列。

表 6-9 预拌混凝土的种类、性能及代号

预拌混凝土种类		种类代号	A				
	常规品	强度等级代号	C				
	特制品	名称	高强混凝土	自密实混凝土	纤维混凝土	轻骨料混凝土	重混凝土
		种类代号	H	S	F	L	W
		强度等级代号	C	C	C(合成纤维混凝土) CF(钢纤维混凝土)	LC	C
混凝土强度等级			C10、C15、C20、C25、C30、C35、C40、C45、C50、C55、C60、C65、C70、C75、C80、C85、C90、C95、C100				
混凝土拌合物坍落度(mm)			10~40	50~90	100~150	160~210	≥220
混凝土拌合物坍落度等级			S1	S2	S3	S4	S5
混凝土拌合物的扩展直径(mm)			≤340	350~410	420~480	490~550	560~620 ≥630
混凝土拌合物的扩展等级			F1	F2	F3	F4	F5 F6
混凝土抗冻等级(快冻法)			F50、F100、F150、F200、F250、F300、F350、F400、>F400				
混凝土抗冻标号(慢冻法)			D50、D100、D150、D200、>D200				
混凝土抗水渗透等级			P4、P6、P8、P10、P12、>P12				
混凝土抗硫酸盐等级			KS30、KS60、KS90、KS120、KS150、>KS150				
混凝土抗氯离子渗透性能(84 d)的等级(RCM 法)			RCM-Ⅰ	RCM-Ⅱ	RCM-Ⅲ	RCM-Ⅳ	RCM-Ⅴ
氯离子迁移系数 $D_{RCM}(\times 10^{-12} m^2/s)$			≥4.5	≥3.5, <4.5	≥2.5, <3.5	≥1.5, <2.5	<1.5
混凝土抗氯离子渗透等级(电通量法)			Q-Ⅰ	Q-Ⅱ	Q-Ⅲ	Q-Ⅳ	Q-Ⅴ
电通量 Q_S/C			≥4000	≥2000, <4000	≥1000, <2000	≥500, <1000	<500
混凝土抗碳化等级			T-Ⅰ	T-Ⅱ	T-Ⅲ	T-Ⅳ	T-Ⅴ
碳化深度 $d(mm)$			≥30	≥20, <30	≥10, <20	≥0.1, <10	<0.1

预拌混凝土应按下列顺序进行标记：常规品或特制品的代号，常规品可不标记；特制品混凝土种类的代号，兼有多种类情况可同时标出；强度等级；坍落度控制目标值及等级代号，自密实混凝土应采用扩展度控制目标值及等级代号；耐久性能等级代号，对于抗氯离子渗透性能和抗碳化性能后附设计值在括号中。

示例 1：采用通用硅酸盐水泥、河沙(或人工砂或海沙)、石、矿物掺合料、外加剂和水配制的普通混凝土，强度等级 C50，坍落度 180mm，抗冻等级 F250，抗氯离子渗透性能电通量 Q_S 1000C，其标记为：A-C50-180(S4)-F250 Q-Ⅲ(1000)-GB/T 14902。

示例 2：采用通用硅酸盐水泥、河沙(或陶砂)、陶粒、矿物掺合料、外加剂、合成纤维和水配制的轻骨料纤维混凝土，强度等级 LC40，坍落度 210mm，抗渗等级 P8，抗冻等

级 F150，其标记为：B - LF - LC40 - 210(S4) - P8F150 - GB/T 14902。

预拌混凝土的特点为：混凝土集中搅拌有利于采用先进的工艺技术，实行专业化生产管理。设备利用率高，计量准确，将配合好的干料投入混凝土搅拌机充分拌合后，装入混凝土搅拌输送车，因而产品质量好、材料消耗少、工效高、成本较低，又能改善劳动条件，减少环境污染。

【自主学习资源库】

1. 九正建材网：www.jc001.cn.
2. 景观材料及其应用．［美］罗布·W·索温斯基．孙兴文，译．电子工业出版社，2011.
3. 建筑装饰材料（第二版）．向才旺．中国建筑工业出版社，2004.
4. 环境艺术装饰材料与构造．李蔚，傅彬．北京大学出版社，2010.
5. 中国混凝土与水泥制品网：http://www.concrete365.com.
6. 中国混凝土网：http://www.cnrmc.com.
7. 中国搅拌站网：http://www.91jbz.com.
8. 中国砂浆网：http://www.mortar.cn.

【自测题】

一、填空题（20 分，每小题 2 分）

1. 砌筑砂浆的流动性用（　　）表示，保水性用（　　）来表示。
2. （　　）、（　　）、（　　）、（　　）和（　　）等可以配制砌筑砂浆和普通抹面砂浆。
3. 建筑砂浆是由（　　）、（　　）和（　　），有时掺入（　　）和（　　）按比例配制而成的材料。
4. 建筑砂浆按用途分为（　　）砂浆和（　　）砂浆。
5. 常用装饰砂浆的工艺做法有（　　）、（　　）、（　　）、（　　）、（　　）和（　　）等。
6. 水泥混凝土的基本组成材料有（　　）、（　　）、（　　）和（　　），另外还常掺入适量的（　　）和（　　）。
7. 多孔连续型绿化混凝土由（　　）、（　　）和（　　）3 个要素构成。
8. 混凝土的耐久性主要包括（　　）、（　　）、（　　）、（　　）和（　　）等性能。
9. 厚大体积的混凝土工程优先选用（　　），有耐磨要求的混凝土工程优先选用（　　）。
10. 碳化使混凝土的（　　）降低，减弱了对混凝土的保护作用。

二、单项选择题(10分,每小题1分)

1. 在检查井、化粪池和雨水井等工程适宜采用砌筑砂浆强度为( )。
   A. M5.0~M10.0   B. U5.0~U10.0   C. C5.0~C10.0   D. M5.0

2. 根据砂浆的使用环境和强度等级指标要求,砌筑砂浆可以选用( )。
   A. 水泥砂浆、石膏砂浆
   B. 石膏砂浆、石灰砂浆、水泥聚合物砂浆
   C. 石灰砂浆、水泥聚合物砂浆
   D. 水泥石灰混合砂浆、水泥砂浆、石灰砂浆

3. 在材料等级中,C10表示( )。
   A. 烧结砖抗压强为10MPa   B. 硅酸盐水泥抗压10级
   C. 碳素结构钢抗拉强度为10MPa   D. 混凝土抗压强度为10MPa

4. 为保证砂浆的和易性,水泥砂浆的水泥用量为( )。
   A. ≤200kg/m³   B. >200kg/m³   C. ≥300kg/m³   D. 300~500kg/m³

5. 尽量采用( )标号水泥配制砂浆,水泥的强度等级一般为砂浆强度的4~5倍。
   A. 32.5级   B. 42.5级   C. 52.5级   D. 62.5级

6. 碎石混凝土与卵石混凝土相比较,碎石混凝土( )。
   A. 流动性好   B. 和易性好   C. 流动性差   D. 强度高

7. 板、梁和大型及中型截面的柱子等,应选用混凝土拌合物的坍落度值为( )mm塑性混凝土。
   A. 10~30   B. 30~50   C. 50~70   D. 80~180

8. 坍落度是表示塑性混凝土( )的指标。
   A. 流动性   B. 黏聚性   C. 保水性   D. 软化点

9. C30表示混凝土的( ),其立方体抗压强度标准值等于30MPa。
   A. 立方体抗压强度值   B. 设计的立方体抗压强度值
   C. 立方体抗压强度标准值   D. 强度等级

10. 防水混凝土是采用水泥、砂、石或掺加少量外加剂、高分子聚合物等材料,制成抗渗压力大于( )MPa的刚性防水材料。
    A. 0.2   B. 0.4   C. 0.6   D. 0.8
    E. 1.0

三、多项选择题(10分,每小题2分)

1. 在混凝土拌合物中,如果水灰比过大,会造成( )。
   A. 拌合物的黏聚性和保水性不良   B. 产生流浆
   C. 有离析现象   D. 严重影响混凝土的强度

2. 影响混凝土和易性的主要因素有( )。
   A. 水泥浆的数量   B. 骨料的种类和性质

C. 砂率　　　　　　　　　　　D. 水灰比

3. 采用(　　)，可提高混凝土强度。

A. 蒸汽养护　　　　　　　　B. 早强剂

C. 快硬水泥　　　　　　　　D. 水灰比小的干硬性混凝土

4. 混凝土配合比设计的基本要求是(　　)。

A. 和易性好　　　　　　　　B. 混凝土结构设计强度要求

C. 耐久性好　　　　　　　　D. 经济合理

5. 在正常生产控制的条件下，用(　　)及(　　)来评定混凝土生产质量水平。

A. 混凝土强度标准差 σ　　　B. 混凝土强度

C. 混凝土耐久性　　　　　　D. 强度保证率 P

四、判断题(5分，每小题1分)

1. 配制混凝土时宜优先选用 1 区砂。（　　）
2. 有抗渗性要求的混凝土不宜选用矿渣硅酸盐水泥。（　　）
3. 混凝土的流动性用沉入度来表示。（　　）
4. 碱—骨料反应将导致混凝土膨胀开裂破坏，应采用低碱水泥，掺活性混合材料，加引气剂等方法进行预防。（　　）
5. 在水灰比一定时，增加砂石用量，混凝土拌合物的流动性会减少。（　　）

五、问答题(20分，每小题2分)

1. 简述混合砂浆与水泥砂浆各用于什么地方？
2. 配制砂浆用砂有什么要求？
3. M10、M2.5 各代表什么意思？
4. 一般来说，哪些种类的水泥可以用来配制砌筑砂浆和普通抹灰砂浆？哪些种类的水泥可以配制防水砂浆和装饰砂浆？
5. 常用装饰砂浆的工艺做法有哪些？
6. C7.5、C20 各代表什么意思？
7. 什么是混凝土的和易性？和易性包括哪几方面内容？
8. 简述提高混凝土耐久性的主要措施。
9. 为了节约水泥，在配制混凝土时应采取哪些措施？
10. 改善混凝土和易性的主要措施有哪些？

六、计算题(10分)

某混凝土的实验室配合比为 1：2.1：4.0，W/C = 0.60，混凝土的体积密度为 2410 kg/m³。求 1m³ 混凝土各材料用量。

七、实践题(25分，每小题5分)

1. 登录中国混凝土与水泥制品网(http://www.concrete365.com)，找一家环保型沥青混凝土材料如透水沥青混凝土或温拌沥青混凝土的技术报告，仔细阅读并撰写摘要。

2. 登录一家沥青混凝土块制造商的网站：

(1) 总结这家制造商提供的沥青混凝土块的形状、尺寸及表面处理的选择；

(2) 调查这家制造商的产品每平方米的抗压强度。

3. 拍照记录生活中混凝土使用后开裂的情形，并说明原因。

4. 拍照记录园林中常用的装饰砂浆做法，并分析讨论装饰砂浆表现的质感、颜色、整体效果是否与环境协调？

5. 在不同的恶劣气候（如夏天高温 30~40℃、冬天低温 0~5℃）条件下，要使混凝土施工养护后达到理想的效果，应采取哪些措施？

单元 7

烧结与熔融制品

【知识目标】

(1) 掌握烧结砖、陶瓷、玻璃的种类与技术性质。

(2) 熟悉园林景观中常用烧结砖、陶瓷、玻璃材料的应用。

【技能目标】

能应用烧结砖、陶瓷和玻璃材料。

烧结制品是以黏土为主要原料，经成型、干燥、焙烧所得的产品，用于建筑装饰的烧结制品主要有烧结砖瓦和陶瓷。熔融制品是将适当成分的原料经熔融、冷却成型所得的产品，主要品种有玻璃、玻璃制品、玻璃纤维等。

7.1 烧结砖

烧结砖是以黏土(代号N)、页岩(代号Y)、煤矸石(代号M)、粉煤灰(代号F)、淤泥(代号U)、建筑渣土(代号Z)及其他固体废弃物(代号G)等为主要原料经焙烧制成的砖。烧结砖按有无孔洞为分烧结普通砖、烧结多孔砖和烧结空心砖。

7.1.1 烧结普通砖

以黏土、页岩、煤矸石、粉煤灰为主要原料经焙烧而成，无孔或孔洞率小于15%的制品称为烧结普通砖，常用于承重部位。《烧结普通砖》(GB/T 5101—2003)规定，按用途分为砌墙砖、配砖和烧结装饰砖，烧结装饰砖是经烧结而成用于清水墙或带有装饰面的砖；按主要原料分为黏土砖(N)、页岩砖(Y)、煤矸石砖(M)和粉煤灰砖(F)；根据抗压强度分为MU30、MU25、MU20、MU15、MU10共5个强度等级。烧结普通砖和装饰砖的外形为直角六面体，规格为240mm×115mm×53mm；常用配砖规格为175mm×175mm×53mm；配砖和装饰砖的其他规格由供需双方协商确定。其强度和抗风化性能等合格的砖，根据尺寸偏差、外观质量、泛霜和石灰爆裂分为优等品(A)、一等品(B)和合格品(C)3个质量等级，优等品适用于清水墙和装饰墙，合格品可用于混水墙，中等泛霜的砖不能用于潮湿部位。砖的产品标记按产品名称、类别、强度等级、质量等级和标准编号顺序编写，示例：烧结普通砖，强度等级MU15，一等品的煤矸石砖，其标记为：烧结普通砖M MU15 B GB/T 5101—2003。

烧结普通砖中的烧结黏土砖，其取土毁田严重，能耗大，砖块小，施工效率低，砌体自重大，抗震性差等，我国已禁止生产、使用。目前大力推广烧结多孔砖、烧结空心砖、工业废渣砖、砌块及轻质板材的应用，因地制宜地发展新型墙体材料。

7.1.2 烧结多孔砖

以黏土、页岩、煤矸石、粉煤灰、淤泥(江河湖淤泥)及其他固体废弃物为主要原料，经焙烧制成，孔洞率大于或等于33%、孔的尺寸小而数量多的制品称为烧结多孔砖和多孔砌块，主要用于承重部位。《烧结多孔砖和多孔砌块》(GB/T 13544—2011)规定，按主要原料分为黏土多孔砖和多孔砌块(N)、页岩多孔砖和多孔砌块(Y)、煤矸石多孔砖和多孔砌块(M)、粉煤灰多孔砖和多孔砌块(F)、淤泥多孔砖和多孔砌块(U)、固体废弃物多孔砖和多孔砌块（G）；根据抗压强度分为 MU30、MU25、MU20、MU15、MU10 共 5 个等级；砖的密度等级分为 1000 级、1100 级、1200 级、1300 级，砌块的密度等级分为 900 级、1000 级、1100 级、1200 级。砖和砌块的外形一般为直角六面体，有 M 型和 P 型两种，砖规格尺寸为长 290、240、190mm，宽 240、190、180、140、115mm，高 90mm；砌块规格尺寸为长 490、440、390、340、290mm，宽 240、190、180、140、115mm，高 140、115、90mm；其他规格由供需双方协商确定。砖和砌块的产品标记按产品名称、品种、规格、强度等级、密度等级和标准编号顺序编写，示例：规格尺寸 290mm×140mm×90mm、强度等级 MU25、密度 1100 级的页岩烧结多孔砖，其标记为：烧结多孔砖 Y 290×140×90 MU25 1100 GB/T 13544—2011。

7.1.3 烧结空心砖

以黏土、页岩、煤矸石、粉煤灰、淤泥（江河湖淤泥）、建筑渣土及其他固体废弃物为主要原料，经焙烧而成，孔洞率大于或等于 40%、孔的尺寸大而数量少的制品称为烧结空心砖和空心砌块，常用于非承重部位。《烧结空心砖和空心砌块》（GB/T 13545—2014）规定，按主要原料分为黏土空心砖和空心砌块（N）、页岩空心砖和空心砌块（Y）、煤矸石空心砖和空心砌块（M）、粉煤灰空心砖和空心砌块（F）、淤泥空心砖和空心砌块（U）、固体废弃物空心砖和空心砌块（G）；按抗压强度分为 MU10.0、MU7.5、MU5.0、MU3.5 共 4 个等级；按体积密度分为 800 级、900 级、1000 级、1100 级。砖和砌块的外形为直角六面体，混水墙用空心砖和空心砌块，应在大面和条面上设有均匀分布的粉刷槽或类似结构，深度不小于 2mm；砖规格尺寸为长 390、290、240、190、180（175）、140mm，宽 190、180（175）、140、115mm，高 180（175）、140、115、90mm。产品标记示例：规格尺寸 290mm×190mm×90mm、强度等级 MU7.5、密度 800 级的页岩烧结空心砖，其标记为：烧结多孔砖 Y 290×190×90 800 MU7.5 GB/T 13545—2014。

烧结多孔砖、烧结空心砖与普通砖相比，可减轻自重 1/3 左右，节约黏土 20%~30%，节省燃料 10%~20%，降低造价 20%，提高工效 40%，能改善隔热、隔声性能，在相同的热工性能要求下，用空心砖砌筑的墙体厚度可减少半砖左右（图 7-1）。

烧结普通砖

烧结多孔砖和空心砖

砖墙

图 7-1 烧结砖及其应用

7.2 陶 瓷

陶瓷是以黏土、长石、石英等为主要原料,经配料、研磨、制坯、干燥和焙烧制得的产品。用于园林景观的陶瓷主要有陶瓷砖、陶盆、陶器和砖雕等。

7.2.1 陶瓷砖

陶瓷砖是以黏土、长石、石英为主要原料,经配料、成型、烧成等工艺处理,用于装饰与保护建筑物、构筑物墙面和地面的板状或块状建筑陶瓷制品[见《建筑卫生陶瓷分类及术语》(GB/T 9195—2011)、《陶瓷砖》(GB/T 4100—2015)]。

7.2.1.1 分类与性质

(1)分类

陶瓷砖按是否施釉分为有釉陶瓷和无釉陶瓷;按成型方法分为干压(粉末法)、湿法(真空挤压法)和注浆法等;按坯体烧结程度(即吸水率)分为陶质砖、炻质砖、细炻砖、炻瓷砖和瓷质砖;按用途分为内墙砖(板、块)、外墙砖(板、块)、地砖(板、块)、天花板砖(板、块)、阶梯砖(板、块)、游泳池砖、广场砖、配件砖、屋面瓦和其他用途砖(板、块);按市场销售习惯分为釉面砖(又称瓷片、内墙砖、内墙釉面砖、陶质砖)、外墙砖(又称彩釉砖)、广场砖(又称广场铺石、园艺铺石、细炻砖)、仿古砖(又称玻化仿古砖、古典砖、复古砖、泛古砖)、抛光砖(又称完全玻化石、玻化砖、瓷质抛光砖)、抛釉砖(又称全抛釉、抛晶砖)、微晶石(又称微晶玻璃、微晶复合砖)。

陶瓷砖可用于室外装饰的产品主要有陶土砖、透水砖、拉毛砖、清水砖(砌块)、草坪砖、劈裂(开)砖、仿古青砖和文化砖等。

(2)性质

①陶质砖 吸水率较大,一般为10%~21%,坯体烧结程度低,不透光,机械强度较低,断面粗糙,敲击声细哑,孔隙率较大,抗冻性差,强度较低,烧成收缩小,尺寸准确。有釉面砖、中式琉璃制品等。

②炻质砖 吸水率为6%~10%,烧结程度高于陶质砖,结构较致密,孔隙率一般,无半透明性。有陶土砖(国内俗称大连砖,国外称米兰砖)、拉毛砖、透水砖、清水砖等。

③细炻砖 吸水率为3%~6%,结构较致密,孔隙率小,无半透明性。有外墙砖、西式瓦等。

④炻瓷砖 吸水率为0.5%~3%,已烧结,结构致密,断面呈石状,透光性差,多上釉,图案丰富,机械强度高,热稳定性好,抗污能力强,耐化学腐蚀性好。有彩釉陶瓷地砖等。

⑤瓷质砖　吸水率小于0.5%，已烧结，结构细密，少量玻璃质，断面细腻光滑呈贝壳状，有光泽，透光性好，孔隙率小，具有半透明性，强度高，耐磨性好。有陶瓷马赛克、玻化砖等。

(3) 包装标识

根据《陶瓷砖》(GB/T 4100—2015)规定，陶瓷砖应标记(包装上标志)以下内容：①商标和产地；②质量标志：合格品(正品)与不合格品(次品)；③砖的种类及执行本标准的相应附录；④名义尺寸和工作尺寸，模数(M)或非模数；⑤表面特性，如有釉(GL)或无釉(UGL)；⑥烧成后表面处理情况，如抛光；⑦砖和包装的总质量。

7.2.1.2　常用陶瓷砖

(1) 内墙釉面砖

内墙釉面砖是用于建筑物内墙、柱和其他构件表面的薄片状精陶制品。

①特点

- 陶质，强度低(破坏强度大于600N、断裂模数大于15MPa)，砖体吸水率高，一般在15%左右，砖体附着力强。
- 有釉，釉面颜色丰富多彩、图案千变万化、装饰性强，不耐磨，适宜于内墙贴面。
- 釉面光亮、平滑、不吸水、抗污易清洁。
- 施工方便，容易切割、粘贴、不易脱落。

②规格　釉面砖有正方形、长方形和异形配件砖，其厚度为4~5mm，长宽为75~350mm，如150mm×150mm×4mm、200mm×350mm×5mm等。

③颜色　各种单色釉面砖、花色和图案砖。

④应用　主要用于浴室、厨房、厕所的墙面、台面及试验室桌面，砌筑水槽、便池，还可做成壁画等(图7-2)。

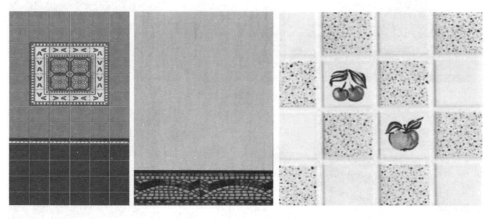

图7-2　内墙釉面砖及其应用

(2)陶土砖、园林烧结砖、景观烧结砖、泳池砖(有釉)、透水砖

①特点

抗压强度高　实心体抗压强度大于40MPa，多孔承重砖抗压强度大于20MPa。

防水、耐气候性好　吸水率为6%~12%，属炻质砖；-10℃抗冻。

保温隔热性能好　陶土砖导热系数0.3左右，普通烧结砖为0.6。

尺寸公差小，造型美观　陶土砖尺寸精度±2mm，普通烧结砖精度±4mm，色泽美观持久。

耐腐蚀，耐磨转数1000，节能，环保。

②规格　230mm×115mm×(30/40/50/60mm)、200mm×100mm×(30/40/50/60mm)、200mm×200mm×(30/40/50/60mm)、220mm×110mm×(30/40/50/60mm)、110mm×110mm×(30/40/50/60mm)、200mm×60mm×13mm、240mm×53mm×13mm，可定制。

③颜色　黄色、麻黄、红色、枣红色、窑变色、褐色、棕色、茶色、咖啡色、灰色等。

④应用　适应于广场、园林道路、庭院铺装和泳池池底池壁装饰等(图7-3)。

图7-3　陶土砖、透水砖、泳池砖及其应用

(3)清水砖、劈岩(裂)砖、麻面砖、拉毛砖、小青瓦

①特点

抗压强度高　实心体抗压强度大于60MPa，多孔承重砖抗压强度大于30MPa。

防水、耐气候性好　吸水率为4%~8%，属细炻砖；-40℃抗冻。

尺寸公差小，造型美观　尺寸精度±4mm，色泽美观持久。

耐腐蚀，耐磨转数1200，节能，环保。

②规格　清水砖240mm×115mm×(53/90mm)、240mm×(90/50/20mm)×90mm、200mm×100mm×40mm、200mm×200mm×(40/50/60mm)，可定制；劈岩砖、劈裂砖、麻面砖240mm×60mm×(12/13/15mm)、240mm×40mm×(12/13/15mm)，可定制。

③颜色　黄色、麻黄、红色、枣红色、窑变色、褐色、棕色、茶色、咖啡色、灰色等。

④应用　清水砖、拉毛砖、劈岩(裂)砖、麻面砖等适应于建筑物或构筑物外墙面或广场、公园、停车场、走廊、人行道等露天地面铺设。小青瓦应用于建筑屋面或地面铺装(图7-4)。

图7-4　清水砖、透水砖、拉毛砖的应用

(4)侧石、草坪砖、文化砖

①特点

抗压强度高　实心体抗压强度大于60MPa。

防水、耐气候性好　吸水率为4%~8%，属细炻砖；-40℃抗冻。

尺寸公差小，造型美观　尺寸精度±4mm，色泽美观持久。

耐腐蚀，耐磨转数1200，节能，环保。

②规格 侧石140mm×(60mm,80mm,110mm)×135mm、260mm×220mm×105mm、55mm×260mm×220mm、160mm×55mm×105mm;草坪砖250mm×185mm×(40mm,50mm,60mm,80mm)、250mm×90mm×(40mm,50mm,60mm,80mm);文化砖200mm×65mm×13mm。

③应用 侧石可用于道牙、花坛等;草坪砖可用于草坪、停车场等铺装;文化砖可用于景墙、花坛、外墙等贴面(图7-5)。

图7-5 侧石、草坪砖、文化砖及其应用

(5)玻化砖、仿古砖、麻面砖、彩釉墙地砖

酷似天然石材而优于石材,表面可制成平面、毛面、抛光面、仿石表面、仿古面、压光浮雕面等有釉或无釉制品,颜色丰富。

①特点 吸水率<1%,耐酸碱性强,易于清洗,长年使用,不留水迹,不留污渍。尺寸均匀平整,色泽协调均匀,不变色。抗折强度>30MPa,施工时不易破损。高耐磨性,产品莫氏硬度为6~7,防滑效果极佳。

②规格 玻化砖、仿古砖200mm×200mm、300mm×300mm、400mm×400mm、500mm×500mm、600mm×600mm、800mm×800mm、600mm×900mm、1200mm×1200mm,厚14~20mm,可定制;麻面砖、彩釉墙地砖100mm×100mm、200mm×75mm、200mm×100mm、500mm×500mm等,厚5~6mm、10~14mm,可定制。

③应用 玻化砖、仿古砖适用于宾馆、营业厅、商场、办公楼、家居等各类高档场所的室内墙面和地面装修,也与麻面砖交错用于室外立面装饰;麻面砖、彩釉墙地砖适用于人流密度大的商场、剧院、宾馆、酒楼等公共场所墙的地面装饰,也可用于建筑物外墙装饰。

(6)陶瓷锦砖(陶瓷马赛克)

①形状　单块瓷片有正方形、长方形、对角形、斜长条形、六角形、半八角形。

②特点　色彩鲜艳,表面平整,可拼各种图案,仿天然石材,吸水率<10%,经受20次冻融循环,耐磨耐蚀,防火防水,易清洗,不脱色,热稳定性好,但价高,自重大。

③规格　上述形状的陶瓷组合图案形成300mm×300mm,厚4~8mm的陶瓷砖。

④应用　围栏、游泳池、建筑外墙、砌体贴面等。

玻化砖、仿古砖、陶瓷锦砖及其应用如图7-6所示。

图7-6　玻化砖、仿古砖、陶瓷锦砖及其应用

7.2.2　琉璃制品

琉璃制品分为中式和西式两种,中式的有琉璃瓦、琉璃砖、琉璃兽、各种琉璃部件(花窗、栏杆等)及室内陈设工艺品等,属陶质;西式的有装饰瓦、装饰砖等,属细炻质。

琉璃制品具有色彩绚丽,表面光滑,不易污染,质地坚硬,使用耐久等特点。主要用于建筑屋面装修,古建筑的修复,纪念建筑及园林建筑中亭、台、楼、阁等装饰(图7-7)。

图 7-7　琉璃制品及其应用

7.2.3　景观陶盆、陶器

景观陶盆能美化环境，营造温馨艺术氛围，适用于各种室内外环境，如居室、阳台、街道、花园、体育场馆、剧场影院、星级饭店、园林等场所的立体绿化（图7-8）。

图 7-8　景观陶盆、陶器及其应用

陶器工艺品是我国最古老的工艺美术品，典雅古朴、别具风格，闪烁着传统艺术的光辉。

7.3　玻璃及玻璃制品

玻璃是以石英砂、纯碱、长石、石灰石等为主要原料，经高温熔融成型并急冷而制成的固体材料。玻璃是无定形非结晶体、均质同向性材料，是一种透明材料。玻璃是材料中唯一能用透光性来控制和隔断空间的材料。

玻璃的品种很多，分类的方法也很复杂，一般的分类方法有两种：按玻璃的化学组成分为钠玻璃(普通玻璃)、钾玻璃(硬玻璃)、铝镁玻璃、铅玻璃(重玻璃)、硼硅玻璃(耐热玻璃)、石英玻璃等;按玻璃的生产工艺和主要特点分为普通建筑玻璃、安全玻璃、特种玻璃(功能玻璃)、玻璃砖、其他装饰玻璃等。

7.3.1 普通建筑玻璃

普通建筑玻璃可分为平板玻璃和装饰玻璃。

7.3.1.1 平板玻璃

(1) 厚度

窗用平板玻璃(平光玻璃、净片玻璃)引拉法玻璃厚度为2、3、4、5mm;浮法玻璃厚度为2、3、4、5、6、8、10、12、15、19、22、25mm,一般为长方形和正方形;磨光玻璃(镜面玻璃、白片玻璃)厚度为5~6mm。

(2) 性质

具有透光、挡风、挡雨、保温和隔音的功能,有一定的机械强度,材料较脆,紫外线透过率低。

(3) 质量等级

引拉法(包括垂直引上法、水平拉引法)生产的玻璃缺陷比较多,如易变形、气泡、点状缺陷等,而浮法生产的玻璃具有平整、不易变形、无气泡等特点。玻璃根据外观质量可分为优等品(A)、一等品(B)、合格品(C)[见《平板玻璃》(GB 11614—2009)]。

(4) 用途

用作建筑物的窗用玻璃,加工安全玻璃或特种玻璃的基板,并制造各种装饰玻璃。属易碎品,碎片易伤人。磨光玻璃(镜面玻璃、白片玻璃)一般用于安装大型高级门窗、橱窗或制镜。

7.3.1.2 装饰玻璃

装饰玻璃有毛玻璃、着色玻璃、彩绘玻璃、压花玻璃、镭射玻璃和装饰镜等。

(1) 毛玻璃

一般用机械喷砂、手工研磨或氢氟酸(HF)溶液处理玻璃表面形成玻璃毛面即为毛玻璃。其表面粗糙,透光不透视,光线不眩目。主要用于卫生间、浴室和办公室的门窗,黑板或灯箱的面层板或隔断。

(2) 着色玻璃(彩色玻璃)

在原料中加着色剂或喷釉烘烤制成有色玻璃,分透明和不透明两种。其耐腐蚀性强,易清洁,可拼花纹图案。主要用于门窗、内外墙面和对光线有色彩要求的采光部位。

(3) 彩绘玻璃

将图案等绘制或印刷在玻璃上形成彩绘玻璃。其图案丰富,色彩逼真,印刷处不透光,空露部位透光。主要用于公共场所、住宅等的顶棚、隔断墙、屏风、落地门窗、玻璃走廊、楼梯等处的装饰。

(4)压花玻璃(花纹玻璃或滚花玻璃)

将玻璃液通过有花纹的滚筒压延而成,故名压花玻璃。其透光不透视,花纹立体感强。主要用于卫生间、门窗、办公室等的隔断处,加工屏风、台灯等。

(5)镭射玻璃(光栅玻璃)

将玻璃表面经激光微刻处理即得镭射玻璃。其耐冲击,防滑,耐腐蚀,有很高的观赏与艺术装饰价值。主要用于宾馆、酒店、各种商业、文化娱乐场所的门面、地面和隔断的装饰,也可运用于墙壁贴面,地面及天顶、桌面的装饰。

(6)装饰镜

通过银镜反应或真空镀铝的方法,在磨光玻璃表面形成镜面反射即为装饰镜。其影像清晰逼真,不变形,耐腐蚀性好,增加空间明亮度。主要用于商场、宾馆、舞厅、健身房、卫生间、衣柜、家居客厅等场所的墙面、顶棚的装饰(图7-9)。

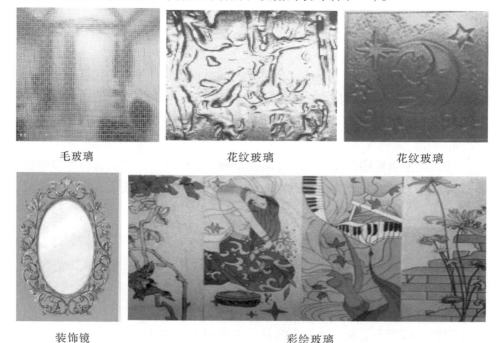

图7-9 装饰玻璃及其应用

7.3.2 安全玻璃

安全玻璃是指通过对普通玻璃增强处理或与其他材料复合或采用特殊成分制成的玻璃,其碎片不伤人。安全玻璃可分为防火玻璃、钢化玻璃、夹层玻璃。

7.3.2.1 防火玻璃

防火玻璃是经过特殊工艺加工和处理，在标准耐火试验条件下能保持其完整性和隔热性的玻璃。防火时的作用主要是控制火势的蔓延或隔烟，是一种措施型的防火材料，其防火效果以耐火性能进行评价。

（1）分类

防火玻璃按结构分为复合防火玻璃（FFB）和单片防火玻璃（DFB）；按耐火性能分为隔热型防火玻璃（A类）和非隔热型防火玻璃（C类）；按耐火极限可分为0.50h、1.00h、1.50h、2.00h、3.00h共5个等级。

防火玻璃的原片玻璃可选用浮法平面玻璃、钢化玻璃，复合防火玻璃还可选用单片防火玻璃制造。

防火玻璃标记方式及示例：

防火玻璃的标记方式为：结构分类 – 公称厚度 – 耐火性能 耐火极限等级。示例：一块公称厚度为25mm、耐火性能为隔热类（A类）、耐火等级为1.50h的复合防火玻璃，其标记如下：FFB – 25 – A 1.50。

（2）特点

具有透光性和防火阻燃性、高耐热性良好，比重轻，透光率高，不发黄，无气泡等特点。性能好的防火玻璃，在1000℃以上的高温下仍有良好的防火阻燃性。

（3）注意事项

防火玻璃运用到幕墙与隔断设计中时要作为一个防火系统来考虑，其耐火性能等级必要时需通过检测试验来确定，需注意玻璃板块的尺寸与耐火性能等级的对应关系。

（4）应用

可用作高级宾馆、图书馆等公共建筑物及其他没有防火分区要求的民用建筑和公用建筑的防火门、防火窗和防火隔断等范围的理想防火材料。

7.3.2.2 钢化玻璃

按《建筑用安全玻璃 第2部分：钢化玻璃》（GB 15763.2—2005）规定，钢化玻璃是将普通玻璃通过物理或化学方法经热处理工艺之后的玻璃，在玻璃表面形成压应力层，机械强度和耐热冲击强度得到提高，并具有特殊的碎片状态。

（1）分类

钢化玻璃按生产工艺分为垂直法钢化玻璃和水平法钢化玻璃。垂直法钢化玻璃是在钢化过程中采取夹钳吊挂的方式生产出来的钢化玻璃，水平法钢化玻璃是在钢化过程中采取水平辊支撑的方式生产出来的钢化玻璃。按形状分为平面钢化玻璃和曲面钢化玻璃。

（2）特点

钢化玻璃抗折、耐热冲击强度高，弹性好，热稳定性好，具有安全性。

(3)注意事项

钢化玻璃不能切、磨边、钻孔;避免硬锐物体划伤或点冲击;选用时,不应有爆边、划伤、缺角、结石等缺陷。

(4)应用

应用于采光屋面、建筑的门窗、幕墙、隔墙、屏蔽及商店橱窗、桌面玻璃和全玻门等。大面积的玻璃幕墙应选用半钢化玻璃,避免受风荷载引起震动而自爆。

7.3.2.3 夹层玻璃

按《建筑用安全玻璃 第3部分:夹层玻璃》(GB 15763.3—2009)规定,夹层玻璃是玻璃与玻璃和(或)塑料等材料用中间层分隔并通过处理使其黏结为一体的复合材料的统称。常见和大多使用的是玻璃与玻璃用中间层分隔并通过处理使其黏结为一体的玻璃构件。中间层是介于两层玻璃和(或)塑料等材料之间起分隔和黏结作用的材料,使夹层玻璃具有诸如抗冲击、阳光控制、隔音等性能。

夹层玻璃由玻璃、塑料及中间层材料组合构成,所用材料均应满足相应的国家标准、行业标准、相关技术条件或订货文件要求。玻璃可选用浮法玻璃、压花玻璃、抛光夹丝玻璃、夹丝压花玻璃等,可以是无色、本体着色或镀膜,透明、半透明或不透明,退火、热增强或钢化,表面处理如酸腐蚀或喷砂等;塑料可选用聚碳酸酯、聚氨酯和聚丙烯酸酯等,可以是无色、着色或镀膜,透明或半透明;中间层可选用离子性中间层、PVB、EVA等,可以是无色、着色,透明、半透明或不透明。夹层玻璃采用胶片法或聚合法制成。

(1)分类

按形状分为平面夹层玻璃和曲面夹层玻璃;按霰弹袋冲击性能分为Ⅰ类夹层玻璃、Ⅱ-1类夹层玻璃、Ⅱ-2类夹层玻璃、Ⅲ类夹层玻璃。

(2)特点

安全性和防火性好,耐急冷急热性好,抗折强度高,抗开裂性好,还具有隔音、防紫外线、抗震、防台风、防盗、防弹等特点。

(3)注意事项

不能切割,需要定制。

(4)应用

应用于门窗和柜台隔断、采光屋面、玻璃幕墙、动物园的透明围栏、水族馆的水下观景窗等。

安全玻璃及其应用如图7-10所示。

7.3.3 特种玻璃(功能玻璃)

特种玻璃(功能玻璃)分为热吸热玻璃、镀膜玻璃、中空玻璃、智能玻璃、异形玻璃、泡沫玻璃,还有防紫外线玻璃、选择吸收玻璃、低辐射玻璃等。

防火玻璃　　　　　　　　钢化玻璃亭　　　　　　　桂林夹层玻璃桥

图 7-10　安全玻璃及其应用

7.3.3.1　吸热玻璃

吸热玻璃是指能大量吸收红外线辐射，又能使可见光透过并保持良好的透视性的玻璃。

（1）加工方法

①本体着色法　在玻璃原料中加入具有吸热特性的着色剂，使玻璃本身全部着色并具有吸热特性。

②表面喷涂法　是在普通玻璃的表面喷涂一层具有吸热性能的着色氧化物薄膜（氧化锡、氧化锑、氧化钴等）。

（2）特点

吸收太阳光中的红外光的辐射热；吸收太阳可见光能力强；能看清室外的景物；有效减轻紫外线对人体和室内物品的损坏；玻璃色泽经久不衰，能增加建筑物的美感。但温度不均匀，热应力较强。

（3）用途

用于炎热地区的建筑门窗、玻璃幕墙、车辆的挡风玻璃、博物馆、纪念馆等场所。

7.3.3.2　镀膜玻璃

镀膜玻璃又称反射玻璃，是通过物理或化学方法在玻璃表面涂覆一层或多层金属、金属化合物或非金属化合物的薄膜，以满足特定要求的玻璃制品。

（1）分类

镀膜玻璃分为阳光控制镀膜玻璃、低辐射镀膜玻璃等。阳光控制镀膜玻璃是通过膜层，改变其光学性能，对波长范围 300～2500nm 的太阳光具有选择性反射和吸收作用的镀膜玻璃；低辐射镀膜玻璃又称低辐射玻璃、Low-E 玻璃，是一种对波长范围 4.5～25μm 的远红外线有较高反射比的镀膜玻璃。

（2）特点

热反射性能较强；隔热性能良好；具有镜面效应与单向透视性；化学稳定性较高；耐

洗刷性较高；装饰性好。

(3)用途

应用最多的是热反射玻璃和低辐射玻璃。用于炎热地区建筑物的门窗（普通热反射玻璃、彩色热反射玻璃）和玻璃幕墙（半钢化热反射玻璃、热反射夹层玻璃、双导热反射中空玻璃）；需要私密隔离的建筑装饰部位，以及用作中空玻璃原片。但不适合用于寒冷地区。

7.3.3.3 中空玻璃（隔热玻璃）

中空玻璃由美国人于1865年发明，是由两片或多片玻璃以有效支撑均匀隔开并将周边黏结密封，使玻璃层间形成有干燥气体空间的制品。其主要材料是玻璃、暖边间隔条、弯角栓、丁基橡胶、聚硫胶、干燥剂。它是用两片（或多片）平板玻璃，使用高强度高气密性复合黏结剂，将玻璃片与内含干燥剂的铝合金框架黏结成四周密封，中间为干燥的空气层或真空，间距一般为8~35mm，制成的高效能隔音隔热玻璃。

(1)分类

中空玻璃分为浮法中空玻璃、钢化中空玻璃、镀膜中空玻璃和Low-E中空玻璃等。中空玻璃的型号表示方法为：玻璃厚度+中空间距与空气或真空的英文缩写+玻璃厚度组成。例如，5+9A+5双层中空，其中5代表玻璃5mm厚，9代表中空间距9mm，A为空气air的缩写，市场上还有5+15A+5、5+22A+5、5+27A+5、5+32A+5等型号，其质量应符合《中空玻璃》(GB 11944—2002)。

(2)特点

①可见光透过率为25%~50%；

②具有优良的绝热性能，比双混凝土墙和单层玻璃节能约2/3；

③有极好的隔声性，一般可使噪声下降30~40dB；

④具有品种繁多，色彩鲜艳，表面平整等优点，装饰效果好；

⑤具有防结露性，一般保证-40℃不结露，大幅度降低冷辐射，不能切割。

(3)用途

①透明中空玻璃、传统型Low-E中空玻璃适用于需采暖的寒冷地区；

②镀膜中空玻璃、遮阳型Low-E中空玻璃适用于需隔热的炎热地区，防止噪音和结露的建筑物，如住宅、公共场所及车船的门窗和玻璃幕墙。

7.3.3.4 智能玻璃

1992年美国研究出一种被称为"智能玻璃"的高技术型着色玻璃，这种玻璃是利用电致变色原理制成的。它在美国和德国一些城市的建筑装潢中很受青睐，智能玻璃的特点是，当太阳在中午，朝南方向的窗户随着阳光辐射量的增加，会自动变暗，与此同时，处在阴影下的其他朝向窗户开始明亮。装上智能窗户后，人们不必为遮挡骄阳配上暗色或装上机械遮光罩了。严冬，这种朝向北方的智能玻璃能为建筑物提供70%的太阳辐射量，获得漫射阳光所给予的温暖。同时，还可使装上变色玻璃的建筑物减少供暖和制冷需用能量的25%、照明的60%、峰期电力需要量的30%。

7.3.4 其他装饰玻璃

其他装饰玻璃包括玻璃空心砖、玻璃马赛克、热熔玻璃等。

7.3.4.1 玻璃空心砖

玻璃空心砖是由两块玻璃压铸成的凹形玻璃，经熔接或胶结成四周密闭的空心砖块。砖面可为光平，也可在内、外面压铸各种花纹，砖腔内可填充空气或玻璃棉等，有长方形、方形和圆形等。

（1）品种与规格

玻璃空心砖有边彩蓝、云雾、宝石纹、白色、海浪网和蓝色花格纹等品种；规格有190mm×190mm×80mm、190mm×190mm×95mm等。

（2）特点

①透光不透视，透光率为35%~60%；

②具有热控、光控、隔音、防火、采光性好、减少灰尘及结露和装饰性好等优点。

（3）用途

可用来砌筑透光的墙壁、隔墙、门厅、通道以及楼面等。

7.3.4.2 玻璃马赛克

玻璃马赛克是一种小规格的彩色饰面玻璃块，呈乳浊状半透明玻璃质材料。

（1）规格

20mm×20mm×4mm、30mm×30mm×5mm、40mm×40mm×6mm等。

（2）特点

①色彩绚丽多彩，典雅美观。

②表面光滑，质地坚硬，性能稳定。

③施工方便，减少了湿作业与材料堆放地。

④具有良好的热稳定性和化学稳定性。

⑤不吸水、不易沾污，天雨自涤，经久耐用、永不褪色。

（3）用途

用于建筑内外墙、柱面装饰，可镶拼成各种图案和色彩的壁画。

7.3.4.3 热熔玻璃

（1）加工方法

玻璃在高温下加热熔化，然后熔融成不同的图案或凹凸有致的形状。

(2)特点

吸音效果好，光彩夺目，格调高雅，艺术价值高。

(3)用途

代替花纹玻璃作为各种装饰。

其他装饰玻璃的具体应用如图 7-11 所示。

玻璃空心砖　　　　　玻璃马赛克　　　　　　热熔玻璃

图 7-11　其他装饰玻璃的应用

【技能训练】

技能 7-1　烧结与熔融制品的识别与应用

1. 目的要求

通过认识烧结与熔融制品，熟悉烧结砖、陶瓷和玻璃的种类、花色品种、技术性质、规格和质量等。

2. 材料与工具

(1)各种类别、规格、质量的烧结砖、陶瓷和玻璃。

(2)3m 卷尺或 1m 钢直尺，读数值为 0.1mm 的游标卡尺各 15 个(每组 1 个)。

3. 内容与方法

(1)烧结砖、陶瓷和玻璃分类(观察法)

各组将编号不同的烧结砖、陶瓷和玻璃放在一起，肉眼观察，根据所学的知识，将材料初步分类。

(2)烧结砖、陶瓷和玻璃的规格尺寸及外观质量

规格尺寸：用刻度值为 1mm 的钢直尺或卷尺测量板材的长度和宽度；用读数值为 0.1mm 的游标卡尺测量板材的厚度(图 7-12)。

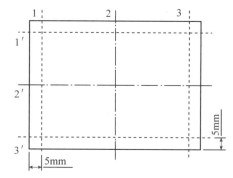

图 7-12　烧结砖、陶瓷规格尺寸测量位置

1,2,3—宽度测量线；1′,2′,3′—长度测量线

长度、宽度分别测量 3 条直线。用陶瓷砖厚度测量两条对角线最厚的点。分别用测量长、宽、

厚的平均值表示长度、宽度和厚度。

外观质量：

①花纹色调　将选定的材料样品板与被检板材同时平放在地上，距1.5m处目测。

②缺陷　对于平尺紧靠有缺陷的部分，用刻度值为1mm的钢直尺测量缺陷的长度、宽度，在距离1.5m处目测坑窝。

技术性质包括：烧结砖应符合《烧结普通砖》(GB 5101—2003)、《烧结多孔砖和多孔砌块》(GB 13544—2011)、《烧结空心砖和空心砌块》(GB/T 13545—2014)、陶瓷砖应符合《陶瓷砖》(GB/T 4100—2015)和玻璃应符合《平板玻璃》(GB 11614—2009)、《建筑用安全玻璃 第2部分：钢化玻璃》(GB 15763.2—2005)、《建筑用安全玻璃 第3部分：夹层玻璃》(GB 15763.3—2009)、《中空玻璃》(GB/T 11944—2012)标准。

4. 实训成果

填写表7-1。

表7-1　烧结和熔融制品识别报告表

序号	材料名称	材料大类	颜色	规格类型(mm)	用途
1	陶土砖	陶瓷	橘红色	240×120×40	人行道
2					
3					
4					
5					
6					
7					
8					
9					
10					
⋮					

【拓展知识】

干挂空心陶瓷板

干挂空心陶瓷板是以黏土和其他无机非金属原料经混炼、挤出成型和烧成等工序而制成，用作建筑装饰的空心板状陶瓷制品，采用金属配件将板材牢固悬挂在结构体上形成饰面。

干挂空心陶瓷板按吸水率(E)的大小可分为：①瓷质干挂空心陶瓷板，$E \leqslant 0.5\%$；②炻质类干挂空心陶瓷板，$0.5\% < E \leqslant 10\%$。按表面可分为无釉干挂空心陶瓷板和有釉干挂空心陶瓷板。其吸水率越低，表示内在稳定性越高，不会因吸水膨胀而变形，破坏强

度高，耐污性强，容易清洁。

干挂空心陶瓷板的有效宽度（W）不宜大于620mm，长度由供需双方商定，特殊形状或尺寸的干挂空心陶瓷板由供需双方商定。干挂空心陶瓷板如图7-13所示。

干挂空心陶瓷板实物

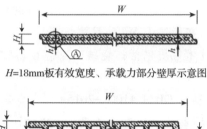

H=18mm板有效宽度、承载力部分壁厚示意图

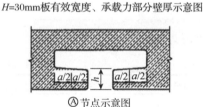

H=30mm板有效宽度、承载力部分壁厚示意图

有效宽度、承载力部分壁厚示意图

图7-13　干挂空心陶瓷板

H≤18mm的干挂空心陶瓷板，h≥5.5mm。18＜H≤30mm的干挂空心陶瓷板，h≥7.7mm。

质量应符合《干挂空心陶瓷板》（GB/T 27972—2011）的规定。

干挂空心陶瓷板与陶瓷板的比较见表7-2所列。

表7-2　干挂空心陶瓷板与陶瓷板的比较

序号	性能指标	干挂空心陶瓷板	陶瓷板
1	外形	空腔	实心
2	生产工艺	湿法挤出成型	干粉压制
3	表面效果	有质感，通体	光滑，表面颜色经过处理，非通体
4	耐久性	天然陶土经1200～1400℃高温烧制挤出而成，永不褪色变色	时间越长板材的表面色泽越不稳定，易褪色
5	安装方式	自带安装槽口，挂件安装，不打胶，开放式幕墙	人工开槽，背栓式安装，打胶，密闭式幕墙

干挂空心陶瓷板与传统的陶瓷板、石材、铝材和玻璃相比，既具有优良的物化性能，朴实自然的幕墙装饰效果，环保节能及减少噪音的功能，又具有生产原料储量丰富，制造工艺简单可靠，容易安装使用等优点。

【自主学习资源库】

1. 浅议清水砖的推广. 朱志国. 砖瓦世界, 2006(7): 9-11.
2. 新型建筑材料及应用. 林克辉. 华南理工大学出版社, 2006.
3. 新型生态环保陶瓷透水砖及其应用. 王立华. 中国科学院上海冶金研究所博士论文, 2000.
4. 建筑装饰材料(第二版). 向才旺. 中国建筑工业出版社, 2004.
5. 慧聪建筑陶瓷网: http://www.ceramic.hc360.com.
6. 中国玻璃网: http://www.glassw.com.

【自测题】

一、填空题(20分,每小题4分)

1. 根据陶瓷烧结程度可以分为陶质、(　　)和瓷质。
2. 烧结普通砖具有(　　)、(　　)、(　　)和(　　)等缺点。
3. 钢化玻璃具有(　　)、(　　)、(　　)和(　　)的特点。
4. 烧结空心砖的强度等级有(　　)、(　　)、(　　)和(　　)4级。
5. 园林中所用陶瓷制品有:(　　)、(　　)、泳池砖、(　　)、透水砖、劈裂砖、陶瓷锦砖、(　　)和景观陶器等。

二、单项选择题(10分,每小题2分)

1. 不宜用在室外建筑陶瓷制品有(　　)。
   A. 抛光砖　　　　B. 陶瓷地砖　　　C. 釉面砖　　　　D. 陶瓷锦砖
2. 青砖与红砖属于(　　)。
   A. 烧结煤矸石砖　B. 烧结黏土砖　　C. 烧结页岩砖　　D. 烧结粉煤灰砖
3. 镜面玻璃是指(　　)。
   A. 磨光玻璃　　　B. 净片玻璃　　　C. 单光玻璃　　　D. 磨砂玻璃
4. 毛玻璃是指(　　)。
   A. 磨砂玻璃　　　B. 冰花玻璃　　　C. 花纹玻璃　　　D. 普通玻璃
5. 以下哪种方法生产的玻璃不易变形,表面平整光滑,厚薄均匀?(　　)
   A. 垂直引上法　　B. 水平拉引法　　C. 压延法　　　　D. 浮法

三、多项选择题(20分,每小题5分)

1. 安全玻璃有(　　)。
   A. 夹丝玻璃　　　B. 夹层玻璃　　　C. 物理钢化玻璃　D. 净片玻璃
2. 利用煤矸石和粉煤灰等工业废渣烧砖,可以(　　)。
   A. 减少环境污染　　　　　　　　　B. 节约大片良田黏土

C. 节省大量燃料煤　　　　　　　　D. 大幅提高产量

3. 下列玻璃中哪些不能切割？(　　)
A. 压花玻璃　　B. 钢化玻璃　　C. 防弹玻璃　　D. 中空玻璃

4. 砖在砌筑之前必须浇水润湿的目的是(　　)。
A. 保证工程质量　　　　　　　　B. 提高砂浆的强度
C. 提高砂浆的黏结力　　　　　　D. 便于施工

四、判断题(10分，每小题2分)

1. 青砖与红砖属于烧结粉煤灰砖。　　　　　　　　　　　　　　(　　)
2. 釉面砖适用于喷泉、游泳池、酒吧、体育馆和公园等处装饰的建筑陶瓷制品。
　　　　　　　　　　　　　　　　　　　　　　　　　　　　　(　　)
3. 红砖在氧化气氛中烧得，青砖在还原气氛中烧得。　　　　　　(　　)
4. 大面积的玻璃幕墙的玻璃应选用半钢化玻璃，避免受风荷载引起震动而自爆。
　　　　　　　　　　　　　　　　　　　　　　　　　　　　　(　　)
5. 琉璃制品主要用于建筑屋面装修，古建筑的修复，纪念建筑及园林建筑中亭、台、楼、阁等。　　　　　　　　　　　　　　　　　　　　　　　　(　　)

五、问答题(40分，每小题8分)

1. 清水砖应用于园林景观建筑中有哪些优势？
2. 陶瓷透水砖应用在地坪的特点是什么？
3. 烧结多孔砖、烧结空心砖以及砌块与烧结普通砖相比，在园林景观建筑应用上有何优势？
4. 请写出下列符号表示什么材料，代表什么含义？

符号	C30	M7.5	MU15	S10	Q235-B
材料名称及含义		强度等级为7.5的砂浆，M为砂浆强度等级符号，7.5是砂浆的抗压强度为7.5MPa			

5. 建筑陶瓷按用途分为哪几种？各有何特点和用途？

单元 8

聚合物材料

【知识目标】

(1) 掌握建筑塑料、涂料和胶黏剂的种类和技术性质。

(2) 熟悉建筑塑料、油漆和胶黏剂的品种及其在园林工程中的应用。

【能力目标】

能合理使用塑料、胶黏剂和涂料油漆。

聚合物材料(也称高分子材料)是以高分子化合物为基体,添加助剂所构成的材料。聚合物材料根据性能和用途可分为塑料、橡胶、纤维、涂料和胶黏剂等。用于房屋建筑、装修、装饰及景观工程的聚合物材料中,塑料用量最大,发展也较快;橡胶除用作密封材料、防水材料外,还可制成各种胶管和胶板等;纤维用作土工材料、玻璃钢等原材料;涂料的使用范围则遍及所有装修、装饰场合;胶黏剂主要用于木材加工、混凝土施工和材料之间的黏接。

8.1 建筑塑料

塑料是指以合成树脂或天然树脂为主要原料,加入适量的填料和添加剂,在一定温度和压力下经混炼、塑化、成型,且在常温下能保持成品形状不变的弹性材料。是一种具有广泛发展前景的新型装饰材料。目前大部分都采用高分子合成树脂为基料。

常用的建筑塑料按受热时塑料所发生的变化不同可分为热塑性塑料[如聚乙烯(PE)塑料、聚氯乙烯(PVC)塑料、聚丙烯(PP)塑料、ABS树脂塑料]和热固性塑料[如环氧树脂(EP)塑料、聚氨酯树脂(PU)塑料、不饱和聚酯树脂(UP)塑料]两大类。热塑性塑料加热时具有一定的流动性,可加工成各种形状,包括全部聚合物塑料、部分缩聚物塑料。热固性塑料加热后会发生化学反应,质地坚硬失去可塑性,包括大部分缩聚物塑料。按树脂的合成方法可分为聚合物塑料(如聚苯乙烯塑料、聚乙烯塑料、聚甲基丙烯酸甲酯塑料等都具有热塑性)和缩聚物塑料(如有机硅塑料、酚醛塑料和树脂塑料等)。

8.1.1 基本组成

塑料的主要成分是合成树脂。根据树脂与制品的不同性质,要求加入不同的添加剂,如稳定剂、增塑剂、增强剂、填料、着色剂、固化剂等。

(1)合成树脂

合成树脂是人工合成的一类高分子量聚合物,是塑料的基本组成材料,在塑料中起着黏结作用。塑料的性质主要取决于合成树脂的种类、性质和数量。

根据工程性能,合成树脂可分为热塑性树脂和热固性树脂。热塑性树脂有聚乙烯、聚丙烯、聚氯乙烯、聚苯乙烯等,属线性结构的高分子聚合物,可以快速成型,并可重复成型。热固性树脂属立体型结构的高分子聚合物,热固性树脂有苯酚—甲醛树脂(俗称酚醛树脂)、脲—甲醛树脂(俗称脲醛树脂)、三聚氰胺甲醛树脂(俗称密胺树脂)、环氧树脂、不饱和聚酯树脂、聚氨酯等,属立体型结构的高分子聚合物,不能重复成型。

(2)填料

填料也称填充剂,是用以改善塑料的某些物理性能,如导热性、膨胀性、耐热性、硬度、收缩性、尺寸稳定性等；或改善材料的某些力学性能，如强度；或降低材料的成本。

（3）增塑剂

增塑剂是用以改善塑料塑性，增强成型加工时的流动性，降低塑料制品的硬度和脆性，使塑料具有较好的韧性、塑性和柔顺性，改善材料耐寒性，以利于塑料加工的一种助剂。

（4）增强剂

增强剂用以提高塑料力学性能，即提高材料的强度和刚度；增大材料的承载能力，并改善材料的其他物理性能，如提高耐热性、减小收缩，改善尺寸稳定性，改变导热性和热膨胀性等的一种助剂。

（5）固化剂

固化剂又称硬化剂，其主要作用是使树脂分子链间产生交联反应，形成三维网状或立体结构大分子，是使树脂具有热固性的一种助剂。

（6）着色剂

着色剂加入到塑料配料中，使塑料制品具有各种颜色，改善塑料制品的装饰性。常用的着色剂一般为有机染料和无机染料。

（7）润滑剂

润滑剂的作用是在塑料加工时容易脱模和保证塑料制品表面光滑。润滑剂分内润滑剂和外润滑剂两种。内润滑剂溶于塑料内，作用是使塑料的融熔黏度降低，减小塑料加工时的内摩擦，提高其流动性；外润滑剂使塑料在加工过程中从内部被析出至表面，形成一层薄薄的润滑膜，可减小塑料融熔物与模具之间的摩擦和黏附，保证成型顺利。生产塑料常用的润滑剂有盐类和高级脂肪酸，如硬脂酸镁和硬脂酸钙等。

（8）稳定剂

为了保证塑料制品的质量稳定，延长其使用寿命，一般生产塑料产品都要加入适量的稳定剂，常用的稳定剂有硬脂酸盐、环氧化物和铅白等。选用稳定剂时要充分考虑到合成树脂的性质、加工条件和制品的用途等因素。

（9）其他添加剂

如阻燃剂、抗静电剂、防霉剂等。

8.1.2 主要性质

塑料与金属材料、混凝土制品等相比有以下特点：

（1）质轻，比强度大

塑料的密度为 $0.8 \sim 2.2 \text{g/cm}^3$，约为钢材的1/4、混凝土的1/3，铝的1/2，不仅可以减轻建筑物的自重，同时还可以减轻操作者的劳动强度。比强度大于混凝土、水泥，接近或超过钢材。

(2)加工性能好

塑料可采用多种加工工艺制成各种形状、薄厚的塑料制品,如薄膜、板材、型材、管材等,尤其是易加工成断面较复杂的异形板材和管材。有利于机械化规模生产。

(3)装饰性能优异

通过现代先进的加工技术(如着色、印刷、压花、电镀等)可制成各种具有优异装饰性能的塑料制品,其纹理和质感可模仿天然材料(如大理石、木纹等),画面、图案非常逼真,能满足装饰设计人员丰富的想象力和创造性。在塑料制品表面压花可显示出立体感,增加了环境的变化。对塑料制品进行电镀和烫金等装饰处理,更能营造出高雅豪华的氛围。

(4)绝缘性能好

塑料具有对热、电、声等良好的绝缘性。塑料的导热系数小,特别是泡沫塑料的导热性更小,是非常理想的保温隔热和吸声材料。塑料具有良好的电绝缘性能,是性能优良的绝缘材料。

(5)耐腐蚀性能优良

一般塑料对酸、碱、盐、有机溶剂等化学药品均具有良好的抗腐蚀能力,但热塑性塑料可被某些有机溶剂所溶解,热固性塑料则不能被溶解,仅可能会出现一定的溶胀。一般适用于化工建筑的特殊需要。

(6)节能效果显著

建筑塑料在生产和使用两方面均显示出其明显的节能效益,如生产聚氯乙烯(PVC)的能耗仅为钢材的1/4、铝材的1/8,采暖专区采用塑料窗代替普通钢窗,可减少采暖能耗30%~40%。

塑料还具有减振、吸声、耐光等优点。

塑料虽然有很多优点,也存在弹性模量小、刚度小、变形大,易老化、易燃、耐热性差、刚性差等缺点,但这些缺点可以在制造和应用中,采取相应的技术措施加以改进。总之,建筑塑料在使用时应扬长避短,充分发挥其优越性。

8.1.3　常用的建筑塑料制品

塑料可制成塑料门窗、塑料装饰板、塑料地板;塑料管材、卫生设备以及绝热、隔音材料,如聚苯乙烯泡沫塑料等;涂料,如过氯乙烯溶液涂料、增强涂料等;也可作为防水材料,如塑料防潮膜、嵌缝材料和止水带等;还可制成黏合剂、绝缘材料用于园林建筑工程。

8.1.3.1　塑料管材

塑料管材是指采用以塑料为原料,经挤出、注塑、焊接等工艺成型的管材和管件。以塑料代替铸铁是国际上管道发展的方向,塑料管材已成为整个管道业中不可缺少的组成部分。塑料管材包括塑料给排水管、电线导管、冷热水管、燃气管等。

（1）特点

①重量轻　塑料管材的相对密度只有铸铁的1/7，安装维修方便，管道的施工工效可提高50%～60%，劳动强度大为降低。

②耐腐蚀性能好　塑料管不生锈、不结垢，且具有良好的耐酸、碱、盐等化学腐蚀性能；在耐油方面也超过碳素钢，适合输送具有腐蚀性的液体和气体，可减少维修费用，延长使用寿命。

③输送效率高　塑料管道的管壁光滑，流体流动阻力小，在同样的条件下，输送水的能耗是铸铁管道的50%。

（2）常用类型

塑料管材常用类型有硬质聚氯乙烯（UPVC）管、聚乙烯（PE）管、三型聚丙烯（PP–R）管、交联聚乙烯（PEX）管材、铝塑复合（PAP）管等。

①硬质聚氯乙烯（UPVC）管　具有较高的抗冲击性能和耐化学性能。主要用于城市供水、城市排水，建筑给水和建筑排水管道等（图8-1）。

管件

硬质PVC波纹管

硬质PVC排水管

图8-1　硬质聚氯乙烯管

②聚乙烯（PE）管　分为高密度聚乙烯管（HDPE）、中密度聚乙烯管（MDPE）和低密度聚乙烯管（LDPE）。HDPE管和MDPE管主要用作城市燃气管道。

③三型聚丙烯管（PP–R）　具有较好抗冲击性能（5MPa）、耐高温（95℃）和抗蠕变性能。主要用于建筑室内冷热水供应和地面辐射采暖等。

④交联聚乙烯（PEX）管材　是将聚乙烯加入交联剂硅烷改性，分子呈三维网络结构。具有耐热（–70～110℃）、耐压（6MPa）、耐化学腐蚀、绝缘性好（击穿电压60kV）、使用寿命长（50年）、不抗紫外线等性能。主要用于建筑室内冷热水供应和地面辐射采暖、中央空调管道系统、太阳能热水器配管等（图8-2）。

⑤铝塑复合（PAP）管　用铝合金层增加管道耐压和抗拉强度，使管道容易弯曲而不反弹（图8-3）。外塑料层（MDPE或PEX）可保护管道不受外界腐蚀。内塑料层采用MDPE时可作饮水管，无毒、无味、无污染，符合国家饮用水标准。内塑料层采用PEX则可耐高温耐高压，适用于采暖及高压用管。

 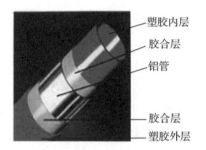

图 8-2　交联聚乙烯管材　　　　图 8-3　铝塑复合管

表 8-1　塑料管种类与应用范围

种类	用途	市政给水	市政排水	建筑给水	建筑排水	室外燃气	热水采暖	雨水管	穿线管	排污管
PVC	UPVC	√	√	√	√	—	—	√	—	—
PVC	CPVC	√	—	√	—	—	√	—	—	√
PE	HDPE	√	—	—	—	√	—	—	—	—
PE	MDPE	—	—	√	—	√	—	—	—	—
PE	LDPE	—	—	—	—	—	—	—	√	—
PEX		—	—	√	—	—	√	—	√	√
PP－R		—	—	—	—	—	√	—	√	√
PB		—	—	—	√	—	—	√	—	√
ABS		—	—	√	—	—	√	—	—	—
PAP		—	—	√	—	√	√	—	√	√

塑料管种类与应用范围见表 8-1 所列。

8.1.3.2　塑钢门窗

塑钢门窗是以聚氯乙烯(PVC)树脂为主要原料，加工成型材，型材的空腔里添加钢衬(加强筋)制作而成的(图 8-4)。

图 8-4　塑钢门窗

8.1.3.3 塑料栏杆

PVC护栏有硬如钢、轻似木、抗老化、防腐蚀等性能，造型风格多样，色彩丰富，安装快捷简便，美观、实用，使用寿命达30年。广泛应用于园林、广场、企事业单位、河道、交通道路、小区、别墅、建筑装饰等处的绿化、美化工程（图8-5）。

图8-5 塑料栏杆

8.1.3.4 玻璃钢制品

玻璃钢学名玻璃纤维增强塑料，它是以玻璃纤维及其制品（玻璃布、带、毡、纱等）作为增强材料，以合成树脂（不饱和聚酯、环氧树脂与酚醛树脂）作基体材料制作的一种复合材料。质轻而硬，不导电，机械强度高，回收利用少，耐腐蚀，工艺性优良，设计性好。可制作花盆、标示牌、树箅子、雕塑、指示牌、灯具、仿生树、花盆、仿真树、花瓶、水景雕塑、假山雕塑等（图8-6）。

玻璃钢假山雕塑　　　　玻璃钢水景雕塑　　　　玻璃钢花盆

图8-6 玻璃钢制品

8.1.3.5 塑料花盆、草坪保护垫

塑料花盆能美化环境、营造温馨的艺术氛围，适用于各种室内外环境，如居室、阳台、街道、花园、体育场馆、剧场影院、星级饭店、园林等场所的立体绿化。

草坪保护垫又称植草格，是由HDPE材料制成，环保无毒、耐压、抗紫外线，植草功能强，减少尘土飞扬等。可用于绿色草坪的停车场、绿色草坪的消防通道、绿色草坪登高面、屋顶花园、公园草坪等，绿化率可高达95%~100%，适宜大面积铺装（图8-7）。

图 8-7 塑料花盆、草坪保护垫

8.1.3.6 木塑复合材料

木塑复合材料(wood-plastic composites，WPC)是一种由木材或纤维素为基础材料与塑料制成的复合材料，即利用聚乙烯、聚丙烯和聚氯乙烯等代替树脂胶黏剂与超过50%以上的木粉、稻壳、秸秆等植物纤维混合成新的木质材料，再经挤压、模压、热压、注射成型等加工工艺生产出的板材或型材。

木塑复合材料具有密度高，硬度大，防水防火性能好，抗酸抗碱抗生物腐蚀、吸音效果好，节能性能好，具有加工性能、强度性能良好，能变废为宝，原料来源广泛和使用寿命长等优点。

木塑复合材料在一定程度上可替代传统木材，可用于墙裙、踢脚线、窗台、门、楼板、连廊、隔断、顶棚、护栏、包边、栅栏、栈桥、淋浴房、门窗套、休息亭、车库、地板、家具饰件、水上栈道、露天座椅、楼梯踏步、露天平台、集装箱铺板、运动场座椅、轻轨隔音墙、多功能墙隔板、高速公路隔音墙等，并开始渗入建筑、家装、物流、包装、园林、市政、环保等行业，在园林建筑行业尤为兴盛(图8-8)。

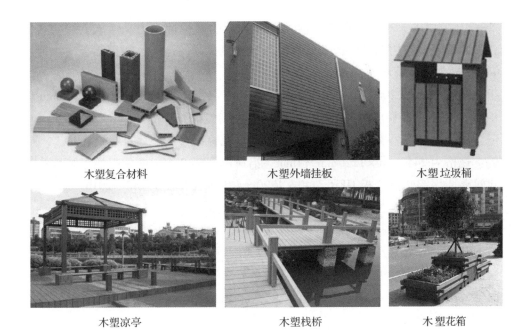

图 8-8 木塑复合材料及其应用

8.1.3.7 铝塑复合板

铝塑复合板简称铝塑板,是指以塑料为芯层,两面为铝材的三层复合板材,并在产品表面覆以装饰性和保护性的涂层或薄膜(若无特别注明则通称为涂层)作为产品的装饰面。

(1)性质与用途

铝塑复合板的特性:①耐候性佳,强度高,易保养;②施工便捷,工期短;③加工性、断热性、隔音性优良防火性能绝佳;④可塑性好,耐撞击,可减轻建筑物的负荷,防震性佳;⑤平整性好,质轻而坚韧;⑥可供选择的颜色多;⑦加工机具简单,可现场加工,能缩短工期、降低成本。

铝塑复合板的用途:外墙幕墙墙板、天花板、室内隔间、标识板、广告招牌和展示台架等。

(2)分类

铝塑复合板是一种新型材料,通常按用途分为建筑幕墙用铝塑复合板和普通装饰用铝塑复合板。

①建筑幕墙用铝塑复合板 根据《建筑幕墙用铝塑复合板》(GB/T 17748—2016)要求,建筑幕墙用铝塑复合板是采用经阻燃处理的塑料为芯材,并用作建筑幕墙材料的铝塑复合板,简称幕墙板。

按燃烧性能分为阻燃型(代号 FR)和高阻燃型(代号 HFR)两种。

幕墙板所用铝材为符合《一般工业用铝及铝合金板、带材 第 2 部分:力学性能》(GB/

T 3880.2—2012）要求 3×××系列、5×××系列或耐腐蚀性及力学性能更好的其他系列铝合金，表面选用氟碳树脂涂层或其他性能相当或更优异的涂层，所用铝板平均厚度不小于 0.50mm，最小厚度不小于 0.48mm。

常用规格尺寸：长 2000、2440、3000、3200mm 等，宽 1220、1250、1500mm 等，最小厚度 4mm；幕墙板的长度和宽度也可由供需双方商定。

标记：按产品名称、类型、规格、铝材厚度以及标准号的顺序进行标记。

示例：规格为 2440mm×1220mm×4mm、铝材厚度为 0.50mm 的阻燃型幕墙板，其标记为：建筑幕墙用铝塑复合板 HFR 2440×1220×4 0.50 GB/T 17748—2016。

②普通装饰用铝塑复合板　普通装饰用铝塑复合板是以普通塑料或经阻燃处理的塑料为芯材，用于室内和室外非建筑幕墙用铝塑复合板，简称装饰板。

按表面装饰效果分为：

①涂层装饰铝塑复合板　在铝板表面涂覆各种装饰性涂层，普遍采用氟碳树脂、聚酯树脂、丙烯酸树脂涂层，主要包括金属色、素色、珠光色、荧光色等颜色，具有装饰性作用，是市面最常见的品种。

②氧化着色铝塑复合板　采用阳极氧化及时处理铝合金面板，拥有玫瑰红、古铜色等别致的颜色，起特殊装饰效果。

③贴膜装饰复合板　彩纹膜按设定的工艺条件，将彩纹膜黏合在涂有底漆的铝板或直接贴在经脱脂处理的铝板上，主要有石纹和木纹等。

④彩色印花铝塑复合板　将不同的图案通过计算机照排印刷技术，将彩色油墨在转印纸上印刷出各种仿天然花纹，然后通过热转印技术间接在铝塑板上复制出各种仿天然花纹。可以满足设计师的创意和业主的个性化选择。

⑤拉丝铝塑复合板　采用表面经拉丝处理的铝合金面板，常见的是金拉丝和银拉丝产品，给人带来不同的视觉享受。

⑥镜面铝塑复合板　铝合金面板表面经磨光处理，宛如镜面。

按使用部位分为：

①室外装饰与广告用铝塑复合板　铝板采用厚度不小于 0.20mm，厚度偏差不大于 0.02mm 的防锈铝，总厚度不小于 4mm，表面选用氟碳树脂或聚酯树脂涂层。

②室内用铝塑复合板　采用厚度为 0.20mm，厚度偏差不大于 0.02mm 铝板，总厚度一般为 3mm，表面选用聚酯树脂或丙烯酸树脂涂层。

《普通装饰用铝塑复合板》（GB/T 22412—2016）要求，按燃烧性能分为普通型（代号 G）、阻燃型（代号 FR）和高阻燃型（代号 HFR）3 种。

按装饰面层材质分为氟碳树脂涂层型（代号 FC）、聚酯树脂涂层型（代号 PE）、丙烯酸树脂涂层型（代号 AC）和覆膜型（代号 F）4 种。

常用规格尺寸：长 2000、2440、3200mm 等，宽 1220、1250mm 等，厚 3、4mm；其他

规格可由供需双方商定。

标记：按产品名称、燃烧性能、装饰面层材质、规格及标准编号顺序进行标记。

示例：规格为2440mm×1220mm×4mm、装饰面层为氟碳树脂涂层的普通型装饰板，其标记为：普通装饰用铝塑复合板 G PE 2440×1220×4 GB/T 22412—2016。

8.2 涂 料

涂料是指涂敷于物体表面，在一定的条件下能与物体黏结牢固并形成完整而坚韧的薄膜，对物体起保护、装饰或其他特殊功能（绝缘、防锈、防霉、耐热等）的一类液体或固体材料。

涂料属于有机化工高分子材料，所形成的涂膜属于高分子化合物。涂料具有保护、装饰、掩饰产品的缺陷和其他特殊功能作用，并能提升产品的价值等。

8.2.1 组成

涂料一般由4种基本成分，即成膜物质（树脂、乳液）、颜料、助剂和稀释剂4种基本成分组成。

（1）成膜物质

成膜物质是涂膜的主要成分，包括油脂、油脂加工产品、纤维素衍生物、天然树脂、合成树脂和合成乳液，部分不挥发的活性稀释剂。它是使涂料牢固附着于物体表面上形成连续薄膜的主要物质，是构成涂料的基础，决定着涂料的基本特性。

（2）颜料

颜料有两种，一种为着色颜料，常见的有钛白粉、铬黄、红丹、甲苯胺红等，另一种为体质颜料（也称填料），如碳酸钙、滑石粉煅烧高岭土和硫酸钡等。

（3）助剂

助剂有增韧剂、催干剂、固化剂、稳定剂、消泡剂、流平剂等，一般不能成膜且添加量少，是改善涂料某些性能的重要物质。

（4）稀释剂

稀释剂又称溶剂，是一种既能溶解油料、树脂，又易于挥发，能使树脂成膜的有机物质。溶剂有矿物油、煤油、汽油、苯、甲苯、二甲苯、乙醇、丙酮等物质。溶剂的主要作用是使成膜基料分散而形成黏稠液体，有助于施工和改善涂膜的某些性能。

8.2.2 种类

根据涂料使用的主要成膜物质可分为油性涂料、纤维涂料、合成涂料和无机涂料。按基料的种类可分为有机涂料、无机涂料、有机—无机复合涂料。有机涂料由于其使用的溶剂不同，又分为有机溶剂型涂料和有机水性（包括水乳型和水溶型）涂料两类。无机涂料指的是用无机高分子材料为基料所生产的涂料，包括水溶性硅酸盐系、硅溶胶系、有机硅及无机聚合物系。有机—无机复合涂料有两种复合形式，一种是涂料在生产时采用有机材料和无机材料共同作为基料，形成复合涂料；另一种是有机涂料和无机涂料在装饰施工时相互结合。按用途可分为建筑涂料、木器涂料、桥梁涂料、塑料涂料、纸张涂料、船舶涂料、管道涂料、钢结构涂料、橡胶涂料和航空涂料等。

8.2.2.1 建筑涂料

涂覆于建筑物表面、装饰建筑物或保护建筑物的涂料，统称为建筑涂料。

建筑涂料按使用位置可分为外墙涂料、内墙及顶棚涂料、地面涂料和屋面防水涂料等；按涂膜厚度及形状可分为薄质涂料、厚质涂料、砂粒状涂料和凹凸花纹涂料等；按组成物质可分为有机涂料、无机涂料和复合涂料；按所用的溶剂可分为溶剂型涂料和水性涂料。

（1）内墙和顶棚涂料

聚乙烯醇缩甲醛内墙涂料（803胶），色彩多样，装饰效果良好，还具有耐水、耐洗刷等特点；内墙乳胶漆，适用于混凝土、砂浆和木材表面的喷涂；多彩涂料，主要成分为水溶性乳胶和人造纤维，分为底涂料、中涂料、面涂料。涂层色泽优雅，富有立体感，装饰效果好，耐久性好等。主要适用于建筑物内墙、顶棚水泥混凝土、砂浆、石膏板等表面的喷涂。

（2）外墙涂料

外墙涂料的主要功能是装饰和保护建筑物的外墙面，使建筑物外观整洁美观；同时，能够起到保护建筑物外墙的作用，延长其使用寿命。

①特点

装饰性良好 要求外墙涂料色彩丰富多样，保色性良好，能较长时间保持良好的装饰性能。

耐水性良好 外墙面暴露在大气中，要经常受到雨水的冲刷，因而作为外墙涂层应有很好的耐水性能。

耐沾污性好 大气中的灰尘或其他物质沾污涂层以后，涂层会失去其装饰效能，因而要求外墙装饰涂层不易被这些物质沾污或沾污后容易清除。

耐候性好 暴露在大气中的涂层，要经受日光、雨水、风沙、冷热变化等作用，在这类自然力的反复作用下，涂层通常会发生开裂、剥落、脱粉、变色等现象，这样涂层就会失去原来的装饰与保护功能，因此，作为外墙装饰的涂层要求在规定的年限内不发生上述破坏现象。

施工及维修容易 建筑物外墙面积很大，要求外墙涂料施工操作简便，同时，为了始终保持涂层良好的装饰效果，要经常进行清理、重涂等维修施工，要求重涂施工比较容易。

价格合理

② 种类

合成树脂乳液外墙涂料(外墙乳胶漆) 是指根据《合成树脂乳液外墙涂料》(GB/T 9755—2001)规定,适用于以合成树脂乳液为基料,与颜料、填料及各种助剂配制而成,施涂后能形成表面平整的薄质涂层的外墙涂料。这类涂料以水为溶剂,不燃,安全无毒,对环境无污染,主要有苯乙烯—丙烯酸酯乳胶涂料。适用于建筑物和构筑物等外表面的装饰和防护。

合成树脂乳液砂壁状建筑涂料 是指根据《合成树脂乳液砂壁状建筑涂料》(JG/T 24—2000)规定,适用于以合成树脂乳液为主要黏结料,以沙砾石材微粒和石粉为骨料,在建筑物表面形成具有石材质感饰面涂层的合成树脂乳液砂壁状建筑涂料。一般分为两大类,一类以白色骨料为主,加入彩色颜料,显示涂料色彩的称为 A 型合成树脂乳液砂壁状涂料,其品种有珍珠岩顶棚涂料、弹性橡胶粒内墙涂料、云母粉外墙涂料、混砂型内墙涂料等;另一类只有天然颜色骨料或人工着色骨料,显示涂料色彩的称为 B 型合成树脂乳液砂壁状涂料,其品种有彩砂涂料、粒状薄抹涂料、仿石涂料(包括石艺漆或真石漆)等几种。

由于主要成膜物质为高分子树脂乳液,涂膜柔性较好、耐水、耐碱、耐老化性、耐褪色性良好,可以在较潮湿基层上使用,涂膜坚实性好,粗骨料不易脱落。喷涂或抹涂施工、工效高、速度快。

复层建筑涂料 是指根据《复层建筑涂料》(GB/T 9779—2015)规定,由底漆、中层漆和面漆组成的具有多种装饰效果的质感涂料。按主涂层所用黏结剂不同,可分为四大类,即聚合物水泥类(代号 CE)、硅酸盐类(代号 Si)、合成树脂乳液类(代号 E)、反应固化型合成树脂乳液类(代号 RE)。

聚合物水泥类复层涂料是以聚合物和白色硅酸盐水泥(也可以是其他品种的水泥)复合而成的。成本低,但装饰效果不够理想,属于复层涂料中的低档类型。

硅酸盐类复层涂料以硅溶胶作为主要基料,复合少量的聚合物树脂制成。具有耐老化性好、黏结力强、成膜温度较低等特点,但装饰效果不太好。

合成树脂乳液类复层涂料是以苯丙乳液和纯丙乳液为主要基料配制而成的。其装饰效果好。

反应固化型合成树脂乳液类复层涂料是以双组分的环氧树脂乳液等为主要基料配制而成的。其特点是黏结强度高,耐水性好,耐污染性优良。

(3) 地面涂料

① 聚氨酯厚质弹性地面涂料 以聚氨酯为基料的双组分溶剂涂料。整体性好、色彩多样、装饰性好,有良好的耐油性、耐水性、耐酸碱性和优良的耐磨性,弹性好,脚感舒适。但价格高,原材料有毒。适用于水泥砂浆和水泥混凝土的地面。

② 环氧树脂厚质地面涂料 以环氧树脂为基料的双组分溶剂型涂料。具有良好的耐化

学腐蚀性、耐油性、耐水性和耐久性,黏结力强、坚硬、耐磨,有一定的韧性,色彩多样,装饰性好。但价格高,原材料有毒。适用于水泥砂浆和水泥混凝土的地面,也可用于木质地板,主要用于高级住宅、手术室、实验室、公用建筑、工业厂房、车间等地面装饰、防腐、防水等。

8.2.2.2 油漆

油漆是一种能牢固覆盖在物体表面,起保护、装饰、标志和其他特殊用途的化学混合物涂料。油漆为黏稠油性颜料,未干情况下易燃,不溶于水,微溶于脂肪,可溶于醇、醛、醚、苯、烷,易溶于汽油、煤油、柴油。

油漆不论品种或形态如何,都是由成膜物质、次要成膜物质和辅助成膜物质3种基本物质组成的。

(1) 基本物质

①成膜物质　成膜物质也称黏结剂,大部分为有机高分子化合物,如天然树脂(松香、大漆)、涂料(桐油、亚麻油、豆油、鱼油等)、合成树脂等混合配料,经过高温反应而成,也有无机物组合的油漆(如无机富锌漆)。它是构成油漆的主体,决定着漆膜的性能。如果没有成膜物质,单纯颜料和辅助材料不能形成漆膜。

②次要成膜物质　包括各种颜料、体质颜料、防锈颜料。颜料为漆膜提供色彩和遮盖力,提高油漆的保护性能和装饰效果。耐候性好的颜料可提高油漆的使用寿命。体质颜料可以增加漆膜的厚度,利用其本身"片状,针状"结构的性能,通过颜料的堆积叠复,形成鱼鳞状的漆膜,提高漆膜的使用寿命,提高防水性和防锈效果。防锈颜料通过其本身物理和化学防锈作用,防止物体表面被大气、化学物质腐蚀,防止金属表面被锈蚀。

③辅助成膜物质　包括各种助剂、溶剂,各种助剂在油漆的生产过程、贮存过程、使用过程以及漆膜的形成过程起到非常重要的作用,虽然使用的量都很少,但对漆膜的性能影响极大,甚至不形成漆膜(如不干、沉底结块、结皮)。

水性漆需要助剂才能够满足生产、施工、贮存和形成漆膜。溶剂也称"分散介质",包括各种有机溶剂、水,主要由稀释成膜物质而形成黏稠液体,以便于生产和施工。一般将成膜基料和分散介质的混合物称为漆料。

(2) 功能

油漆具有保护功能、装饰功能和其他功能。

①保护功能　油漆防腐、防水、防油、耐化学品、耐光、耐温等,在物件表面涂以涂料,形成一层保护膜,能使各种材料的使用寿命延长。

②装饰功能　油漆具有颜色、光泽、图案和平整性等,不同材质的物件涂上涂料,可得到五光十色、绚丽多彩的外观,起到美化生活环境的作用。

③其他功能　油漆具有防霉、杀菌、抗静电作用等。随着国民经济的发展和科学技术的进步,油漆将在更多方面提供和发挥各种新的特种功能。

(3) 种类

① 清漆　属于一种树脂漆，将树脂溶于溶剂中，加入适量的催干剂而成。一般不加颜料，涂刷于材料表面。溶剂挥发后干结成光亮的透明薄膜，能显示出材料表面原有的花纹。清漆易干、漆膜硬、光泽好、抗水性好、耐用，并能耐酸、耐油，可刷、可喷、可烤。主要用于木质表面或色漆外层罩面。

② 天然漆　又称大漆，有生漆与熟漆之分。天然漆是将从漆树上取得的液汁，经部分脱水并过滤而得的棕黄色黏稠液体。天然漆的优点是漆膜坚硬、富有光泽、耐久、耐磨、耐油、耐水、耐腐蚀、绝缘、耐热（不高于250℃），与基底材料表面结合力强；缺点是黏度高而不易施工（尤其是生漆）、漆膜色深、性脆、不耐阳光直射、抗强氧化和抗碱性差、生漆有毒。生漆不需要催干剂可直接作为涂料使用，但漆膜粗糙。生漆经加工即成熟漆，或改性后制成各种精制漆。熟漆适于在潮湿环境中使用，所形成的漆膜光泽好、坚韧、稳定性高、耐酸性强，但干燥较慢，甚至需要2～3周。精制漆有广漆和推光漆等品种，具有漆膜坚韧、耐水、耐久、耐热、耐腐蚀等良好性能，光泽动人、装饰性强，适用于木器家具，工艺美术及某些建筑部件等。

③ 调和漆　是在熟干性油中加入颜料、溶剂、催干剂等调和而成，是一种最常用的油漆。调和漆质地均匀、较软、稀稠适度、漆膜耐腐蚀、耐晒、经久不裂、遮盖量大、耐久性好、施工方便，适用于室内外钢铁、木材等材料表面涂刷，常用的调和漆有油性调和漆、磁性调和漆等品种。基料中没有树脂的称为油性调和漆，其漆膜柔韧，容易涂刷，耐候性好，但光泽和硬度较差。含有树脂的称为磁性调和漆，其光泽好，但耐久性较差。磁性调和漆中醇酸调和漆属于较高级产品，适用于室外；酚醛、脂胶调和漆可用于室内外。调和漆按漆面还分为有光、半光和无光3种，常用的为有光调和漆，可洗刷；半光和无光调和漆，光线柔和，可轻度洗刷，建筑上主要用于木门窗或室内墙面。

④ 磁漆（瓷漆）　是在清漆的基础上加入无机颜料而制成的，因其漆膜光亮、坚硬耐磨、美观，酷似瓷器而得名。磁漆色泽丰富、附着力强，适用于室内装修和家具，也可用作室外的钢铁和木材表面。常用的有醇酸磁漆、酚醛磁漆、聚氨酯色漆和硝基磁漆等多个品种。

⑤ 防锈漆　是用精炼亚麻仁油、桐油等优质干性油做成膜剂，以红丹、锌铬黄、铁红、铝粉等作防锈颜料配制而成的具有防锈作用的底漆。用于打底的底漆，再用面漆罩面，对钢铁及其他材料能起到较好的防锈、防腐等保护作用。主要用于钢铁材料的底涂涂料。

⑥ 户外油漆　户外木材保护油漆主要有木器用熟干性油、水封漆、木器漆等（图8-9）。户外油漆环保、渗透力强，为木材提供超强保护，突显木材纹理，长久保持自然本色，同时还具有防腐、防开裂、防霉、防紫外线作用，使用方便，持久耐用。主要用于实木房屋——木墙、木窗、木门、房顶木瓦片等；家居系列——花园家具、木篱笆、花园地板、室内外天花板、木线条、浴室家具；园林景观——木桥、凉亭、木践道、木雕塑等。

　　　水封漆表面　　　　　　　　木器漆表面

图 8-9　水封漆表面、木器漆表面

8.2.3　涂料的选用原则

建筑装饰中涂料的选用原则是：好的装饰效果、合理的耐久性和经济性。建筑物的装饰效果主要通过质感、线型和色彩三方面取得。具体到某一建筑物时可参考以下几点：

（1）按建筑物的装饰部位选择具有不同功能的涂料

建筑外部装饰主要有外墙立面、房檐、窗套等部分，这些部分长年累月处于风吹日晒雨淋之中，所用涂料必须有足够的耐水性、耐候性、耐沾污性和耐冻融性。内墙涂料对颜色、平整度、丰满度有一定要求，还要注意硬度、耐干擦和湿擦性。地面涂料还要具有良好的隔音效果。

（2）按不同建筑结构材料选择涂料及确定涂料体系

各种涂料适应的基层材料也不同，无机涂料不适合塑料、钢铁等结构材料，这类一般使用溶剂型或其他有机高分子涂料来装饰，对于混凝土、水泥砂浆等结构材料，必须使用具有较好的耐碱性的涂料，并且要能有效防止基层材料中碱析出涂膜表面，引起"盐析"现象。

（3）按建筑物所处的地理位置和施工季节选择涂料

建筑物所处的环境不同，其饰面经受的气候条件也不同。炎热多雨的南方所用涂料不仅要求有较好的耐水性，还要防霉防潮。严寒的北方对涂料的耐冻融性有更高要求。水性涂料施工一般要求在5℃以上施工，溶剂型涂料在0℃也可以施工，因此，在北方地区，接近冬季可以使用溶剂型涂料进行施工。雨季施工要选择干燥迅速并有较好初期耐水性的材料。

（4）按照建筑标准和造价选择涂料及确定施工工艺

对于高级建筑选用高档涂料，并采用三道成活施工工艺。即底层为封闭层，中间层形成较好的耐水性、耐沾污性和耐候性，从而达到较好的装饰效果和耐久性。一般建筑采用中档或低档涂料，采用二道或一道涂装施工工艺。

为了使涂料取得良好的装饰效果及耐久性，必须在基层表面创造有利的质感、线型、涂层附着条件以及合理的施工工艺。因此，当选定涂料以后，一定要对该涂料的施工要求和注意事项做全面了解，并按要求进行施工，才能取得预期的效果。

8.3 胶黏剂

在一定条件下能将两种或两种以上物体紧密黏结在一起的物质称为胶黏剂或胶合剂，简称为胶，并将这种接合称为胶接合。随着科学技术的迅猛发展，胶接技术广泛用于室内装潢、管道工程、防腐工程、建筑构件和材料等的连接方面上。

8.3.1 基本要求

为将材料牢固地黏接在一起，无论哪一种类型的胶黏剂都必须满足以下基本要求：
①室温下或加热、加溶剂、加水后易产生流动。
②具有良好的浸润性，可很好地浸润被粘材料的表面。
③在一定的温度、压力、时间等条件下，可通过物理和化学作用而固化，从而将被黏材料牢固地黏接为一个整体。
④具有足够的黏接强度和较好的其他物理力学性质。

8.3.2 性能

胶黏剂性能的优劣主要从以下几个方面来评判：
①工艺性　胶黏剂的工艺性是指有关黏结操作方面的性能。如胶黏剂调制、涂胶、晾置、固化条件等，是有关黏结操作难易的总的评价。
②黏结强度　黏结强度是指黏结性能的强弱，即黏结的牢固程度。
③稳定性　黏结试件在指定介质中于一定温度下浸渍一段时间后其强度变化称为稳定性。稳定性可用实测强度或强度保持率表示。
④耐久性（耐老化性）　黏结层随着使用时间的增长，其性能会逐渐老化，直至失去黏结强度，这种性能称为耐久性。
⑤耐温性　指胶黏剂在规定温度范围内的性能变化情况，包括耐热性、耐寒性及耐高低温交变性能。
⑥耐候性　暴露于室外的黏结件，能够耐气候（如雨水、阳光、风雪、干燥及潮湿等）变化的性能，称为耐候性。耐候性也是黏结件在自然条件长期作用的情况下，黏结层性能、耐老化和表面品质耐老化的性能。
⑦耐化学性　绝大多数合成树脂胶黏剂及某些天然树脂胶黏剂，在化学介质的影响下会发生溶解、膨胀、老化或腐蚀等不同变化。
⑧其他性能　除前面描述的几种性能外，还有胶黏剂的颜色、刺激性气味、毒性大小、贮藏稳定性及价格等方面的性能。

8.3.3 组成材料

(1) 黏结料

黏结料又称基料，是胶黏剂的基本组成，一般由一种或几种高聚物配合组成，它使胶黏剂具有黏结特性。用于结构受力部位的胶黏剂以热固性树脂为主，用于非结构和变形较大部位的胶黏剂以热塑性树脂或橡胶为主。

(2) 固化剂

固化剂又称交联剂，用于热固性树脂，使线型分子转变为体型分子；用于橡胶，使橡胶形成网型结构。固化剂的品种应按黏结料的品种、特性以及固化后胶膜性能（如硬度、韧性、耐热性等）的要求来选择。常用的有胺类或酸酐类固化剂等。

(3) 填料

加入填料可改善胶黏剂的性能（如强度、耐热性、抗老化性、固化收缩率等），降低胶黏剂的成本。常用的填料有石棉粉、石英粉、铝粉、碳酸钙粉、煅烧高岭土粉、滑石粉以及金属和非金属矿及氧化物等。

(4) 稀释剂

稀释剂用于调节胶黏剂的黏度、增加胶黏剂的涂敷浸润性。稀释剂分为活性和非活性两种，前者参与固化反应，后者不参与固化反应而只起稀释作用。稀释剂需按黏料的品种来选择。一般情况下，稀释剂用量越大，则黏结强度越小。主要有丙酮、苯、酒精等。

此外，为使胶黏剂具有更好的性能，还应加入一些其他的添加剂，如增韧剂、增塑剂、抗老化剂等。

8.3.4 常用胶黏剂

(1) 热塑性树脂胶黏剂

①聚乙烯醇缩甲醛胶黏剂（如107胶）　聚乙烯醇缩甲醛胶黏剂属于水溶性聚合物，其耐水性和耐老化性很差，但成本低，是目前在建筑装修工程中广泛使用的胶黏剂，可用于粘贴塑料壁纸，配制黏结力强的砂浆等。

②聚醋酸乙烯胶黏剂（俗称白乳胶或乳白胶）　聚醋酸乙烯胶黏剂是一种使用方便、价格低廉、应用广泛的非结构胶。对各种极性材料有较高的黏附力，但耐热性、对溶剂作用的稳定性及耐水性较差，只能作为室温下使用的非结构胶，可用于黏结陶瓷、木材、混凝土、纤维织物、塑料板、聚苯乙烯板、聚氯乙烯塑料地板和玻璃等材料。

(2) 热固性树脂胶黏剂

①不饱和聚酯树脂胶黏剂　主要由不饱和聚酯树脂（UP）、引发剂（常温下引发交联或固化的助剂）、填料等组成，改变其组成可以获得不同性质和用途的胶黏剂。其特点是黏结强度高、抗老化性及耐热性好，可在室温和常压下固化，但固化时的收缩大，使用时必须加入填料或玻璃纤维等。一般可用于黏结陶瓷、玻璃、木材、混凝土、金属等结构构件。

②环氧树脂胶黏剂　主要由环氧树脂(EP)、固化剂、填料、稀释剂、增韧剂等组成。改变胶黏剂的组成可以得到不同性质和用途的胶黏剂。其特点是耐酸、耐碱侵蚀性好、黏合力强、收缩小，可在常温、低温和高温等条件下固化，并对金属、陶瓷、木材、混凝土、硬塑料等均有很高的黏附力。特别是在黏结混凝土方面有其独特的优越性，性能远远超过其他的胶黏剂，广泛用于混凝土结构裂缝的修补和混凝土结构的补强与加固。

(3)合成橡胶胶黏剂

①氯丁橡胶胶黏剂　是目前应用最广的一种橡胶胶黏剂。它是以氯丁橡胶(CR)为主要原料，加入氧化锌、氧化镁、填料、抗老化剂、抗氧化剂等组成。其特点是对水、油、弱酸、弱碱、脂肪烃和醇类都具有良好的抵抗力，可在 $-50\sim80℃$ 的温度下工作，但具有徐变性，且易老化。为改善性能常掺入油溶性的酚醛树脂，配成氯丁醛酚胶，氯丁醛酚胶在室温下可固化，常用于黏结各种金属和非金属材料，如钢、铝、铜、玻璃、陶瓷、混凝土及塑料制品等。建筑上常用在水泥混凝土或水泥砂浆的表面上粘贴塑料或橡胶制品等。

②丁腈橡胶胶黏剂　是以丁二烯和丙烯腈的共聚物，即丁腈橡胶(NBR)为主，加入填料和助剂等组成。丁腈橡胶胶黏剂的最大优点是耐油性好、剥离强度高、对脂肪烃和非氧化性酸具有良好的抵抗力，根据配方的不同可冷硫化。也可以在加热和加压过程中硫化。为获得很好的强度和弹性，可将丁腈橡胶与其他树脂混合使用。主要用于橡胶制品以及橡胶制品与金属、织物、木材等的黏结。

总之，建筑胶黏剂品种繁多，性能各异，各种专用胶黏剂(如塑料管用黏结剂、木材和竹材用黏结剂、瓷砖用胶黏剂等)不断问世，如何根据材料性质及环境条件正确选取胶黏剂，是保证胶接质量的必要条件。在选择胶黏剂时必须注意以下几点：

● 根据胶接材料的种类性质，合理选用与被胶接材料相匹配的胶黏剂，一般来说，被胶接材料的性质应与胶黏剂的性质有相近之处。

● 根据胶接材料的使用要求(如导电、导热、防水、高低温等)，考虑选择满足上述特殊要求的胶黏剂。

● 考虑影响胶接强度的各种因素(如气候、光、热、水分等)对胶黏剂的破坏作用，选择耐老化、耐水性能好的胶黏剂。

● 在满足使用性能要求的前提下，应考虑性能与价格的均衡，在考虑性价比的同时尽可能使用经济实惠的胶黏剂。

【技能训练】

技能8-1　聚合物材料的识别与应用

1. 目的要求

通过认识聚合物材料，熟悉园林景观常用的塑料制品、纤维制品和涂料的种类、技术性质、规格和用途等。

2. 材料与工具

(1)各种类别、规格、质量的聚合物材料。

(2)5m或3m卷尺,1m钢直尺各15个(每组1个)。

(3)各类材料标准,实验记录本和笔。

3. 内容与方法

(1)聚合物分类(观察法、检验法)

①各组将编号不同的聚合物材料放在桌上,肉眼观察,根据所学的知识,判定材料归属的材质种类。

②将各种材料仔细辨认写出名称。

(2)聚合物材料的规格尺寸及外观质量

①规格尺寸 用刻度值为1mm的钢直尺测量板材的长度宽度和厚度。长度、宽度分别测量3条直线。厚度测量4条边的中点。分别用差的最大值和最小值来表示长度、宽度、厚度的尺寸偏差。用同块板材上厚度偏差的最大值和最小值之间的差值表示块板材上的厚度极差。读数准确至0.2mm。

②外观质量 读取各种材料包装上的执行标准、等级等。

(3)技术性质

应符合各类材料国家相关质量标准。

4. 实训成果

填写表8-2。

表8-2 实验室景观建筑材料识别报告表

序号	材料名称	规格类型	单位	主要用途
1	聚乙烯(PE)管	dn110×4.2	米	城市供水、燃气管道
2				
3				
4				
5				
6				
7				
8				
9				
⋮				

注:请写出10种聚合物材料,尽量为不同种类的材料,相同名称的材料不同规格为1种材料,注意材料规格尺寸的单位换算。

【拓展知识】

合成树脂装饰瓦

合成树脂装饰瓦是运用高新化学化工技术研制而成的新型建筑材料，具有重量轻、强度大、防水防潮、防腐阻燃、隔音隔热等多种优良特性，普遍适用于屋顶"平改坡"、农贸市场、商场、住宅小区、新农村建设、居民高档别墅、雨棚、遮阳棚、仿古建筑等（图 8-10）。

根据《合成树脂装饰瓦》（JG/T 346—2011）规定，合成树脂装饰瓦是以聚氯乙烯树脂为中间层和底层、丙烯酸树脂为表面层，经 3 层共挤出成型，可有各种形状的屋面用硬质装饰材料。表面丙烯酸树脂一般包括 ASA（丙烯腈—苯乙烯—丙烯酸酯）、PMMA（聚甲基丙烯酸酯），不包括彩色 PVC。合成树脂装饰瓦按表面层共挤材料可分为 ASA 共挤合成树脂装饰瓦、PMMA 共挤合成树脂装饰瓦两大类。

图 8-10　合成树脂装饰瓦应用

合成树脂装饰瓦按分类、规格及标准号进行标记。

示例：表面共挤材料为 ASA，长 6000mm、宽 720mm、厚 3mm 的合成树脂装饰瓦标记为：ASA 6000×720×3 JG/T 346—2011。

ASA 合成树脂瓦的特点：

①超强的耐候性　合成树脂瓦选用高耐候性树脂作为瓦的表面材料，这种高耐候性树脂非常适合户外使用，在自然环境中具有超乎寻常的耐久性，即使它长期暴露于紫外线、湿气、热、寒的冲击下，仍能保持颜色和物理性能的稳定性。

②优异的耐腐蚀性能　表层高耐候性树脂和主体 PVC 树脂具有非常好的耐腐蚀性能，不会被雨雪侵蚀导致性能下降，可长期抵御酸、碱、盐等多种化学物质的腐蚀，因此非常适用于盐雾腐蚀性能强的沿海地区以及空气污染严重地区。

③卓越的抗荷载性能　具有很好的抗荷载性能，在支撑间隔 660mm 情况下，加重 150kg，瓦无裂缝，没被破坏。

④抗冲击性、耐热性好　1kg 重钢锤 1.0m 高自由落在经过 -10℃冷冻 1h、23℃室温的瓦面上不破裂；产品经过 150℃加热 30min，在室温下无气泡、裂纹和麻点，表面层与中间层无分离现象。

⑤自清洁　表面致密光滑不易吸附灰尘，具有"荷叶效应"。雨水冲刷后洁净如新，不会出现积垢后被雨水冲刷得斑斑驳驳的现象。

⑥安装便捷　合成树脂瓦单张面积大，铺装效率高、质量轻，容易吊卸，表面凹凸防滑，施工安全，配套产品齐全，工具、工序简单。

⑦耐磨耐划伤　合成树脂瓦通过中国环境标志产品认证，绿色环保，在生产、使用过程中无污染物排放，无二氧化硫、二氧化碳排放，当产品使用寿命终结后还可完全回收再利用。

⑧节能环保、可完全回收利用　合成树脂瓦在生产、使用过程中无污染物排放，无

SO_2、CO_2 排放,当产品使用寿命终结可完全回收再利用,是我国目前大力推广扶持的"环保、节能"的新型建材产品。

⑨节能环保、可完全回收利用　充分响应了国家的环保低碳政策和建设节约型社会的号召,是我国目前大力推广扶持的"环保、节能"的新型建筑材料产品。

【自主学习资源库】

1. 绿色生态建筑材料. 黄煜镔,范英儒,钱觉时. 化学工业出版社,2011.
2. 建筑装饰材料(第二版). 向才旺. 中国建筑工业出版社,2004.
3. 环境艺术装饰材料与构造. 李蔚,傅彬. 北京大学出版社,2010.
4. 木塑复合材料与制品. 王清文,王伟宏. 化学工业出版社,2007.
5. 园林工程材料识别与应用. 易军. 机械工业出版社,2015.
6. 中国聚合物网:http://www.polymer.cn.
7. 中国塑料网:http://www.esuliao.com.
8. 中塑在线:http://www.21cp.com.
9. 中国涂料在线:http://www.coatingol.com/check.asp.

【自测题】

一、填空题(20分,每小题4分)

1. 塑料的基质材料是(　　)。
2. 常用建筑塑料分为(　　)和(　　)两大类。
3. 涂料的4种基本成分是(　　)、(　　)、(　　)和(　　)。
4. 涂料的作用有(　　)、(　　)和(　　)3个方面。
5. 聚醋酸乙烯胶黏剂俗称(　　)。

二、判断题(20分,每小题4分)

1. 塑料的添加剂有稳定剂、增塑剂、填料、着色剂等。　　　　　　　　(　　)
2. PE管分为HDPE、MDPE和LDPE 3类。　　　　　　　　　　　　(　　)
3. 涂覆于建筑物、装饰建筑物或保护建筑物的涂料,统称为建筑涂料。　(　　)
4. 聚乙烯醇缩甲醛内墙涂料俗称107。　　　　　　　　　　　　　　　(　　)
5. 多彩涂料分为底涂料、中涂料和面涂料3层。　　　　　　　　　　　(　　)

三、简答题(60分,每小题12分)

1. 简述塑料的主要特点。
2. 常用的建筑塑料分为哪两大类?园林中有哪些制品是塑料制品的?
3. 油漆的种类有哪些?
4. 简述涂料的选用原则。
5. 简述胶黏剂的作用。

单元 9
防水材料与土工合成材料

【知识目标】

(1) 熟悉沥青基、高聚物改性沥青、合成高分子 3 类防水材料、防水涂料和密封材料的常用品种、特性及应用。

(2) 熟悉土工合成材料的种类与性质,掌握其功能作用与用途。

【技能目标】

(1) 能根据具体工程的特点及防水要求合理选择防水材料。

(2) 能在园林建设中运用土工合成材料。

防水材料和土工合成材料都是园林建设中不可缺少的材料。目前我国防水材料与土工材料已形成包括SBS(苯乙烯—丁二烯—苯乙烯)改性沥青防水土工膜、APP(无规聚丙烯树脂)改性沥青防水土工膜、高分子排水板、建筑防水涂料、刚性防渗和堵漏材料的工业化体系,绿色防水材料和土工合成材料与之相配套的符合环保节能要求的施工方法、施工辅材和机具等发展也很快。

9.1 防水材料

建筑防水即为防止水对建筑物某些部位的渗透而对建筑材料和构造所采取的措施。园林中的防水多使用在屋面、地下建筑、建筑物的地下部分和需防水的室内外墙体和储水构筑物(水池)等。

建(构)筑物的防水工程按其构造做法分为两大类:刚性防水和柔性防水。

刚性防水又可分为结构构件自防水和刚性防水材料防水,结构构件自防水主要是依靠建筑物构件(如屋面板、墙体、底板等)材料自身的密实性及某些构造措施(如坡度、伸缩缝并辅以油膏嵌缝、埋设止水带等),起到自身防水的作用;刚性防水材料防水则是在建筑构件上抹防水砂浆、浇筑掺有外加剂的细石混凝土或预应力混凝土等以达到防水的目的。

柔性防水是在建筑构件上使用柔性材料(如铺设防水卷材、涂布防水涂料等)做防水层来阻断水的通路,以达到建筑防水的目的或增加抗渗漏的能力。

9.1.1 刚性防水材料

刚性防水材料是指以水泥、砂石为原材料,或在其内掺入少量外加剂、高分子聚合物等材料,通过调整配合比,抑制或减少孔隙率,改变孔隙特征,增加各种原材料界面间的密实性等方法,配制成具有一定抗渗透能力的水泥砂浆、混凝土类防水材料。刚性防水层所用的主要原材料有水泥、砂石、外加剂(如减水剂、防水剂、膨胀剂)等。

刚性防水是相对防水卷材、防水涂料等柔性防水材料而言的防水形式。主要分为外加剂防水混凝土、防水砂浆两类。

外加剂防水混凝土是指在普通混凝土中加入少量改善混凝土抗渗性的有机物或无机物,以适应工程防水需要的一系列混凝土。外加剂防水混凝土主要包括:引气剂防水混凝土、减水剂防水混凝土、早强剂防水混凝土、密实剂防水混凝土等。

防水砂浆就是指在水泥砂浆中掺入由无机或有机化学原料组成的外加剂配制而成的一类防水建筑材料,以提高砂浆的不透水性。目前在市场上销售的根据其在制作过程中所加入的防水剂的化学成分不同可分为四大类:氯化物金属盐类防水剂、无机铝盐防水剂、金属皂盐防水剂、硅类防水剂。

(1) 特点

①具有较高的抗压强度、抗拉强度及一定的抗渗透能力,是一种既可防水又可兼做承重、围护结构的多功能材料。

②可根据工程的具体情况及不同部位采用不同的做法。例如,工程结构采用防水混凝土,使结构集承重和防水两种功能于一身;结构层的表层采用掺有防水剂的水泥砂浆面层,以提高其防水和抗裂性能;地下建筑物表面和贮水、输水构筑物表面采用防水混凝土分层抹压,以提高其防水性能。

③刚性防水材料一般为无机材料,无毒、无污染,而且具有透气性。

④掺入水泥砂浆或混凝土中施工,无须进行单独操作,从而加快施工进度。

⑤有较好的抗冻和耐老化性能,而且易于查找发生渗漏的部位,便于修补。

刚性防水材料种类名称、性质和应用见表9-1所列。

表9-1 刚性防水材料

名称	性质	应用
混凝土膨胀剂(防水混凝土)	结构与防水合一,增强混凝土抗裂防渗能力,补偿收缩	地下室、隧道、矿井、水下管道
有机硅防水剂	抵抗雨水侵蚀,保持墙壁透气,防潮、防腐、耐冻融,保持光泽,可达10~15年	地下工程、水泥、水塔、屋面工程等
水泥基渗透结晶型防水涂料	向水泥砂浆、混凝土内部渗透成为不溶于水的结晶体,永久性防水层	地下工程、各种水泥砂浆、混凝土基面等
改性环氧化学灌浆液	强度高,黏结力强	地下建筑物、建筑物加固,补强,密封

(2) 自防水不足

刚性防水材料一直被认为是一种物美价廉、自防水效果永久的材料,用途广,可代替其他防水材料,但也存在许多不足之处。

①天然开采的砂石或人工破碎的砂石,都很难满足理想的级配要求,达不到理想抗渗的曲线;砂、石、水泥、水的级配难以均匀、准确。如果灰砂比偏大,砂子数量少,水泥量大,则混凝土收缩大而产生裂缝。反之,砂子多,水泥少,水泥不能全部包裹砂子,拌合干涩,缺乏黏结力,导致混凝土密实度不够;砂、石含泥量往往过大,超过要求的2%。

②对掺加外加剂的认识不当,适量加入减水剂很有效果,但往往热衷于膨胀剂,而膨胀剂先期有效,后期裂缝增多。

③在施工过程中,混凝土重在养护,但常常养护不好。

④由于施工振捣不均、过振、漏振等时有发生,存在可见或不可见蜂窝麻面。

⑤混凝土中的钢筋阻碍石子运动,影响密实度。

⑥暴露在大自然中的混凝土,受到暴晒、冷冻、雪雨的影响,干燥收缩急剧变化,造

成混凝土裂缝。

⑦混凝土并不是永久不变的凝固物，它会徐变和碳化，因而大大降低了耐久性。

⑧混凝土本身就是多孔材料，透水，渗入孔隙中的水、大气中二氧化碳与混凝土中的氢氧化钙反应，生成碳酸钙等电解质溶液，在施工初期或在之后的时间里及电解时，钢筋锈蚀生锈膨胀，造成混凝土龟裂、剥离。

9.1.2 柔性防水材料

柔性防水材料是指相对于刚性防水如防水砂浆和防水混凝土等而言的一种防水材料形态。根据其与基层附着的形式分为防水卷材、防水涂料两类。

9.1.2.1 防水卷材

将沥青类或高分子类防水材料浸渍在胎体上，制作成的防水材料产品，以卷材形式提供，称为防水卷材。

防水卷材具有以下性能：

①耐水性　指在水的作用下或被水浸润后其性能基本不变，在压力水作用下具有不透水性。常用软化系数表示。

②温度稳定性　指在高温下不流淌、不起泡、不滑动，低温下不脆裂的性能，即在一定温度变化下保持原有性能的能力。常用耐热度、耐热性等指标表示。

③机械强度、延伸性和抗断裂性　指防水卷材承受一定荷载、应力或在一定变形的条件下不断裂的性能。常用拉力、拉伸强度和断裂伸长率等指标表示。

④柔韧性　指在低温条件下保持柔韧性的性能。它对保证易于施工、不脆裂十分重要。常用柔度、低温弯折性等指标表示。

⑤大气稳定性　指在阳光、热、臭氧及其他化学侵蚀介质等因素的长期综合作用下抵抗侵蚀的能力。常用耐老化性、耐老化保持率等指标表示。

防水卷材根据主要组成材料不同分为沥青防水卷材、高聚物改性沥青防水卷材和合成高分子防水卷材；根据胎体的不同分为无胎体卷材、纸胎卷材、玻璃纤维胎卷材、玻璃布胎卷材和聚乙烯胎卷材。

(1) 沥青防水卷材

沥青防水卷材俗称油毡，是传统的防水卷材，特点是成本低，拉伸强度和延伸率低，温度稳定性差，高温易流淌，低温易脆裂；耐老化性较差，使用年限短，属于低档防水卷材。

沥青防水卷材分为有胎卷材和无胎卷材。凡是用厚纸或玻璃丝布、石棉布、棉麻织品等胎料浸渍石油沥青制成的卷状材料，称为有胎卷材；将石棉、橡胶粉等掺入沥青材料中，经碾压制成的卷状材料称为辊压卷材，即无胎卷材。

(2) 高聚物改性沥青防水卷材

高聚物改性沥青防水卷材是以合成高分子聚合物改性沥青为涂盖层，纤维织物或纤维毡为胎体，粉状、粒状、片状或薄膜材料为覆盖材料制成的可卷曲片状材料。厚度一般为3、4、5mm，以沥青基为主体。由于在沥青中加入了高聚物改性剂，它克服了传统沥青防水卷材温度稳定性差、延伸率较小的不足，耐候性、感温性（高温特性，低温柔性）及与基底龟裂的适应性都有了明显的提高，使得用这种改性沥青制成的防水材料从过去的"重、厚、长、大"的时代进入到"轻、薄、短、小"的工业化时代成为现实。常见的有SBS橡胶改性沥青防水卷材、APP改性沥青防水卷材、PVC改性焦油沥青防水卷材等。此类防水卷材一般单层铺设，也可复层使用，根据不同卷材可采用热熔法、冷黏法、自黏法施工。

①SBS橡胶改性沥青防水卷材　是以热塑性弹性体为改性剂，将石油沥青改性后作浸渍涂盖材料，以玻纤毡或聚酯毡等增强材料为胎体，以塑料薄膜、矿物粒、片料等作为防黏隔离层，经过选材、配料、共熔、浸渍、复合成型、卷曲、检验、分卷、包装等工序加工而制成的一种柔性中、高档的可卷曲的片状防水材料，属弹性体沥青防水卷材中有代表性的品种。其特点是综合性能强，具有良好的耐高温性、低温性、耐老化性能以及较理想的耐疲劳性，施工简便。

本品加入10%～15%的SBS热塑性弹性体，使之具有橡胶和塑料的双重特性。在常温下，具有橡胶状弹性，在高温下又像塑料那样具有熔融流动性能，是塑料、沥青等脆性材料的增韧剂，经过SBS这种热塑性弹性体材料改性后，沥青作防水卷材的浸渍涂盖层，从而提高了卷材的弹性和耐疲劳性，延长了卷材的使用寿命，增强了卷材的综合性能。该类防水卷材广泛适用于各类建筑防水、防潮工程，尤其适用于寒冷地区和结构变形频繁的建筑物防水，并可采用热熔法施工。

②APP塑性体改性沥青防水卷材　以纤维毡或纤维物为胎体，浸涂APP改性沥青，上表面撒布矿物粒、片料或覆盖聚乙烯膜，下表面撒布细砂或者覆盖聚乙烯膜，经过一定的生产工艺而加工制成的一种中、高挡改性沥青可卷曲片状防水材料。其特点是分子结构稳定，老化期长，具有良好的耐热性，拉伸强度高，伸长率大，施工简便，无污染。

加入量为30%～35%的APP是生产聚丙烯的副产品，它在改性沥青中呈网状结构，与石油沥青具有良好的互溶性，将沥青包在网中。APP分子结构为饱和态，所以，有非常良好的稳定性，受高温阳光的照射后，分子结构不会重新排列，老化期长。一般情况下，APP改性沥青的老化期在20年以上。APP改性沥青复合在具有良好物理性能的聚酯毡或者玻纤毡上，使制成的卷材具有良好的拉伸强度和延展率。此卷材具有良好的憎水性和黏结性，既可冷黏施工，又可热熔施工，无污染，可在混凝土板、木板、塑料板、金属板等材料上施工。该类防水卷材适用于各类建筑防水、防潮工程，尤其适用于高温或有强烈太阳光辐射地区的建筑物防水。

高聚物改性沥青防水卷材是新型防水材料中使用比例较高的一类产品，现在已经成为防水卷材的主导产品之一,属中、高档防水材料,其中以聚酯毡为胎体的卷材性能最优,具有高拉伸强度、高延伸率、低疲劳强度等特点。

高聚物改性沥青防水卷材的特点主要是利用高聚物的优良性能,改善了石油沥青受热流淌遇冷脆易折,从而提高了沥青防水卷材的技术性能。

(3)合成高分子防水卷材

合成高分子防水卷材是以合成橡胶、合成树脂或此二者的共混体为基料,加入适量的化学助剂和填充料等,经混炼、压延或挤出等工序加工而成的可卷曲的片状防水材料;或把上述材料与合成纤维等复合形成两层或两层以上可卷曲的片状防水材料。合成高分子防水卷材具有拉伸强度和抗撕裂强度高,断裂伸长率大,耐热性和低温柔性好,耐腐蚀,耐老化及防水性强等一系列优异的性能,是新型高档防水卷材。多用于要求有良好防水性能的屋面、地下防水工程。

常见的合成高分子防水卷材有三元乙丙橡胶(EPDM)防水卷材、氯化聚乙烯(CPE)防水卷材、聚氯乙烯防水卷材(PVC)、聚乙烯(PE)防水卷材、氯化聚乙烯—橡胶共混防水卷材、高密度聚乙烯(HDPE)防水卷材。

①三元乙丙橡胶(EPDM)防水卷材 是以三元乙丙橡胶为主体原料,掺入适量的丁基橡胶、硫化剂、促进剂、软化剂、填充剂等,经过配料、混炼、拉片、过滤、压延或挤出成型、硫化、检验和分卷包装等工序加工而成的防水卷材。这类卷材抗老化性能最好,化学稳定性佳,有优良的耐候性、耐臭氧性、耐热性和低温柔性,且质量轻、抗拉强度高、延展性好、对基层变形适应性强、耐强碱腐蚀、使用寿命长等。广泛适用于防水要求高、使用年限长的屋面、地下室、隧道、水渠等土木工程,特别适用于建筑工程的外露屋面防水和大跨度、受震动建筑工程的防水。

②聚氯乙烯(PVC)防水卷材 是以聚氯乙烯树脂为主要原料,并掺入填充料和适量的改性剂、增塑剂、抗氧化剂和紫外线吸收剂等,经混炼、造粒、挤出压延成型、冷却、分卷包装等加工制成的防水卷材。按基料组成与特性分为 S 型和 P 型。其中,S 型是以煤焦油与聚氯乙烯树脂混熔料为基料的防水卷材;P 型是以增塑聚氯乙烯树脂为基料的防水卷材。该种卷材具有尺寸稳定性好、耐热性好、耐腐蚀性强、抗渗性能好、耐细菌性较好,原料丰富,价格较便宜。适用于各类建筑的屋面防水工程,也可用于水池、地下室、堤坝、水渠等防水抗渗工程。

③氯化聚乙烯(CPE)防水卷材 以聚乙烯经过氯化改性合成的新型树脂——氯化聚乙烯树脂,掺入适量的化学助剂和填充料,采用塑料或橡胶的加工工艺,经过捏合、塑炼、压延、卷曲、分类、包装等加工制成的弹塑性防水材料。该卷材含氯量为 30%～40% 具有合成树脂的热塑性能和橡胶的弹性,使其具有耐候、耐臭氧和耐油、耐化学药品以及阻燃性能。适用于各类工业、民用建筑的屋面防水、地下防水、防潮隔气、室内墙地面、地下室、卫生间的防水,以及冶金化工、水利、环保、采矿业防水防渗工程。

④氯化聚乙烯—橡胶共混型防水卷材　是以氯化聚乙烯树脂和合成橡胶共混物为主体，加入适量的硫化剂、促进剂、稳定剂、软化剂和填充料等，经过混炼、过滤、压延或挤出成型、硫化、分卷包装等工序制成的防水卷材。氯化聚乙烯—橡胶共混型防水卷材兼有塑料和橡胶的特点。它既具有较高强度和优异的耐臭氧、耐老化性能，也具有橡胶类材料所特有的高弹性、高延伸性和良好的低温柔性。因此特别适用于寒冷地区或变形较大的土木建筑防水工程及单层外露防水工程。

防水卷材种类名称、性质和应用见表 9-2 所列，防水卷材结构及其应用如图 9-1 所示。

表 9-2　防水卷材种类名称、性质和应用

种类名称	性质	应用
沥青防水卷材	柔韧性、耐久性一般，防水年限短	屋面防水等级Ⅲ、Ⅳ级的工程（注：Ⅲ级为防水 10 年，Ⅳ级为防水 5 年）
高聚物改性沥青防水卷材	高温不流淌，低温不脆裂，拉伸强度较高，延伸率较大	屋面防水等级为Ⅰ、Ⅱ、Ⅲ、Ⅳ级的工程，地下工程防水（注：Ⅰ级为防水 25 年，Ⅱ级为防水 15 年）
合成高分子防水卷材	抗拉强度、延伸性、耐高低温性及防水性优良	要求高的防水屋面Ⅰ、Ⅱ级的工程，桥梁、水渠、水池、地下防水工程
SBS 改性沥青防水卷材	良好的不透水性、低温柔性（-25℃），拉伸强度高，延伸率大，耐腐蚀性及耐热性较高	工业与民用建筑屋面、地下及卫生间防水防潮、游泳池、隧道、蓄水池等防水工程，更适宜寒冷地区，Ⅰ级防水工程
APP 改性沥青防水卷材	与 SBS 相比，APP 具有更高的耐热性，但低温柔韧性较差，其他性质相同	与 SBS 基本相同，APP 更适用于高温或有强烈太阳辐射地区的建筑物防水
三元乙丙橡胶防水卷材	质轻，使用温度范围大（-40~80℃），耐老化、对伸缩、开裂适应性强，可冷施工	屋面、地下室和水池防水工程主体材料，是高等防水材料

9.1.2.2　防水涂料

防水涂料是以沥青、高分子合成材料或有机—无机复合材料为主要成膜物质，掺入适量的颜料、助剂、溶剂等加工制成，在常温下呈无定形（即流态或半流态），经涂布后通过物理或化学反应，在结构物表面形成坚韧防水膜的材料。防水涂料经固化后形成的防水薄膜具有一定的延伸性、弹塑性、抗裂性、抗渗性及耐候性，能起到防水、防渗和保护作用，并具有良好的温度适应性，操作简便，易于维修与维护。

防水涂料按成膜物质不同可分为沥青类防水涂料及高聚物改性沥青防水涂料、合成高分子防水涂料和有机—无机复合防水涂料 3 类。

（1）沥青类防水涂料及高聚物改性沥青防水涂料

沥青类防水涂料是指以沥青为基料配制而成的水乳型或溶剂型防水涂料。这类涂料防水性能一般，易老化，有石灰乳化沥青、膨润土沥青乳液和水性石棉沥青防水涂料等。适

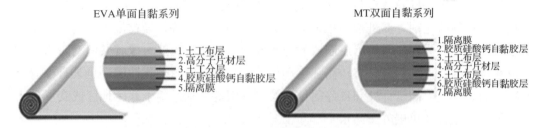

图 9-1 防水卷材结构及其应用

用于Ⅲ级和Ⅳ级防水等级的工业与民用建筑屋面、地下室和卫生间防水。

高聚物改性沥青防水涂料是指以沥青为基料,用合成高分子聚合物进行改性制成的水乳型或溶剂型防水涂料。这类涂料在柔韧性、抗裂性、拉伸强度、耐高低温性能、使用寿命等方面比沥青基涂料有很大改善和提高。品种有再生橡胶改性沥青防水涂料、氯丁橡胶改性沥青防水涂料、SBS橡胶改性沥青防水涂料、聚氯乙烯改性沥青防水涂料等,适用于Ⅱ、Ⅲ、Ⅳ级防水等级的屋面、地面、地下室和卫生间等的防水工程。

(2)合成高分子防水涂料

合成高分子防水涂料是指以合成橡胶或合成树脂为主要成膜物质制成的单组分或多组分的防水涂料。这类涂料具有高弹性、高耐久性及优良的耐高低温性能,品种有聚氨酯防水涂料、丙烯酸酯防水涂料、环氧树脂防水涂料和有机硅防水涂料等。适合于Ⅰ、Ⅱ、Ⅲ级防水等级的屋面、水池、地下室和卫生间等防水工程。

(3)有机—无机复合防水涂料

有机—无机复合防水涂料是指以掺有添加剂的水泥为基料,与水性聚合物合成的乳液混合制成的防水涂料。这类涂料具有抗渗性和稳定性好、施工方便、综合造价低、工期短且无毒环保等优点。品种有JS复合防水涂料、纳米渗透高效防水剂等。

表9-3 防水涂料种类、性质和应用

名称	性质	应用
膨润土沥青乳液防水涂料	厚质涂层，防水性能好	屋面防水、房屋的修补漏水处、地下工程、种子库地面防潮
氯丁橡胶改性沥青防水涂料	防水、抗渗、耐老化、不燃、无毒、抗基层变形能力强，冷施工，防水寿命10年以上	复杂的屋面、防腐蚀性地坪地面防水
聚氨酯防水涂料（双组分）	弹性高、延伸率大、耐高低温性好、耐油及耐腐蚀性强，涂膜无接缝，使用寿命10～15年	屋面、地下建筑、卫生间、水池、游泳池等地下防水工程
硅橡胶防水涂料	良好的防水性、渗透性、成膜性、弹性、黏结性和耐水性，耐湿热低温性	建筑屋面、卫生间、水池等部位防水工程
JS复合防水涂料	良好的防水性，抗渗性好，抗压强度高，抗震性好，无毒，防霉，防潮气、盐分对饰面的污染	室内外墙体、地面、地下室等防水工程
纳米渗透高效防水剂	渗透力极强，可渗透到建筑材料或建筑物内部形成永久防水层，无色透明，不变色	各类石材、砖材、板材和涂料饰面外墙等防水，也可制成防水水泥砂浆

防水涂料种类、性质和应用见表9-3。

9.1.2.3 密封材料

建筑密封材料又称建筑密封膏或防水接缝材料，是能承受位移并具有高气密性及水密性而嵌入建筑接缝中的不定型和定型的材料。不定型密封材料通常是黏稠状的材料，分为弹性密封材料和非弹性密封材料。按构成类型分为溶剂型、溶液型和反应型；按使用时的组分分成单组分密封材料和多组分密封材料；按组成材料分为改性沥青密封材料和合成高分子密封材料。定型密封材料是具有一定形状和尺寸的密封材料。如密封条带、止水带等。

为保证防水密封的效果，建筑密封材料应具有高水密性和气密性，良好的黏结性、施工性、抗下垂性，使被黏结物之间形成连续防水体，良好的耐高低温性和耐老化性能，一定的弹塑性和拉伸—压缩循环性能。密封材料的选用，应首先考虑它的黏结性能和使用部位。密封材料与被黏基层的良好黏结，是保证密封的必要条件，因此，应根据被黏基层的材质、表面状态和性质来选择黏结性良好的密封材料；建筑物中不同部位的接缝，对密封材料的要求不同，如室外的接缝要求有较高的耐候性，而伸缩缝则要求有较好的弹塑性和拉伸—压缩循环性能。

(1) 不定型密封材料

目前，常用的不定型密封材料有沥青嵌缝油膏、聚氯乙烯接缝膏和塑料油膏、丙烯酸类密封膏、聚氨酯密封膏、聚硫密封膏和硅酮密封膏等。

①沥青嵌缝油膏 是以石油沥青为基料，加入改性材料、稀释剂及填充料混合制成的冷用膏状材料。改性材料有废橡胶粉和硫化鱼油；稀释剂有松焦油、松节重油和机油；填充料有石棉绒和滑石粉等。主要用于屋面、墙面、沟和槽等防水嵌缝。使用沥青嵌缝油膏

嵌缝时，缝内应洁净干燥，先涂刷冷底子油一道，待其干燥后即嵌填油膏。

②聚氯乙烯接缝膏和塑料油膏　聚氯乙烯接缝膏是以煤焦油和聚氯乙烯（PVC）树脂粉为基料，按一定比例加入增塑剂、稳定剂及填充料等，在140℃温度下塑化而成的膏状密封材料；塑料油膏是使用废旧聚氯乙烯塑料代替聚氯乙烯树脂粉制成的油膏。聚氯乙烯接缝膏和塑料油膏具有良好的黏结性、防水性、弹塑性、耐热、耐寒、耐腐蚀性和抗老化性，可热冷两用。适用于建筑物和构筑物嵌缝或表面涂布防水，水渠、管道等接缝。

③丙烯酸类密封膏　丙烯酸树脂掺入增塑剂、分散剂、填料等配制而成，有溶剂型和水乳型两种，工程中常用的为水乳型。它具有良好的黏结性、弹性和低温柔性，无溶剂污染，无毒，具有优异的耐候性。主要用于屋面、墙板、门、窗嵌缝，但它的耐水性不算很好，所以不宜用于经常泡在水中的工程，不宜用于广场、公路、桥面等有交通来往的接缝中，也不用于水池、污水处理厂、灌溉系统、堤坝等水下接缝中。

丙烯酸类密封膏主要用于屋面、墙板、门、窗嵌缝，但它的耐水性不算很好，所以不宜用于经常浸泡在水中的工程，不宜用于广场、公路、桥面等有交通来往的接缝中，也不用于水池、污水处理厂、灌溉系统、堤坝等水下接缝中。

④聚氨酯密封膏　是以异氰酸基（—NCO）为基料和含有活性氢化物的固化剂组成的一种双组分反应型弹性密封材料。能在常温下固化，其弹性、黏结性、耐候性及耐老化性能特别好，与混凝土、木材、金属、塑料等多种材料有着很好的黏结力，同时不需要打底，所以聚氨酯密封膏可作屋面、墙面的水平或垂直接缝。尤其适用于游泳池工程，还是公路及机场跑道补缝、接缝的好材料，也可用于玻璃、金属材料的嵌缝。

⑤硅酮密封膏　是以聚硅氧烷为主要成分的单组分和双组分室温固化型弹性密封材料。有优异的耐热、耐寒性和耐候性能，与各种材料有较好的黏结性能，耐拉伸—压缩疲劳性强，耐水性好。分为F类和G类两种类别。其中F类为建筑接缝用密封膏，适用于预制混凝土墙板、水泥板、大理石板的外墙接缝，混凝土和金属框架的黏结，卫生间和公路缝的防水密封等；G类为镶装玻璃用密封膏，主要用于镶嵌玻璃和建筑门、窗的密封。

（2）定型密封材料

定型密封材料是指带、条、垫形状的密封材料。包括密封条带和止水带，如铝合金门窗橡胶密封条、自黏性橡胶、橡胶止水带、塑料止水带等。采用热塑性树脂或橡胶制成的定型产品，主要用于地下工程、隧道、堤坝、水池、管道接头等建筑工程中的各种接缝、沉降缝、伸缩缝等。定型密封材料按密封机理的不同可分为遇水非膨胀型和遇水膨胀型两类。

密封材料的种类、性质和应用见表9-4所列。

表 9-4 密封材料的名称、性质和应用

名称	性质	应用
水乳型丙烯酸酯建筑密封膏	良好的黏结性、耐低温性和耐高温性（-34～80℃），延伸率大，施工性、耐候性好，使用寿命15年以上	屋面、墙板、门窗等的嵌缝。不能用于水泥、堤坝等，以及频繁受震动的工程，施工温度大于5℃
双组分聚氨酯弹性密封膏	弹性高、延伸率大、黏结力强，耐低温性、耐水性能好，耐油耐磨，耐久性好。使用寿命25～30年	混凝土建筑物缝隙、水池等接缝，道路接缝，玻璃、金属板面接缝密封防水
双组分聚硫橡胶密封膏	黏结力强，耐候、耐油、耐湿热、耐水、耐低温性能（-40～90℃）优异，使用30年以上	墙板及屋面板缝的防水密封，中空玻璃防水密封
硅酮建筑密封膏	耐热、耐寒、耐候性优异，黏结性好，耐伸缩疲劳性强，耐水性好	高模量的用于玻璃幕墙，建筑门、窗密封；低模量的用于水泥板、大理石板等外墙接缝
SBS改性沥青弹性密封膏	回弹性、耐热性、低温柔韧性能好	建筑物屋面、墙板接缝，水工、地下建筑、混凝土公路路面接缝防水，屋面防水层，建筑物裂缝维修

9.1.3 防水材料的选用

防水材料种类繁多，性能各异，使用的部位各具特点，要求不一，很难用某一种材料达到所有的要求，所以应根据材料和环境的特点斟酌选择合适的防水材料，是保证防水工程质量的重要环节，防水材料应按如下几个方面来选用：

（1）严格按有关规范选材

对于屋面防水工程，应按建筑屋面防水等级（Ⅰ、Ⅱ、Ⅲ、Ⅳ）、耐用年限（25、15、10、5年）选材。Ⅰ级，属于重要建筑或高层建筑，需要设3道防水；Ⅱ级，属于一般建筑，设2道防水；Ⅲ、Ⅳ级，设1道设水。1道或多道防水设防可选用防水卷材、防水涂料或刚性防水材料，同时使用复合防水材料。

（2）根据建筑不同部位选材

不同的建筑部位，对防水材料的要求也不尽相同。屋面防水和地下室防水，要求材料不同，而浴室的防水和墙面防水差别更大，坡屋面、外形复杂的屋面、金属板基层屋面也不同，选材时均当细酌。

①屋面防水层选材　屋面防水层暴露在大自然中，受到炎热日光的暴晒，狂风的吹袭，雨雪的侵蚀，严寒酷暑的温度折磨，昼夜温差的变化导致胀缩反复，没有优良的材料性能和良好的保护措施，难以达到要求的耐久年限。所以应选择抗拉强度高、延伸率大、耐老化性好的防水材料。如聚酯胎高聚物改性沥青卷材、三元乙丙橡胶卷材、P型聚氯乙烯卷材（焊合接缝）、单组分聚氨酯涂料（加保护层）。

②墙体防水选材　墙体的渗漏大多因为墙体太薄，使用轻型砌块砌筑，致使内外通缝较多，门窗樘与墙的结合处，密封不严，雨水由缝渗入。所以墙体防水应结合外装修材料

使用涂料而不能用卷材,窗樘安装缝只有使用密封膏才能解决防水问题。

③地下建筑防水选材 地下防水层长年浸泡在水中或十分潮湿的土壤中,防水材料必须选用耐水性好,胎体不易腐烂,底板防水层应用厚质,并有一定抵抗扎刺能力的防水卷材,最好叠层6~8mm厚。如果选用合成高分子卷材,最适宜热焊合接缝。如果使用胶黏剂合缝,胶黏剂应具有耐水性,否则选择再好的卷材也不能保证防水质量。使用防水涂料应慎重,单独使用时厚度要达到2.5mm,与卷材复合使用厚度不低于2mm。

④厕浴间的防水 一是厕浴间的防水受大自然气候的影响小,温度变化不大,对材料的延伸率要求不高;二是面积小,阴阳角多,穿楼板管道多;三是墙面防水层上贴瓷砖,与黏结剂亲和性能好。根据以上3个特点,不能选用卷材,只有涂料最合适,其中又以水泥基丙烯酸酯涂料能牢固地粘贴瓷砖。

⑤垃圾掩埋场、湖塘沟渠种植屋面的防水 其选材以聚乙烯土工膜为最好,幅宽5m以上,焊结合缝,耐穿刺性好。

⑥城市立交桥钢筋混凝土梁板的防水 可选用APP改性沥青涂料或APP改性沥青卷材,防水层上要铺设高温沥青混凝土路面,所以防水层应耐110℃的高温,以延长使用寿命。

⑦洞库中岩石洞和黄土洞的防水 岩石洞分为离壁式衬砌和贴壁式衬砌两种。岩石洞贴壁式衬砌,其喷射混凝土后,在表面抹水泥砂浆找平层,再贴高聚物改性沥青卷材或者贴聚乙烯土工膜,也可用聚氯乙烯防水卷材。岩石洞离壁式衬砌,在喷射混凝土表面喷射防水涂料、聚氨酯涂料或氯丁胶乳沥青涂料。黄土洞多为砌块衬砌,作内防水,在水泥砂浆表面抹聚合物防水砂浆或涂刷丙烯酸酯涂料。

(3)按建筑功能要求选材

①有绿化的屋顶结构应该考虑到植物根系的因素,防水层除了要耐腐蚀耐浸泡外,还要具备抗穿刺能力。选用聚乙烯土工膜(焊接接缝)、聚氯乙烯卷材(焊接接缝)、铅锡合金卷材、抗深根的改性沥青卷材比较好。

②用作娱乐活动和工业场地屋面,比如舞场、小球类运动场、茶社、晾晒场、观光台等,一般防水层上应铺设块材保护层,所以材料的选择范围比较大,可以采用卷材或涂料,也可采用刚柔结合的复合防水。

③保温层在上、防水层在下的倒置式屋面,由于防水层有保温层的保护,选用的防水材料的范围比较大,为确保耐用年限内不漏,对施工要求特别严格。一旦发生渗漏,需要翻掉整个保温层和保护层。

④蓄水池的防水层长年浸泡在水里,要求其具有很好的耐水性。可选用聚氨酯涂料、硅橡胶涂料、合成高分子卷材(热焊合缝)、聚乙烯土工膜、铅锡金属卷材,不宜用胶黏合的卷材。

(4）按工程条件要求选材

①建筑等级是选择材料的首要条件，一、二级建筑必须选用优质防水材料，如聚酯胎高聚物改性沥青卷材，合成高分子卷材，复合使用的合成高分子涂料。三、四级建筑选材较宽。

②坡屋面用瓦覆盖的，瓦的下面必须另设柔性防水层。因有固定瓦钉穿过防水层，要求防水层有握钉能力，防止雨水沿钉渗入望板。最合适的卷材是4mm厚高聚物改性沥青卷材，而高分子卷材和涂料都不适宜。

③振动较大的屋面（如铁路附近、地震区、厂房内有天车锻锤等），砂浆基层极易裂缝；大跨度轻型屋架，满黏的卷材容易被拉断，应选用高延伸率和高强度的卷材或涂料，如三元乙丙橡胶卷材、聚酯胎高聚物改性沥青卷材、聚氯乙烯卷材。

④不能上人的陡坡屋面，防水层上无法作块体保护层，只适合选用带矿物粒料的卷材，或者选用铝箔覆面的卷材、金属卷材。

(5）根据环境、气候条件选材

①南方夏季气温达40℃及以上，长时间的暴晒，故暴露在屋面的防水层应选用耐紫外线强的，软化点高的材料，如APP改性沥青卷材、三元乙丙橡胶卷材、聚氯乙烯卷材。

②多雨地区的防水应选用耐水性好的材料，如玻纤胎、聚酯胎的改性沥青卷材或耐水的胶黏剂黏合高分子卷材。

③干旱少雨的地区，对防水的程度可有所降低。如二级防水要求的建筑作一道防水并做好保护层，能够达到耐用年限。

④严寒多雪地区，防水材料要能经得起低温冻胀收缩的循环变化，宜选用SBS改性沥青卷材或焊接合缝的高分子卷材。如果选用不耐低温的防水材料，应作倒置屋面。

⑤根据施工的季节选择合适的防水材料，设计时应注意了解选用材料的适应温度。

(6）根据技术可行、经济合理的原则选材

根据工程防水等级的要求及工程投资的多少，综合考虑技术、经济两方面的因素和性价比，在满足防水层耐用年限要求的前提下，尽可能经济选材。

9.1.4 在使用中应注意的问题

防水材料在使用中应注意如下几方面的问题：

①防水卷材应在干燥的基层上铺贴，避免防水层鼓泡。

②乳化沥青不适应于冬季、雨季施工。因为乳化沥青中的水在冬季负温度下结冰，不能形成防水沥青膜，雨季不能保证乳化沥青的结膜时间（24h结膜）。

③屋面和地下卷材防水层用冷贴法施工较好，可减少卷材防水层起鼓、翘边、流淌等通病。

④涂料防水是一种比较理想的防水技术。原因是：防水层延伸性好，能充分适应基层

的变动；耐气候性、耐火性及耐腐蚀性优良；防水层重量很轻，适应于轻型屋面；涂料能形成无缝的完整防水膜；施工简便，维修容易。

⑤沥青起火时不能用水扑救，一般用隔离法、窒息法和冷却法。

⑥地下工程防水处理目前主要采用混凝土结构自防水法（刚性防水材料），外贴卷材防水法，抹面防水法，涂面防水法。

⑦变形缝的防水处理必须采用柔性材料，宜设多道防线。变形缝是伸缩缝和沉降缝的总称。变形缝的防水处理应埋设橡胶或止水带，将止水带周围的混凝土捣固密实外，在迎水面加设止水带或加贴高质量的防水卷材，如沥青胶粉无胎油毡、氯丁胶片等。

⑧丙凝浆液的配制和储存应使用塑料桶、搪瓷桶或陶瓷缸，不能用铁桶配制和储存，因为丙凝浆液会腐蚀钢铁。

⑨氰凝浆液不能作为混凝土裂缝的补强材料。

9.2 土工合成材料

《土工合成材料应用技术规范》(GB/T 50290—2014)规定，土工合成材料是在岩土工程土木工程中与土壤和(或)其他材料接触使用的一种合成或天然的聚合材料的总称，包括土工织物、土工膜、土工特种材料、土工复合材料。

土工合成材料是一种多功能材料，起滤层作用、排水作用、隔离作用、加筋作用、防护作用和防渗作用。

土工合成材料广泛用于水利工程的堤、坝、水库、渠道、蓄水池、污水池、游泳池、房屋建筑、地下建筑物、垃圾场、环境工程等方面，作为防渗、防漏、防潮材料。

土工合成材料应用见表9-5所列。

表9-5 土工合成材料应用

路基用材料	边坡绿化材料	防渗过滤排水用材料	填河、护岸扩防汛用材
土工网	土工网垫	土工布	抛石网兜
土工格栅	土工格室	塑料盲沟	抛石笼
经编格栅	钢丝网	软式透水管、排水网管	绳索
钢塑格栅	柔性高强钢丝捆山网	复合土工膜	防晒网
纤维	高强柔性纤维绳索网	三维排水网、空调网	柔性高强钢丝绳吊装网
玻纤格栅		渗排水片材	船运石料集装网兜
公路隔离栅		土工席垫、防水板	
		膨润土防水毯	
		半圆式软式排水管	

9.2.1 土工织物

土工织物又称土工布,由合成纤维通过针刺或编织而成的透水性土工合成材料。其产品为布状,一般幅宽4~9m,长度50~100m。分为有纺土工布、无纺土工布和有纺与无纺复合土工布。

(1)有纺土工布

有纺土工布是由纤维或长丝按一定方向排列机织的土工织物。根据编织工艺和使用经纬的不同分为加筋土工布和不加筋土工布。产品具有加固增强、平面隔离与保护功能,但不具备平面排水功能,加筋土工布抗拉强度远大于普通土工布。目前有长丝机织土工布、裂膜丝机织土工布、塑料扁丝编织土工布等。主要用于公路、铁路病害地段的治理、土质松软地段的改善和河堤、水坝、海港等处的护坡加固及机场遗产、人工岛的构筑等。

(2)无纺土工布

无纺土工布是由短纤维或长丝随机或定向排列制成的薄絮垫,经机械结合、热黏合或化学黏合而成的土工织物。具有优秀的过滤、隔离、加固防护作用、抗拉强度高、渗透性好、耐高温、抗冷冻、耐老化、耐腐蚀,长丝的抗拉强度高于短丝。按生产方法主要有纺黏法和针刺法,目前有短纤针刺非织造土工布、长丝纺黏针刺非织造土工布等。广泛应用于铁路、公路、运动场馆、堤坝、水工建筑、隧洞、沿海滩途、围垦、环保等工程。

(3)无纺与有纺复合土工布

无纺与有纺复合土工布是采用无纺和有纺土工布通过针刺(或经编)复合而成,集无纺土工布反滤、排水性能好,编织或机织土工布强度高的优点于一体的新型土工织物。具有重量轻、成本低、耐腐蚀、反滤、排水、隔离、增强等优良性能。其品种有无纺与丙纶长丝机织复合土工布、无纺与塑料编织复合土工布。广泛适用于水利、港口、航道、铁路、公路等泥沙直径小,受力大的工程;可做成冲灌袋、软体排,用作反滤、软基处理、护岸护坡等。

土工布的种类、性质和应用见表9-6所列。

表9-6 土工布的种类、性质和应用

名称	性质	应用
长丝机织土工布	高强度、低延伸、耐持久、耐腐蚀、透水性好、低成本、运输方便等	河流、海岸、港湾、公路、铁路、码头、隧道、桥梁等岩土工程
裂膜丝机织土工布	优越的透水性、过滤性和耐用性	铁路、公路、运动馆、堤坝、水工建筑、隧洞、沿海滩涂、围垦、环保等工程
塑料扁丝编织土工布	耐酸碱、抗变形、具有良好的排水隔离性能、施工方便等	水利、水运、公路、铁路、机场、建筑、环保等起过滤、分隔、加筋、排水作用

(续)

名称	性质	应用
短纤针刺非织造土工布	耐酸碱、耐腐蚀、耐老化、强度高、尺寸稳定、过滤性好等	工程的增强、隔离、反滤、排水、广泛用于水利、公路、铁路等领域
长丝纺黏针刺非织造土工布	抗拉强度高、纵横向排水性和延伸性好、耐生物、耐酸碱、耐老化等	公路、铁路、机场跑道的基础隔离、反滤、排水；土坡、挡土墙及路面加筋、排水等
玻璃纤维（或合成纤维）与短纤针刺无纺布经编复合土工布	具有加筋、排水、反滤、隔离和防护的功能	隧道、水池、水位变更、土体流失、暗管排水等，堤坝加筋排水，反滤，均化基底应力，防止地基变形及垫层淤堵，加强边坡填土提高稳定性

9.2.2 土工膜

土工膜是以塑料薄膜作为防渗基材，与无纺布复合而成的土工防渗材料。土工膜也叫防渗土工布，通常情况下是指土工布（机织布或塑料编织布）和 PE 膜黏接的合成材料。一布一膜是指一层土工布黏附一层 PE 膜；两布一膜是指两层土工布之间夹一层 PE 膜；两膜一布是指两层 PE 膜中间夹一层土工布。

土工膜按塑料薄膜基材不同可分为聚氯乙烯（PVC）土工膜、高密度聚乙烯（HDPE）土工膜、低密度聚乙烯（LDPE）土工膜、乙烯—醋酸乙烯共聚物（EVA）土工膜和乙烯乙酸乙烯改性沥青共混（ECB）土工膜。它们是一种高分子化学柔性材料，具有比重较小，延伸性较强，适应变形能力高，耐腐蚀，耐低温，抗冻性能好等特点。

土工膜主要用于堤、坝、闸防渗，屋顶防渗，建筑物或构筑物地下防潮等。

根据《土工合成材料 聚乙烯土工膜》（GB/T 17643—2011）规定，部分聚乙烯土工膜的技术性能指标见表 9-7 所列。

表 9-7 聚乙烯土工膜的技术性能指标

项目指标	LDPE 土工膜		HDPE 土工膜		
	GL-1 型	环保用线形（GL-2 型）	普通（GH-1 型）	环保用光面（GH-2S 型）	环保用糙面（GH-2T1 型、GH-2T2 型）
厚度（mm）	2.00				
密度（g/cm³）	≤0.939		≥0.940		
拉伸断裂强度（纵、横向）（N/mm）	≥37	≥53	≥40	≥53	≥21
断裂伸长率（纵、横向）（%）	≥560	≥800	≥600	≥700	≥100
直角撕裂负荷（纵、横向）（N）	≥180	≥200	≥225	≥250	
抗穿刺强度（N）	≥350	≥500	≥480	≥640	≥535
85℃热老化（90d 后常压 OIT 保留率）（%）	—	≥35	—	≥55	
常压氧化诱导时间（OIT）（min）	≥60	≥100	≥60	≥100	

9.2.3 土工复合材料

9.2.3.1 复合土工膜

复合土工膜是用土工织物与土工膜复合而成的,能承受0.7MPa水压而不渗水的复合材料。复合土工膜分一布一膜和两布一膜,宽幅4～6m,重量为200～1500g/m²,其防渗、抗拉、抗撕裂、顶破等物理力学性能指标高(表9-8)。产品具有强度高,延伸性能较好,变形模量大、耐酸碱、抗腐蚀、耐老化、防渗性能好等特点。能满足水利、市政、建筑、交通、地铁、隧道等工程建设中的防渗、隔离、补强、防裂加固等土木工程的需要。常用于堤坝、排水沟渠的防渗处理,以及废料场的防污处理。由于其选用高分子材料且生产工艺中添加了防老化剂,故可在非常规温度环境中使用。

根据《土工合成材料 非织造布复合土工膜》(GB/T 17642—2008)规定,非织造布复合土工膜的基本技术要求见表9-8所列。

表9-8 复合土工膜的基本技术要求

	项目		指标							
	标称断裂强度(kN/m) ≥		5	7.5	10	12	14	16	18	20
1	纵横向断裂强度(kN/m)		5.0	7.5	10.0	12.0	14.0	16.0	18.0	20.0
2	纵横向标准强度对应伸长率(%) ≥		30～100							
3	CBR顶破强力(kN) ≥		1.1	1.5	1.0	2.2	2.5	2.8	3.0	3.2
4	纵横向撕破强力(kN)		0.15	0.25	0.32	0.40	0.48	0.56	0.62	0.70
5	剥离强度(N/cm) ≥		6							
6	垂直渗透系数(cm/s)		按设计或合同要求							
7	幅宽偏差(%)		－1.0							

注:1. 实际规格(标称断裂强度)介于表中相邻规格之间,按线性内插法计算相应考核指标;超出表中范围时,由双方商定。
2. 第5项如测定时试样张难以剥离或未到规定剥离强度基材或膜材断裂,视为符合要求

	项目		膜厚度(mm)							
			0.2	0.3	0.4	0.5	0.6	0.7	0.8	1.0
耐静水压(MPa) ≥		一布一膜	0.4	0.5	0.6	0.8	1.0	1.2	1.4	1.6
		二布一膜	0.5	0.6	0.8	1.0	1.2	1.4	1.6	1.8

注:膜厚介于表中相邻规格之间,按线性内插法计算相应考核指标;超出表中范围时,由双方商定

9.2.3.2 复合排水材料

复合排水材料主要有三维复合排水网。三维复合排水网又名三维土工排水板、隧道排放水板、排放水板,是一种新型的排水土工材料,它以高密度聚乙烯(HDPE)为原料,经

特殊挤出成型工艺加工而成,具有3层特殊结构,两面都黏有针刺穿孔无纺土工织物,中间的筋条纵向排列,形成排水通道,上下交叉排列的筋条形成支撑,防止土工布嵌入排水通道,即使在很高的荷载下也能保持很高的排水性能。双面黏接渗水土工布复合使用,具有"反滤—排水—透气—保护"综合性能,是目前最理想的排水材料。

土工复合排水网可替代传统的沙粒和砾石层,主要用于垃圾填埋场、路基和隧道内壁的排水。

土工织物、土工膜和复合排水材料及应用如图9-2所示。

图9-2 土工织物、土工膜和复合排水材料

9.2.4 土工特种材料

土工特种材料是土工合成材料的一类,是为工程特定需要而生产的产品。品种较多,主要有土工格室、土工格栅、土工网垫、土工席垫、排水板、透水管和塑料盲沟等。

9.2.4.1 土工格室

土工格栅、土工织物或具有一定厚度的土工膜形成的条带通过结合相互连接后构成的蜂窝状或网络状三维结构材料。

(1) 特性

① 伸缩自如,运输可缩叠,施工时可张拉成网状,填入泥土、碎石、混凝土等松散物料,构成具有强大侧向限制和大刚度的结构体。

② 材质轻、耐磨损、化学性能稳定、耐老化、耐酸碱,适用于不同土壤与沙漠等土质条件。

③较高的侧向限制，防滑、防变形，有效地增强路基的承载能力和分散荷载作用。

④改变土工格室高度、焊距等几何尺寸可满足不同的工程需要。

根据《土工合成材料 塑料土工格室》(GB/T 19274—2003)规定，塑料土工格室的技术要求见表9-9所列。

表9-9 土工格室的技术要求

序号	项目		单位	材质为PP的土工格室	材质为PE的土工格室
1	外观			格室片应平整、无气泡、无沟痕	
2	格室片的拉伸屈服强度		MPa	≥23.0	≥20.0
3	焊接处抗拉强度		N/cm	≥100	≥100
4	格室组间连接处抗拉强度	格室片边缘	N/cm	≥200	≥200
5		格室片中间	N/cm	≥120	≥120

(2) 用途

①用于稳固公路、铁路路基。

②用于承受载重力的堤防及浅水河道治理。

③用于防止滑坡及受载重力的混合式挡墙。

④在遇到软地基时，采用土工格室可大大减轻施工劳动强度，减少路基厚度，施工速度快、性能好，大大地降低工程造价。

土工格室连接灵活，可任意组成一个整体，适用于大范围温差环境和不同的土质环境，耐酸、耐碱、耐热老化，寿命为50年。

土工格室及其应用如图9-3所示。

土工格室

土工格式的应用

图9-3 土工格室及其应用

9.2.4.2 土工格栅

格栅是用聚丙烯、聚氯乙烯等高分子聚合物经热塑或模压而成的二维网格状或具有一定高度的三维立体网格屏栅，作为土木工程使用时，称为土工格栅。具有抗拉能力强、变形小、寿命长、施工便捷、成本低等特点。

土工格栅按原材料组成不同可分为塑料土工格栅、钢塑土工格栅、玻璃纤维土工格栅和聚酯经编涤纶土工格栅 4 类。根据《交通工程土工合成材料 土工格栅》(JT/T 480—2002)规定,土工格栅经过拉伸形成具有方形或矩形的聚合物网材,按其使用受力的方向可分为单向土工格栅(代号 GD)和双向土工格栅(代号 GS)2 种。

(1)原材料名称标识及技术要求

土工格栅所用原材料名称标识及技术要求见表 9-10 所列。

表 9-10 原材料名称标识及技术要求

类型	原材料名称	标识符	技术要求	主要生产工艺	
				名称	代号
塑料格栅	聚丙烯	PP	必须是原始粒状颗粒原料,严禁使用粉状和再造粒状颗粒原料	拉伸	L
	高密度聚乙烯	HDPE			
玻璃纤维格栅	无碱玻璃	GE	碱金属氧化物的含量不大于 0.8%	经编	B
经编格栅	高强聚酯长丝	HP			J
黏结格栅	聚丙烯或高密度聚乙烯	PP 或 HDPE	必须是原始粒状颗粒原料,严禁使用粉状和再造粒状颗粒原料	黏结	Z
焊接格栅				焊接	

(2)规格

土工格栅产品规格见表 9-11 所列。

表 9-11 土工格栅产品规格

格栅种类	标称每延米抗拉强度(kN/m)						
单向拉伸土工格栅 GDL	20	35	50	80	100	125	150
双向拉伸土工格栅 GSL	20	35	50	80	100	125	150
单向经编土工格栅 GDJ	25	40	60	80	100	125	150
双向经编土工格栅 GSJ	25	40	60	80	100	125	150
单向黏结、焊接土工格栅 GDZ	25	40	60	80	100	125	150
双向黏结、焊接土工格栅 GSZ	25	40	60	80	100	125	150

(3)用途

①常用作加筋土结构或复合材料的筋材等。

②应用于高速公路及铁路中,可减少路基与桥台的沉降差,降低车辆与路基振动,减缓路基结构变形,保证车辆行驶的安全舒适。

③在填方土中加入土工格栅,可增加填方土料的抗剪强度和中期的整体性,减少中期填方数量,使软基处理方便,降低成本。

④在土石坝剖面设计中采用土工格栅做加筋土结构,可改善坝体受力变形性能,避免坝体断裂,降低工程量和工程造价。

土工格栅及其应用如图 9-4 所示。

 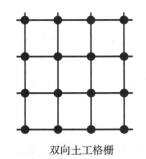 

单向土工格栅　　　　　双向土工格栅　　　　　土工格栅应用

图 9-4　土工格栅及其应用

9.2.4.3　土工网垫

土工网垫也称三维网、三维土工网垫、塑料网垫、三维植被网，是以热塑性树脂为原料，底层为双向拉伸平面网，表层为非拉伸挤出网，经点焊形成表面呈凹凸泡状的多层塑料三维结构网垫。具有固土作用明显，防止变形和水土流失，施工简便，成本低廉等特点。

（1）规格及技术要求

根据《土工合成材料　塑料三维土工网垫》（GB/T 18744—2002）规定，塑料三维土工网垫按层数可分为二层、三层、四层、五层，分别用 EM2、EM3、EM4、EM5 表示。

规格有：长 30m、40m、50m，宽 1m、1.5m、2m。

塑料三维土工网垫的技术要求见表 9-12 所列。

表 9-12　塑料三维土工网垫的技术要求

项目	EM2	EM3	EM4	EM5
单位面积质量≥（g/m²）	≥220	≥260	≥350	≥430
厚度≥（mm）	≥10	≥12	≥14	≥16
宽度偏差（m）	+0.1 0			
长度偏差（m）	+1 0			
纵向拉伸强度（kN/m）	≥0.80	≥1.4	≥2.0	≥3.2
横向拉伸强度（kN/m）	≥0.80	≥1.4	≥2.0	≥3.2

（2）用途

土工网垫能有效地防止水土流失、增加绿化面积、改善生态环境。

①边坡面、河岸、堤岸防护　可替代混凝土、沥青、块石等坡面材料，主要用于公路、铁路、河道、堤坝、山坡等坡面保护；保护坡面不受风、雨、洪水的侵蚀，初期有利于植被生长，后期可增强植物根系抵抗水土流失的能力。

②环境绿化 加筋草利用三维结构的包裹作用,集中培植草皮,异地移植铺盖,从而解决了快速防护工程的植被绿化问题,特别是在未来垃圾填埋场的表层绿化中的作用更加明显。

③资源保护 利用土工网垫对沙漠及沙化土地进行治理,通过铺设种草可防风固沙,长期治理可达到退沙还林的功效。

土工网垫及其应用如图9-5所示。

图9-5 土工网垫及其应用

9.2.4.4 土工席垫

土工席垫也称排水席垫、渗排水片材、渗排水网垫,是一种以乱丝熔融铺网而成的新型土工合成材料,耐压高、开孔密度大,有全方位集水、水平排水功能。组成结构是一个立体的土工网芯,两面都配有针刺穿孔无纺土工织物。具有耐压高、开孔密度大,有全方位集水、水平排水功能并能起到隔离加固的作用。

(1) 规格

目前土工席垫规格:宽 1000～2000mm,厚度为 60～200mm,抗压强度 80～500kPa。可根据工程要求定做其他规格和性能的产品。

(2) 性能

土工席垫性能见表 9-13 所列。

表9-13 土工席垫性能指标

型号指标	CDK-05	CDK-06	CDK-08	CDK-10	CDK-15	CDK-20
厚度(不包含滤膜厚度)(mm)	5	6	8	10	15	20
抗压强度	压缩量10%,250kPa				压缩量10%,280kPa	
拉伸强度(kN/m)	≥6.0(包含滤膜,200g/m² 长丝土工布)				≥8.0(包含滤膜,200g/m² 长丝土工布)	
伸长率(%)	≥40					
垂直渗透系数(cm/s)	≥5×10⁻¹				≥1.0	

（续）

孔隙率(%)	80～90
水平导水率($i=1$)	200kPa 条件下，大于 $5.0 \times 10^{-3} m^2/s$
材质	高密度聚乙烯(HDPE)
卷宽度(m)	1
卷长度(m)	25（可根据工程需要生产）
滤膜(g/m^2)	200（可根据需要选用不同规格的土工布滤膜）

注：其他规格的产品可以按客户要求定制。

(3) 作用

① 土工席垫与无纺土工布复合后，能在掩埋的封闭覆盖层之下，将汇集渗透过土壤覆盖层的雨水或堆场本身排放的污水，利用其独特的排水功能，按照工程要求从土工席垫夹层中有序排放，而不会形成淤堵。因此可以避免因土壤覆盖层吸水饱和而可能产生的滑动问题。

② 可排放土壤（特别是垃圾废弃物）中因发酵产生的沼气，在垃圾填埋场中尤其适用。

③ 与 HDPE 结合应用时，同时能起到很好地保护 HDPE 膜不被穿刺的作用。

(4) 应用

① 公路、铁路路基路肩的加固排水；② 隧道、地铁地下通道、地下货场的排水；③ 山坡地、边坡开发的水土保持；④ 各种挡土墙边垂直及水平排水；⑤ 蹦滑地的排水；⑥ 火力电厂灰堆排水、垃圾填埋工程排水；⑦ 运动场、高尔夫球场、棒球场、足球场、公园等休息绿地的排水；⑧ 屋顶花园、花台的排水；⑨ 建筑基础工程施工排水；⑩ 农业、园艺地下灌溉排水系统；⑪ 低洼潮湿地的排水系统，整地工程的排水。

土工席垫及其应用如图 9-6 所示。

图 9-6 土工席垫及其应用

9.2.4.5 排水板

排水板又称排疏板，是用高密度聚乙烯(HDPE)或高抗冲聚苯乙烯(HIPS)原料注塑成塑胶板材，再经过冲压制成圆锥突台、加筋肋凸点或中空圆柱形多孔而成。

排水板按表面是否覆盖过滤用土工布可分为不带土工布排水板(N)、带土工布排水板(F)。按形状分为卷材和片材两个系列，其中卷材分热熔、搭接和自黏3个类型，造型上采用特殊工艺将塑料板材压出封闭凸起的柱状壳体，形成凹凸状膜，壳连续，具有立体空间和一定支撑高度，边沿加工生产时热黏上丁基橡胶条，壳顶部覆盖土工布过滤层，用于渗水、疏水、排水和蓄水的产品。

施工中常用的排水板有自黏PE排水板、塑料排水板、蓄排水板、卷材排水板、防渗水排水板、复合排水板、立体排水板、片状排水板等。

(1)性能

排水板性能指标见表9-14所列。

表9-14　排水板性能指标

型号	LC-H25	HW-PSS18(104)	HW-PEZ30	HW-PED30	HW-PEM30X
名称	片状排水板	蓄排水板	塑料排水板	防排水板	排水板
底板颜色	黑	黑/白	黑/白	黑/白	黑
材质	聚乙烯(PE)	高抗冲聚苯乙烯(HIPS)	高密度聚乙烯(HDPE)	高密度聚乙烯(HDPE)	高密度聚乙烯(HDPE)
质量(g/m²)	1900	750	3150	1040	
厚度(mm)	25	18	30	30	30
抗压强度(kPa)	370	200	1000	150	350
滤层土工布颜色	黑/白	黑/白	黑/白	黑/白	
材质	丙涤纶	丙纶涤纶	丙纶涤纶	丙纶涤纶	
孔隙口径(mm)	0.15	0.15	0.15	0.15	
泾流率	330	320	320	320	
受拉强度(N)	170	160	160	160	
质量(g/m²)	150	150	150	150	
排水板规格(mm)	333×333	1200×16660	333×333	2400×20000	400×400

(2)功能

①导水、排水性

● 导水排水。排水板都有凹凸式中空立筋结构，可以快速有效导水排水，大大减少甚至消除防水层的静水压力。

● 防水。排水板通过采用搭接的连接方式，使防排水板成为一种很好的辅助防水材料，达到主动防水的效果。

②防护、隔音防潮

• 保护防护。排水板可以有效地保护构筑物和防水层，并且抵抗土壤中的各类酸碱和植物的根刺。在地下室外墙回填土时，它可以保护建筑物和防水层免遭破坏。

• 隔音及通风防潮。实验室数据表明，聚乙烯（HDPE）排水板可有效降低室内14dB，500Hz的噪音，具有明显的减噪隔音功能。防水导水板在地面或墙面使用时，亦可起到很好的通风防潮作用。

（3）应用

①绿化工程　车库顶板绿化、屋顶花园、垂直绿化、斜屋顶绿化、足球场、高尔夫球场。

②市政工程　机场、道路路基、地铁、隧道、垃圾填埋场。

③建筑工程　建筑物基础上层或下层、地下室内外墙体和底板以及顶板、屋面的防渗和隔热层等。

④水利工程　水库防渗水、蓄水池、人工湖防渗水。

⑤交通工程　公路、铁路路基、堤坝和护坡层。

排水板顶面胶接一层过滤土工布，以阻止泥土微粒通过，避免排水通道阻塞使孔道排水顺畅。传统的排水方式使用砖石瓦块作为导滤层，使用较多的鹅卵石或碎石作为滤水层，将水排到指定地点。而用排水板加土工布取代鹅卵石滤水层来排水则省时、省力、节能，又节省投资，还能降低建筑物的荷载。

排水板及其在屋顶花园中的应用如图9-7所示。

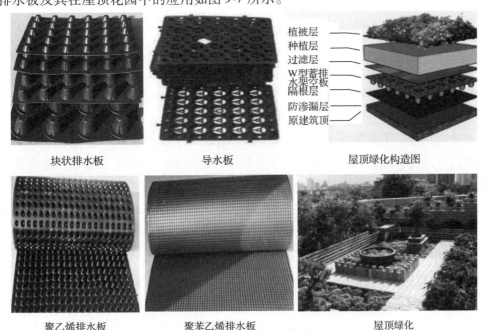

图9-7　排水板及其在屋顶花园中的应用

9.2.4.6 透水管

透水管是一种具有倒滤透(排)水作用的新型管材,因其产品独特的设计原理和构成材料的优良性能,排、渗水效果好,利用"毛细"现象和"虹吸"原理,透水管集吸水、透水、排水于一体,具有满足工程设计要求的耐压能力及透水性和反滤作用。它克服了其他排水管材的诸多弊病,不因地质、地理温度变化而发生断裂,并可达到排放洁净水的效果,不会对环境造成二次污染,属于新型环保产品。因其施工简便,无接头,对地质、地形无特殊要求,任何需要用暗排水的地方都可以使用。

(1) 软式透水管组成

①支撑材料　高碳钢丝经磷酸防锈处理,外覆PVC防止酸碱腐蚀,独特的钢线螺旋骨架确保管壁表面平整并承受压力。

②透水和被覆材料　经纱使用高强力尼龙纱,纬纱使用特殊纤维。具有优良吸水性。能迅速收集土体中多余水分。

③接著材料　特殊强力PVC接著剂或橡胶筋,使管壁被覆层与弹簧钢圈管体结合,具有很好的全方位透水功能,渗透水顺利渗入管内,而泥沙杂质被阻挡在管外,从而实现透水、过滤、排水融为一体。

(2) 特点

①孔隙直径小,全方位透水,渗透性好。

②抗压耐拉强度高,使用寿命长。

③耐腐蚀和抗微生物侵蚀性好。

④整体连续性好,接头少,衔接方便。

⑤重量轻,施工方便。

⑥质地柔软,与土结合性好等。

(3) 用途

透水管适用于:①各类挡土墙背面垂直及水平排水;②公路、铁路路基、路肩、软土地基排水;③隧道、地下通道的排水;④水利坝体的排水;⑤高速公路中央隔离带排水及保护植被;⑥室外运动场地的排水;⑦横向水平钻空排水;⑧易崩滑地排水护坡;⑨屋顶花园及花台排水;⑩山坡地水土保持;⑪整地工程的地下排水;⑫低洼地排水及盐碱地改造系统。

透水管及其应用如图9-8所示。

9.2.4.7 塑料盲沟

塑料盲沟也称为复合土工排水体(简称GDS),是由塑料芯体和外包土工布滤膜组成。塑料芯体是以聚丙烯(PP)、聚乙烯(PE)为主要原料,经过配方改性,在热熔状态下,通过喷嘴挤压出细的塑料丝条,由成型装置将挤出的塑料丝在结点上熔接,形成三维立体网

透水管　　　　　　　　软式透水管　　　　　　透水管的应用

图 9-8　透水管及其应用

状结构。塑料芯体的作用是支撑透水滤膜，抵抗外力并形成通水空间。包裹在芯体外的滤膜一般用短纤针刺土工布或长丝热黏土工布，重量为 90~250g/m²，也可用尼龙丝网。塑料芯体有矩形、中空矩形、双中空矩形、圆形、中空圆形、多孔圆形等多种结构形式。

(1) 性能

① 表面开孔率高，集水性能强　芯体表面弯曲的塑料丝起到以点支撑透水滤膜的作用，将盲沟芯体表面不透水部分减少到最低程度，因而塑料盲沟表面透水率远远高于其他传统盲沟，集水性能强。

② 空隙率大，排水性好　塑料丝之间空隙较大，芯体中间做成多孔状或中空状，水流阻力小，排水性好。

③ 抗压性强　其立体网状结构与钢结构中的桁架结构原理类似，具有良好的耐压性，可承受各个方向的压力，即使超载压力将材料压扁，也不会使排水功能完全失效，仅减少通水空间。

④ 柔韧性好，适应土体变形能力强　适应周围土体变形，不因超载、地基变形、不均匀沉降等原因而断裂，避免了传统盲沟因上述原因而造成集排水失效的事故。

⑤ 重量轻，施工方便　主要原料是聚丙烯、聚乙烯，密度小，重量轻，工人劳动强度大大下降，施工效率高，因而得到广泛的应用。

⑥ 耐寒、耐腐蚀、耐菌蚀，不易老化，耐久性好。

塑料盲沟规格型号及性能指标见表 9-15 所列。

(2) 应用

① 大面积场地排水；② 公路、铁路路基路肩的加固排水；③ 挡土墙背面排水(垂直、水平排水)；④ 隧道、地铁等地下通道、地下货场的排水；⑤ 山坡、堤坡、边坡等坡面排水；⑥ 软基处理水平排水；⑦ 运动场、高尔夫球场、棒球场、足球场、公园等绿地排水；⑧ 堆煤场、垃圾填埋场、堆肥场等场地排水；⑨ 屋顶花园、花台的排水；⑩ 建筑基础工程施工排水；⑪ 农业、园艺地下灌溉排水系统。

塑料盲沟及其应用如图 9-9 所示。

表 9-15 塑料盲沟规格型号及性能指标

型号 项目		矩形							
		MF7030	MF7035	MF1030	MF1235	MF1435	MF1540	MF1550	MF3020
外形尺寸≥(mm)		70×30	70×35	100×30	120×35	140×35	150×40	150×50	300×200
中空尺寸≥(mm)		45×10	70×10	50×12	40×10×2	50×12×2	56×20×2	55×25×2	160×73×3
重量≥(g/m)		380	430	450	680	720	1000	1100	5000
空隙率≥(%)		82	82	82	82	82	82	85	85
抗压强度(kPa)	扁平率 5%≥	80	70	40	60	70	80	85	30
	扁平率 10%≥	110	100	70	90	120	120	130	50
	扁平率 16%≥	170	160	110	130	160	170	180	80
	扁平率 20%≥	230	220	130	180	190	200	220	130

型号 项目		圆形							
		MY30	MY50	MY60	MY80	MY100	MY150	MY200	MY250	MY300
外形尺寸≥(mm)		φ30	φ50	φ60	φ80	φ100	φ150	φ200	φ250	φ300
中空尺寸≥(mm)		—	15	20	45	60	80	130	180	220
重量≥(g/m)		250	320	420	750	1000	2000	3000	4200	5800
空隙率≥(%)		80	82	82	82	82	82	85	85	85
抗压强度(kPa)	扁平率 5%≥	100	85	80	75	65	50	45	45	45
	扁平率 10%≥	180	170	160	140	110	80	70	68	65
	扁平率 16%≥	250	210	200	160	160	100	90	55	85
	扁平率 20%≥	320	260	250	230	220	125	120	110	100

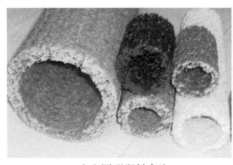
中空圆形塑料盲沟

运动场铺设塑料盲沟

图 9-9 塑料盲沟及其应用

矩形塑料盲沟

塑料盲沟边坡应用

图 9-9 塑料盲沟及其应用(续)

【技能训练】

技能 9-1　防水材料和土工合成材料的识别

1. 目的要求

通过识别防水材料和土工合成材料,熟悉其种类、技术性质、规格和质量等。

2. 材料与工具

尺子、教材、笔和本子。

3. 内容和方法

①观察法将防水材料和土工合成材料分类。

②尺子测量材料的尺寸。

③技术性质

应符合防水材料和土工合成材料的技术标准规定。防水材料和土工合成材料的技术标准包括:《种植屋面耐根穿刺防水卷材》(JC/T 1075—2008),《自黏聚合物改性沥青防水卷材》(GB 23441—2009),《聚氨酯防水涂料》(GB/T 19250—2003),《建筑用硅酮结构密封胶》(GB 16776—2005),《聚合物水泥防水涂料》(GB/T 23445—2009),《土工合成材料 现场鉴别标识》(GB/T 14798—2008),《土工合成材料应用技术规范》(GB 50290—2014)。

4. 实训成果

填写表 9-16。

表 9-16　防水材料和土工合成材料的识别报告表

序号	材料名称	规格类型	性质	应用
1				
2				
3				
⋮				

【拓展知识】

防水板

防水板是以高分子聚合物为基本原料制成的一种防渗材料，习惯把厚度≥0.8mm 的土工膜称为防水板。产品抗拉、抗撕裂、抗顶破等物理力学性能指标高，具有强度高、延伸性能较好、变形模量大、耐酸碱、耐腐蚀、耐老化、防渗性能好等特点，可防止液体渗漏和预防气体挥发。主要应用于坝体、渠道、蓄液池、地铁、地下室、隧道，公路铁路地基、卫生垃圾填埋场中配合长丝土工布、膨润土防水毯等土工材料使用，在工程中主要起防渗、隔离、加强和防护作用。

防水板按原材料不同可分为低密度聚乙烯（LDPE）防水板、线性低密度聚乙烯（LLDPE）防水板、高密度聚乙烯（HDPE）防水板、乙烯—醋酸乙烯共聚物（EVA）防水板、聚氯乙烯（PVC）防水板和乙烯乙酸乙烯改性沥青共混（ECB）防水板等。

（1）高密度聚乙烯（HDPE）防水板

高密度聚乙烯（HDPE）防水板是在普通防水板的基础上经过配方重组，选用优质的低压高密度聚乙烯原料，并科学配比炭黑、抗老化剂、抗氧剂、紫外线吸收剂、稳定剂等辅料，经3层共挤技术制成。产品幅宽1~8m，厚0.8~2.5mm，具有良好的隔离性、抗穿刺性、抗腐蚀、耐老化等。应用于隧道、地下土木工程、城市地铁、水利、人工湖、垃圾填埋场、石化厂废渣处理场、污水调节池等的防水防渗。

（2）EVA 防水板

EVA 防水板是以乙烯—醋酸乙烯共聚物为基本原料制成的一种防渗材料。产品幅宽2.5~8m，厚0.2~4.0mm，它是橡塑制品，具有缓冲、抗震、隔热、防潮、抗化学腐蚀等优点，且无毒、可防止液体渗漏和预防气体挥发，施工工艺简单，可操作性强，可修补性好。产品对施工环境要求低，在建筑、交通、地铁、隧道、工程建设中广泛运用，特别适用于隧道、管道等狭小空间及通风条件差和有渗透水的环境。

（3）乙烯乙酸乙烯改性沥青共混（ECB）防水板

乙烯乙酸乙烯改性沥青共混（ECB）防水板是以乙烯乙酸乙烯共聚物为主要原料，加入一定量的改性沥青共混，经过二段挤出三辊压延冷却分卷等工序制成的一种高档土工防水防渗材料。产品幅宽1~6m，厚0.3~3mm，具有优良耐候性、坚韧性、柔韧性、绝缘性、延伸率高，抗穿透力强。应用于新建铁路、公路、市政道路、轻轨交通建设、屋面、地下工程的防水，水利建设、污水处理工程、垃圾填埋场工程、化工酸碱处理池等的防渗及耐腐蚀衬垫。

【自主学习资源库】

1. 九正建材网：www.jc001.cn。

2. 景观材料及其应用. [美]罗布·W·索温斯基. 孙兴文，译. 电子工业出版社，2011.

3. 建筑装饰材料(第二版). 向才旺. 中国建筑工业出版社，2004.

4. 环境艺术装饰材料与构造. 李蔚，傅彬. 北京大学出版社，2010.

5. 新型建筑材料及应用. 林克辉. 华南理工大学出版社，2006.

6. 土工合成材料工程应用手册. 刘宗耀. 中国建筑工业出版社，2000.

7. 土工合成材料规范汇总(2011.5.2修订).

8. 土工格栅的主要性能及其工程应用. 赵雷. 广东建材，2011，5：110-112.

9. 中国防水材料网：http://www.chinafscl.com/news.

10. 中国土工材料网：http://lwxcl.com.

【自测题】

一、填空题(24分，每小题2分)

1. 按建(构)筑物构造作法建筑防水可分为两大类，即(　　)和(　　)。

2. 刚性防水是相对防水卷材、防水涂料等柔性防水材料而言的防水形式。主要分为(　　)、(　　)两类。

3. 防水卷材根据主要组成材料不同，分为(　　)、改性沥青防水卷材、(　　)。

4. 在土木工程中，沥青是应用广泛的(　　)和防腐材料，主要应用于屋面、地面、地下结构的防水，木材、钢材的防腐。

5. 沥青主要可以分为煤焦沥青、(　　)和(　　)3种。

6. 沥青是高黏度有机液体的一种，表面呈黑色，可溶于(　　)。它们多以(　　)或焦油的形态存在。

7. 建筑防水材料分为(　　)、(　　)、刚性防水材料和(　　)四大类。

8. 屋面和地下卷材防水层用(　　)施工方法较好。

9. 土工材料包括(　　)、(　　)、土工席垫、土工格室、排水板、(　　)、(　　)、陶粒等。

10. 土工材料是一种多功能材料，基本功能有：滤层作用、(　　)、(　　)、加筋作用、保护作用、(　　)。

11. 塑料盲沟由(　　)外包裹(　　)组成。

12. 软式透水管具有(　　)，(　　)，侵蚀性好，质地柔软，与土结合性好等优点。

二、多项选择题(10分，每小题1分)

1. 管的根部、卷材收头等易渗漏部位，应采用(　　)等进行局部补强防水。

A. 防水卷材　　B. 防水涂料　　C. 密封材料　　D. 沥青

2. 目前地下工程防水处理主要采用的方法有(　　)。

A. 涂面防水法 B. 抹面防水法
C. 外贴卷材防水法 D. 混凝土结构自防水法

3. 防水涂料按主要成膜物质分为( )三大类。
   A. 沥青类 B. 聚合物改性沥青类
   C. SBS 改性沥青类 D. 合成高分子类

4. 配制和储存丙凝浆液应使用( )盛装。
   A. 搪瓷桶 B. 陶瓷缸 C. 铁桶 D. 塑料桶

5. 气温较高的地区的防水屋面，应选用耐热度、柔性较高的( )或耐热、耐老化的( )。
   A. APP 改性沥青防水卷材 B. SBS 改性沥青防水卷材
   C. 三元乙丙橡胶防水卷材 D. 合成高分子卷材

6. 土工布具有优秀的( )等作用，抗拉强度高，渗透性好，耐高温，抗冷冻，耐老化，耐腐蚀。
   A. 过滤 B. 隔离 C. 加筋 D. 加固防护

7. 塑料盲沟适用于( )等的排水。
   A. 公路、铁路路基路肩 B. 山坡地、边坡开发
   C. 运动场、公园等休息绿地 D. 地下建筑、地下通道

8. 软式透水管适用于( )等的排水。
   A. 各类挡土墙北面垂直及水平 B. 公路、铁路路基、路肩、软土地基
   C. 整地工程 D. 屋顶花园及花台

9. 膨润土防水毯适用于垃圾填埋场的基础处理和封顶、( )等的防渗。
   A. 人工湖 B. 地下建筑物 C. 屋顶花园 D. 地上建筑

10. 防水土工布产品规格有( )。
    A. 一布一膜基布：$100 \sim 1000 g/m^2$，膜厚：$0.1 \sim 1.5mm$
    B. 两布一膜基布：$100 \sim 1000 g/m^2$，膜：$0.2 \sim 1.5mm$
    C. 一布两膜基布：$100 \sim 1000 g/m^2$，膜厚：$0.1 \sim 0.8mm$
    D. 多布多膜基布：$100 \sim 1000 g/m^2$，膜厚：$0.1 \sim 0.8mm$

三、判断题(14分，每小题1分)

1. 合成高分子防水卷材以合成橡胶、合成树脂或两者的共混体为基料，加入适量的化学助剂和填充料等。( )

2. 氯化聚乙烯—橡胶共混型防水卷材特别适用于寒冷地区或变形较大的土木建筑防水工程。( )

3. 防水涂料经固化后形成的防水薄膜具有一定的延伸性、弹塑性、抗裂性、抗渗性及耐候性，能起到防水、防渗和保护作用。防水涂料有良好的温度适应性，操作简便，易

于维修与维护。（ ）

4. 合成高分子防水涂料不适合于Ⅰ、Ⅱ、Ⅲ级防水等级的屋面、地面、混凝土地下室和卫生间等的防水工程。（ ）

5. 不定型密封材料是具有一定形状和尺寸的密封材料。如密封条带、止水带等。（ ）

6. 密封材料就是指膏糊状材料，如腻子、塑料密封膏、弹性和弹塑性密封膏等和定型密封材料如止水带。（ ）

7. 高聚物改性沥青防水卷材仅应用于屋面防水等级为Ⅲ、Ⅳ级的工程防水。（ ）

8. 变形缝防水处理必须采用刚性防水材料。（ ）

9. 乳化沥青适应于冬季、雨季施工。（ ）

10. 土工布又称土工织物，是由合成纤维通过针刺或编织而成的透水性土工合成材料。（ ）

11. 土工网垫可替代混凝土、沥青、抛石等坡面防护材料，有效防止水土流失，增加绿化面积，改善生态环境。（ ）

12. 膨润土防水毯作为一种新型环保生态复合防渗材料，以其独特的防渗漏性能已在水利、环保、交通、铁道、民航等土木工程中得到广泛使用。（ ）

13. 塑料盲沟是一种排水材料，它比传统盲沟的材料性能差。（ ）

14. 塑料排水板能从源头上截断建筑渗漏，并具有保温、隔热作用。（ ）

四、简答题(36分，每小题3分)

1. 简述SBS改性沥青防水卷材、APP改性沥青防水卷材的应用。
2. 概述屋面工程防水等级及设防要求。
3. 如何选择防水材料？
4. 防水材料在使用过程中应注意什么？
5. 为什么刚性防水型材料难以达到理想的效果？
6. 工程中常用的防水材料有哪几种？主要用于建筑物的哪些部位？
7. 人工湖建设需要哪种土工材料，哪种土工材料的防水性能最好？
8. 土工格室与其他土工材料的性能相比有什么优点？
9. 土工材料主要有哪些种类？具有哪些功能和作用？
10. 土工材料在园林景观中主要应用在哪些地方？
11. 建筑防水材料有哪几种？
12. 哪些材料属于密封材料？

五、实践题(16分，1题6分，2、3题各5分)

1. 到正在施工的小区、公园或道路观察土工材料的应用情况，并拍照记录下来。对照所用土工材料上网查询该种材料供应厂家对其的介绍和使用说明，以及价格情况。

2. 实地参观施工现场，分析利用排水板与土工布组成的排水系统与传统的使用砖石瓦块作为导滤层排水方式的优劣。

3. 护坡中运用土工材料有什么优势？屋顶花园采用土工材料有哪些好处？

单元 10
材料的综合应用

【知识目标】

掌握园林工程中水电材料、铺装材料、假山材料、水景材料和园林建筑材料等的应用。

【技能目标】

能合理选用园林工程材料。

材料是园林建设的物质基础，也是塑造园林风格，表达设计理念的主观载体。材料的选择与应用使园林景观具有使用价值、观赏价值、生态价值和文化价值。园林工程材料的种类较多，在园林设计过程中应根据具体的环境选择适宜的材料，进行综合应用，实现园林景观的整体融合，以及园林景观的变化，达到预期的要求。

园林工程材料的应用主要有水电材料、水景材料、铺装材料、假山材料和园林建筑材料等的应用。

10.1 园林水电材料

园林给排水工程以室外配置完善的管渠系统进行给排水为主，包括园林景观区域内部生活用水给排水系统、水景工程给排水系统、景区灌溉系统、生活污水系统和雨水排放系统等。还包括景区的水体、堤坝、水闸等附属项目。

园林供电系统是指园林照明、景观音响、喷泉工程、喷灌工程、生活用电等供电网络及设备。

10.1.1 给水材料

10.1.1.1 给水管材和管件

园林给水工程是由一系列构筑物和管道系统构成的。一般包括取水工程、净水工程和输配水工程三部分。园林中用水可分为生活用水、养护用水、水景用水、消防用水，主要通过管网给水。

现行的给水管材主要有以下几种：

①塑料管　主要有聚乙烯管、聚丙烯管等，塑料管材可代替其他管材使用。

②铜管　是压制的和拉制的无缝管。经久耐用且施工方便，是自来水管道、供热管道、制冷管道的首选。

③钢塑复合管　产品以无缝钢管、焊接钢管为基管，内壁涂装高附着力、防腐、食品级卫生型的聚乙烯粉末或环氧树脂涂料。钢塑复合管按管材结构分为：钢带增强钢塑复合管，无缝钢管增强钢塑复合管，孔网钢带钢塑复合管以及钢丝网骨架钢塑复合管。可用于工矿用管、饮水管、排水管等。

④铝塑复合管　是目前市面上用量大的一种管材，由于质轻、耐用且施工方便，其可弯曲性更适合在家装中使用。缺点是用作热水管时，长期的热胀冷缩会造成管壁错位以致造成渗漏。

常见的管件有接头、弯头、三通、四通、管堵及活性接头等。每类又有很多种，如接头可分为内接头、外接头、内外接头、等径或异径接头等。

10.1.1.2 给水管网附属设施

为了正常供水,需在给水管网系统上设置附属设施。园林给水管网附属设施有地下龙头、阀门井、排气阀井和排水阀井、消火栓等。

①地下龙头　用于绿地浇灌之用,它由阀门、弯头及直管等组成,一般把部件放在井中。

②阀门井　传统阀门井用石块、卵石、粗砂、砖材等砌筑,现有铸铁或塑料制品阀门井等。一般阀门井内径 1000~2800mm(管径 $DN75~1000$mm 时),井口 $\phi 600~800$mm,井深由水管埋深决定。

③排气阀井和排水阀井　排气阀装在管线的高起部位,排水阀设在最低部位,阀井的内径为 1200~2400mm,井深由管道埋深确定。

④消火栓　分地上式和地下式,地上式易于寻找,使用方便,但易碰坏。地下式适用于气温较低地区,一般安装在阀门井内。

10.1.1.3 管网设施设备

(1)控制设备

控制设备主要是指绿地给水管网和喷灌指挥体系。给水管网、喷灌工程和喷泉工程运行和管理依赖控制设备来完成。控制设备一般由铸铁、钢材、铜材、塑料材料制成。

根据控制设备的功能和作用的不同,可将控制设备分为状态性控制设备、安全性控制设备和指令性控制设备。

①状态性控制设备　是指各类阀门,它们的作用是控制给水管网、喷灌管网和喷泉管网中水流的方向、速度和压力等状态参数。按照控制方式的不同,可将阀门分为手控阀、电磁阀和水力阀;按结构形式和功能可分为截止阀、闸阀、蝶阀、球阀、电磁阀等;按照驱动动力分为手动、电动、流动和气动4种方式;园林工程大多数阀门为中低压阀门,以手动为主。手控阀有闸阀、球阀、快速连接阀;电磁阀是自控型给水系统常用的状态性控制设备,主要由阀体、阀盖、隔膜、电磁包和压力调节装置等部分构成;水力阀的作用与电磁阀基本相同,它的启闭是依靠液压的作用,而不是依靠电磁作用。

②安全性控制设备　是指各种保证喷灌系统在设计条件下安全运行的各种控制设备。它保障着喷灌系统的正常运行和管网安全。如减压阀、调压孔板、逆止阀、空气阀、水锤消除阀和自动泄水阀等。

控制设备如图 10-1 所示。

(2)过滤设备

常用过滤设备有离心过滤器、砂石过滤器、网式过滤器和叠片过滤器。不同类型过滤器的工作原理不一样,适用场合也各不相同。

①除污器　除污器的作用是防止管道介质中的杂质进入传动设备或精密部位,使生产

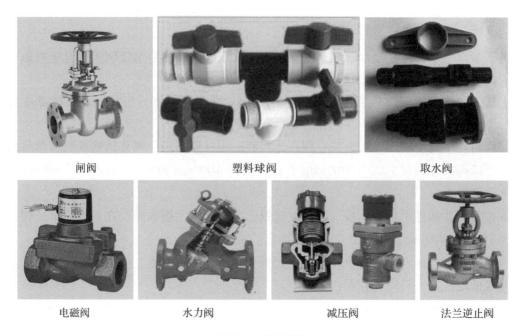

图 10-1 控制设备

发生故障或影响产品的质量。除污器安装在入口供水总管上水泵、调节阀入口处。其结构形式有 Y 形除污器、锥形除污器、直角式除污器和高压除污器，其主要材质有碳钢、不锈耐酸钢、锰钒钢、铸铁和可锻铸铁等。内部的过滤网有铜网和不锈耐酸钢丝网。除污器根据管道不同分为立式除污器和卧式除污器，其中立式除污器分为立式直通除污器和立式角通除污器，卧式除污器分为卧式直通除污器和卧式角通除污器。除污器的工作原理是，水流由进水口进入筒体，经过滤网过滤的水流由出水口流出，污垢则沉降于除污器底部，经过排污口排出。

②离心过滤器　主要用于含有泥沙的水的初级过滤，可分离水中的砂粒和碎石。其工作原理是，有压水流由进水口沿切向进入锥形罐体，由于惯性力的作用，水流在罐内顺罐壁运动形成旋流；在离心力和重力的作用下，水流中的泥沙和其他密度大于水的固体颗粒向管壁靠近，逐渐向下沉积，最后进入底部的接砂罐；清水则从过滤器顶部的出水口溢出，完成水、砂分离。

③砂石过滤器　砂石过滤是给水工程中常见的净化水的方法。滤罐内的砂石是按照一定的粒径级配方式分层填充，水从砂石过滤器上部的进水口流入，通过砂石层中的孔隙向下渗漏，在这个过程中，杂质被滞留在砂石表层，经过滤后的洁净水由过滤器底部的排水口排出。

④网式过滤器　主要用于水源水质较好的场合，也可与其他类型的过滤器组合使用，作为末级过滤设备。水由进水口流入罐内，经过滤网的水流向出水口，大于滤网孔径的杂

质被截留在滤网的外表面，从而达到净化水质的目的。

⑤叠片过滤器　过滤器工作时，水流从进水口进入罐体，由碟片的外环经肋间隙流向内环，水中杂质被截留在碟片间的杂物滞留区，净化水通过碟片内环汇流至出水口。

在喷灌工程过滤系统中，一般根据水质情况可以单独使用上述某一类型过滤器，也可将不同类型的过滤器按照一定的方式组合使用。

在喷泉工程过滤系统中，一般在水泵底阀外设网式过滤器和在水泵进水口前装除污器。当水中混有泥沙时，用网式过滤器容易淤塞，采用砂石过滤器较为合适。

水处理过滤设备如图 10-2 所示。

图 10-2　水处理过滤设备

10.1.2　排水材料

10.1.2.1　排水管渠材料

园林绿地所排放的主要是雨雪水、生产废水、游乐废水和一些生活污水。这些废污水常含有一些泥沙和有机物，净化处理比较容易。可根据实际情况，采用渠、沟、管相结合的排水方式。

（1）排水管材及制品

排水管一般用塑料管、混凝土管、钢筋混凝土管等。塑料排水管有新型渗排水塑料管材、软式透水管、塑料盲沟。新型渗排水塑料管材是由高密度聚乙烯（HDPE）添加其他助剂而形成的外形呈波纹状的管材，透水波纹管是通过在凹槽处打孔，管外四周外包针刺土工布加工而成。它与软式透水管、塑料盲沟已成为我国土木工程建设（渗水、排水）中的三大主要产品。常用管道多是圆形管，大多数为非金属管材。

给排水管材及其管件如图 10-3 所示。

图 10-3　给排水管材及其管件

（2）沟渠材料

排水沟渠有明渠和暗沟之分。明渠是指用土建筑材料料在工程现场砌筑成的口径较大的排水沟，亦可在排水沟上铺设排水盖板。暗沟是指埋设在地下的排水盲沟。

①明沟材料　根据使用的材料不同分为土、砌砖、石或混凝土明沟等。用砖石或混凝土块铺砌的明渠，一般采用 1∶0.75～1∶1 的边坡。

明沟渠常见结构及其所用材料如图 10-4 所示。

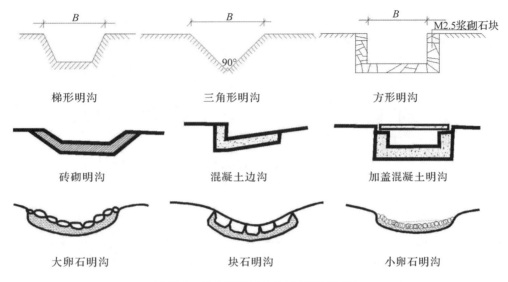

图 10-4 明沟渠常见结构及其所用材料

②暗沟材料 又称盲沟,是一种地下排水渠道,用以排出地面积水,降低地下水,在一些要求排水良好的活动场地尤其必要,如体育场地、儿童游戏场地等。还有不耐水的足球场、草地、草地网球场、高尔夫球场、门球场等以及植物生长区、观赏草地等,都可以采取盲沟排水。盲沟可分为传统盲沟和塑料盲沟。传统盲沟是采用石块、卵石、粗砂、砖材、无纺布等常见的普通建筑材料施工而成,造价便宜;塑料盲沟是一种新型材料,克服了传统盲沟的缺点,表面开孔率高,集水性好,空隙率大,排水性好,抗压性强,耐压性好,柔性好,适应土体变形,耐久性好,重量轻,施工方便,工人劳动强度大大降低,施工效率高,所以得到了广泛的应用。一般在排水碎石盲沟 300mm × 300mm 底部纵向埋设 ϕ50mm 塑料盲沟,盲沟顶面铺设反滤布,接触塑料盲沟的侧壁和底部采用 20mm 水泥砂浆及带膜土工布隔水层,每隔 20~50m 设置 ϕ80mm 双壁波纹管,将渗水引入雨水管。

盲沟结构及所用材料如图 10-5 所示。

10.1.2.2 排水管渠附属构筑物

为了排除废污水,除管渠本身外,还需在管渠系统上设置附属构筑物。在园林绿地中,常见的构筑物有雨水口、检查井、跌水井、闸门井、倒虹管、出水口等。

①检查井 检查井的功能是便于维护人员检查和清理管道。检查井也是管段的连接点,通常设置在管道方向坡度和管径改变的地方。井与井的最大间距为 50m(管径小于 500mm)。为了检查和清理方便,相邻检查井之间的管段应在一条直线上。检查井一般使用砖石、混凝土材料。

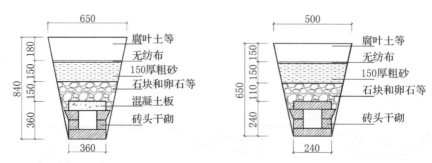

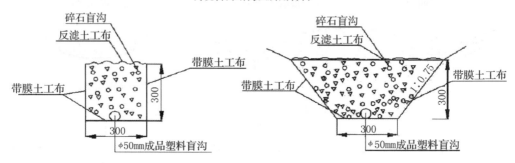

图10-5 盲沟结构及所用材料

②跌水井 是在井内水流产生跌落的井。跌水井的构造决定于消能的措施。大致分为砖砌、模块砌、现浇混凝土以及钢制4种类型。其中,前3种为现场成型,后一种为厂家制作,现场安装。常见的跌水井有竖管式、阶梯式、溢流堰式等。竖管式适用于直径≤400mm的管道;直径>400mm的管道应采用溢流堰式跌水井。在实际工作中,如上、下游管底标高落差≤1m时,只需将检查井底部做成斜坡水道衔接两端排水管,不必采用专门的跌水措施。

③雨水口 通常设置在道路边沟或地势低洼处,是雨水排水管道收集地面径流的孔道。通常使用铸铁、钢材、石材、钢筋混凝土结构材料做雨水口盖板。

雨水口设置的间距,在直线上一般控制在30～80m,它与干管常用ϕ200mm的连接管连接,其长度不得超过25m。

④出水口 是排水管渠排入水体的构筑物,其形式和位置视水位、水流方向而定,管渠出水口一般露在水面上。为了保护河岸或池壁及固定出水口的位置,通常在出水口和河道连接部分做护坡或挡土墙。

给排水管渠附属设施如图10-6所示。

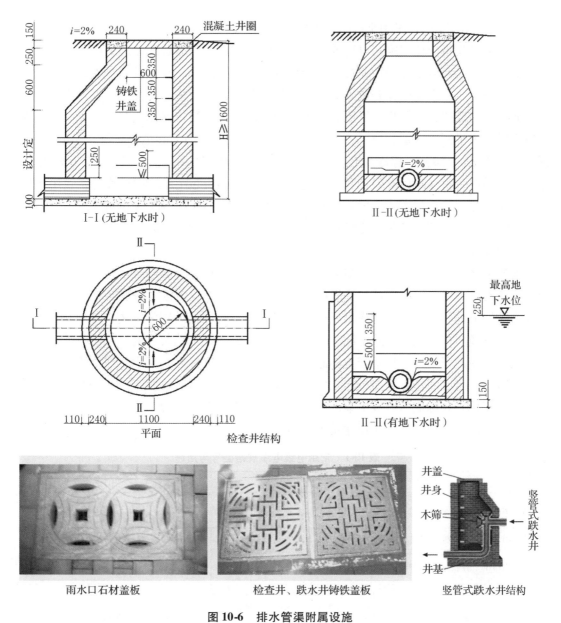

图 10-6 排水管渠附属设施

10.1.3 园林供电材料

10.1.3.1 园林供电系统及设备

园林供电系统由低压配电线路、变压器及用电设备组成。

(1) 低压配电线路

园林中广泛使用交流电源,用电多为 380~220V 三相四线制供电方式。在低压配电系统中，相电压为220V，多用于照明及电器；线电压为380V，多用作三相动力电源。

室外配电线路应选用铜芯电缆或导线。电缆由缆芯、绝缘层和保护层构成。

①缆芯　为导电主芯线，通常采用铜材制成，多为圆形，有单股和多股之分。

②绝缘层　通常采用橡胶或聚氯乙烯等材料制成，能使缆芯与缆芯、缆芯与大地之间保持绝缘。绝缘层分为分相绝缘层和统包绝缘层两种。包绕在裸体线芯上的绝缘层称为分相绝缘层，为了便于区别相位，各缆芯的绝缘层分别为不同的颜色，应符合《电线电缆识别标志方法 第2部分：标准颜色》[GB 6995.2—2008(T)]的规定，红、棕为火线，蓝、黑、白是零线，黄绿双色是保护线；各缆芯绞合后外面再包上绝缘层，称为统包绝缘层。

③保护层　又称护套，一般采用塑料或橡胶制成。保护层有内护层和外护层两部分，内护层防止电缆内部受潮及轻度机械损伤；外护层保护内护层，防止内护层受到机械损伤或强化学腐蚀。

根据绝缘材料的不同可将电缆分为塑料绝缘电缆和橡胶绝缘电缆。塑料绝缘电缆又可分为聚氯乙烯绝缘电缆、聚乙烯绝缘电缆和交联聚乙烯绝缘电缆；橡胶绝缘电缆则可分为橡胶绝缘型电缆和合成橡胶绝缘型电缆。根据护套不同可分为铠装电缆、塑料护套电缆和橡胶护套电缆。根据铠装形式不同，铠装电缆又可分为钢带铠装、钢丝铠装两类。

电线电缆的识别标志包括产地标志、功能标志和长度标志。其中产地标志主要指电线电缆的制造厂名或商标；功能标志主要指电线电缆型号（导体截面、芯数、额定电压）和规格等；长度标志表示成品电线电缆的长度，长度标志距离最长为1m。

常用电线电缆规格型号与用途见表10-1所列。

表10-1　常用电线电缆规格型号与用途

型号	名称	规格	用途
BX、BLX	橡胶绝缘电线		固定敷设于室内或室外，明敷、暗敷或穿管，作为设备安装用线
BXF、BLXF	氯丁橡胶绝缘电线		同BX型，耐气候好，适用于室外
BXH、BXLHF	橡胶绝缘和护套电线		同BX型，适用于较潮湿的场所和作为室外进户线
BV、BLV	聚氯乙烯绝缘电线	电压等级：450/750V；300/500V。芯数：1芯。截面范围：BV型1.5~40mm²；0.75~1mm²。BLV2.5~400mm²	同BX型，耐湿性和耐气候性较好
BVR	聚氯乙烯绝缘软电线	电压等级：450/750V，截面范围：2.5~70mm²，芯数：1芯	同BV型，仅用于安装时要求柔软的场所
BVV、BLVV	聚氯乙烯绝缘和护套电线	电压等级：300/500V。截面范围：BVV型0.75~10mm²，BLVV型2.5~10mm²。芯数：2~3芯	使用场合：固定敷设于要求机械防护较高、潮湿等场合，可明敷或暗敷
BV-105 BLV-105	耐热105℃聚氯乙烯绝缘电线		同BV型，用于45℃及以上高温环境中

(2) 变压器

变压器由铁芯(或磁芯)和线圈组成,线圈有两个或两个以上的绕组,其中接电源的绕组叫初级线圈,其余的绕组叫次级线圈。它可以变换交流电压、电流和阻抗。园林景观中一般选用节能防火低噪声的干式变压器,也有选用油浸自冷式变压器,其额定电压为高压侧 6.3kV 或 10kV,低压侧 400V 或 230V;变压器额定容量为 10~50kVA。变压器的进出线须采用铠装电缆直埋敷设,避免影响园林景观(图 10-7)。

干式变压器

10kV级S9系列变压器

电缆

图 10-7 园林供电系统

(3) 用电设备

园林用电设备主要有照明灯具、音响和水泵等,也有一些移动设备,如发电机、便携式照明灯具等。

10.1.3.2 景观照明

景观照明是指既有照明功能,又兼有艺术装饰和美化环境功能的户外照明工程,不仅给城市带来照明需求,也成为夜晚靓丽的风景线。景观照明由光源、灯具和低压配电线路组成。

(1) 光源

光源一般分为热辐射光源、气体放电光源和半导体光源三大类。热辐射光源是利用物体通电加热至高温时辐射发光原理制成。其结构简单,使用方便,在灯泡额定电压与电源电压相同的情况下即可使用,如白炽灯、卤钨灯等。气体放电光源是利用电流通过气体时发光的原理制成。其发光效率高,寿命长,光色品种多,如荧光灯、汞灯、钠灯、金属卤化物灯等。半导体光源包括荧光粉在电场作用下发光,或应用半导体 P-N 结发光原理制成的发光二极管(通称 LED)。仅用于需要特殊照明的场所。

电光源类型见表 10-2 所列。

各种电光源的特点:

① 白炽灯　构造简单、使用方便、能瞬间点亮、无频闪、价格便宜;可以用在超低电

表 10-2　电光源类型

热辐射光源	白炽灯	真空灯	
		充气灯	非卤钨灯
			卤钨灯
	半导体发光器件(LED)		
气体放电光源	弧光放电灯	低气压灯	荧光灯
			低压钠灯
		高气压灯(HID)	高压汞灯
			高压钠灯
			金属卤化物灯
	辉光放电灯	霓虹灯	
半导体光源	荧光粉在电场作用下发光		
	半导体 P-N 结发光原理制成的发光二极管		

注：低气压指灯内气压的为1%标准大气压；高气压指灯内气压为 1~5 个大气压。

压的电源上；可即开即关，为动感照明效果提供了可能性；可以调光，所发出的光以长波辐射为主。有普通型、反射型、漫射型、装饰型、水下型等类型。

②微型白炽灯　主要作为图案、文字等艺术装饰使用，如可塑霓虹灯、美耐灯、带灯、满天星灯等。有一般微型灯泡、断丝自动通路微型灯泡、定时亮灭微型灯泡等多种形式。

③卤钨灯　白炽灯的改进产品，光色发白，其规格有 500W、1000W、1500W、2000W 共 4 种，管形卤钨灯应水平安装，在点亮时灯管温度达 600℃左右，故不能与易燃物接近。卤钨灯有管形和泡形两种形状，具有体积小、功率大、可调光、显色性好、能瞬间点亮、无频闪效应、发光效率高等特点，多用于较大空间和要求高照度的场所。

④荧光灯　灯管内壁涂有能在紫外线刺激下发光的荧光物质，依靠高速电子，使灯管内蒸汽状的汞原子电离而产生紫外线并发光。灯管表面温度很低，光色柔和，眩光少，光质接近天然光，有助于颜色的辨别，并且光色还可以控制。灯管形状有直管形、环形、U 形和反射形等，近年来还发展有用较细玻璃管制成的 H 形灯、双 D 形灯、双曲灯等，被称为高效节能日光灯。

⑤冷阴极管(含霓虹灯)　通常在 9000~15 000V 的高压下运行，光效低。优点是尺寸灵活，色彩鲜艳，主要用于标识牌、光雕塑、建筑物轮廓照明等。

⑥高压汞灯　其发光原理与荧光灯相同，有外镇流荧光高压汞灯和自镇流荧光高压汞灯两种基本形式。高压汞灯的再启动时间长达 5~10s，不能瞬间点亮，因此不能用于事故照明和要求迅速点亮的场所。这种光源的光色差，呈蓝紫色，在光下不能正确分辨被照射物体的颜色，故一般只用作园林广场、停车场、通车主园路等不需要仔细辨别颜色的大面

积照明场所。

⑦钠灯 利用在高压或低压钠蒸汽中放电时发出可见光的特性制成。其发光效率高，寿命长。低压钠灯的显色性差，但透雾性强，很少用在室内，主要用于园路照明。高压钠灯的光色有所改善，呈金白色，透雾性能良好，故适合于一般的园路、出入口、广场、停车场等要求照度较大的广阔空间照明。

⑧金属卤化物灯 是在荧光高压汞灯基础上，为改善光色而发展起来的所谓第三代光源，灯管内充有碘、溴与锡、钠、镉、铊、铟、铊等金属卤化物，紫外线辐射较弱，显色性良好，可发出与天然光相近似的可见光，金属卤化物灯尺寸小、功率大、光效高、光色好，启动所需电流低、抗电压波动的稳定性比较高，因而是一种比较理想的公共场所照明光源；但使用寿命较短。

⑨氙灯 具有耐高温、耐低温、耐震、工作稳定、功率可做到很大等特点，并且其发光光谱与太阳光极其近似，因此被称为"人造小太阳"。氙灯的显色性良好；其光照中紫外线强烈，因此安装高度不得小于20m。寿命较短。

⑩发光二极管（LED） 是一种半导体组件，利用二极管内电子与空隙结合过程中能量转换产生光的输出。LED为一块小型晶片封装在环氧树脂里，体积小、重量轻、冷性发光不产生热、使用寿命长、功耗小等。LED主要用于显示屏及指示灯，已大量用于景观装饰中，如标识牌、光雕塑、LED美耐灯等。

（2）灯具

景观照明灯具是满足夜间照明要求的功能性设施，也是装饰小品。灯具按所用材料不同可分为不锈钢景观灯、铸铁铝景观灯、铸铁庭院灯、铁艺景观灯、树脂草坪灯和LED景观灯带系列等路灯配套产品及装饰照明灯具，它们衬托景物、装点环境、渲染气氛。

不同材质灯具系列如图10-8所示。

10.1.3.3 景观音响

音响造型多样、小巧，是为游人提供音乐及广播服务的设施。景观音响是指场地背景音乐、广播音响系统的音箱部分，外观形态各异，具有艺术感，起装饰作用。景观音响主要用树脂材料制作。有各种造型的草坪景观音响、仿真石头音响、树桩造型音响、动物造型音响、蘑菇造型音箱等，以达到与周围景观的完美融合。

树脂景观音响采用密封式设计，具有防雨、防潮、耐寒、耐热、耐冲击、防盗等优点，专门设计安装在室外环境中使用，全方位及远程传播，声音效果悦耳悠扬。其适用范围有：旅游区、公园、大型广场、人造石山、网球场、高尔夫球场、花园、住宅小区、别墅、学校、工厂等。

树脂景观音响如图10-9所示。

草坪灯 51501	草坪灯 51502	草坪灯 51503	草坪灯 51504
输入电压(V): 110/230	输入电压(V): 110/230	输入电压(V): 110/230	输入电压(V): 110/230
额定功率(W): 25	额定功率(W): 25	额定功率(W): 25	额定功率(W): 25
防护等级：IP44	防护等级：IP44	防护等级：IP44	防护等级：IP44
重量(kg): 3.2±0.3	重量(kg): 6±0.5	重量(kg): 4.5±0.5	重量(kg): 5.5±0.5
尺寸(cm): 21.5×21.5×29	尺寸(cm): 27×30×50	尺寸(cm): 39.5×39.5×79.5	尺寸(cm): 39.5×33×35

树脂草坪灯系列

LED景观灯　　　　　不锈钢景观灯

铁艺景观灯　　　　　铸铁铝景观庭院灯

图 10-8　各种材质的景观灯具和灯源

图 10-9　树脂景观音响

10.2　水景材料

10.2.1　水池材料

10.2.1.1　水池

水池按构筑材料可以分为刚性结构水池、柔性结构水池和刚柔性结合水池。刚性结构水池是主要采用钢筋混凝土或砖石材料修建的水池。柔性结构水池是指采用了柔性不渗水材料做水池夹层的水池。柔性不渗水材料主要包括玻璃纤维布沥青席、三元乙丙橡胶(EPDM)薄膜、橡胶薄膜等。水池结构如图10-10所示。

水池的结构一般由基础、防水层、池底、池壁、压顶等部分组成。

(1)结构材料

①基础材料　由灰土(3∶7灰土)和C10素混凝土层组成。

②防水层材料　按材料分主要有沥青类、塑料类、橡胶类、金属类、砂浆、混凝土及有机复合材料等。

③池底材料　多用现浇钢筋混凝土。

④池壁材料　一般有砖砌池壁、块石池壁和钢筋混凝土池壁3种。

⑤压顶材料　常用现浇钢筋混凝土、预制混凝土块及天然石材。

(2)衬砌材料

目前国内外庭园中常用水池衬砌材料有聚乙烯(PE)、聚氯乙烯(PVC)、丁基衬料(异丁烯橡胶)、三元乙丙橡胶(EPDM)薄膜等。

(3)预制模材料

预制模是现在国外较为常用的小型水池制造方法,通常用高强度塑料制成。预制模水池的材料有高密度聚乙烯(HDPE)塑料、ABS工程塑料、玻璃纤维(聚酯强化的玻璃纤

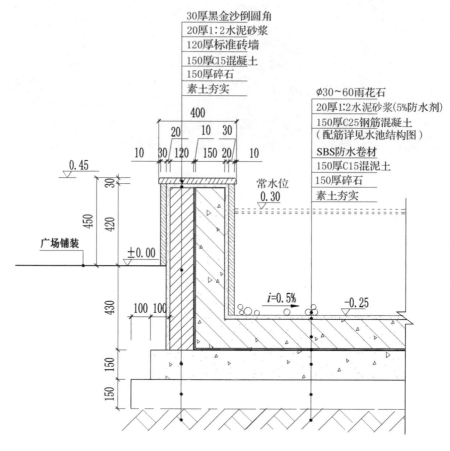

图10-10 水池结构

维)、玻璃纤维增强混凝土(GRC)等。

(4)水池表面装饰材料

①池底装饰 池底通常采用干铺砂、砾石或卵石,或混凝土池底表面抹灰装饰处理,也可采用釉面砖、陶瓷锦砖等贴面处理。

②池壁装饰 常见的有水泥砂浆抹光饰面、斩假石饰面、水磨石饰面、豆石干贴饰面、水刷石饰面、釉面砖饰面、花岗岩饰面等。

10.2.1.2 跌水

跌水是连接两段高程不同的渠道的阶梯式跌落建筑物。跌水沟底为阶梯形,水流呈瀑布式跌落。有天然跌水和人工跌水之分,人工跌水主要用于缓解高处落水的冲力,也可用于渠道的泄洪、排水和退水。

根据落差大小,跌水可分为单级跌水和多级跌水。以砌石和混凝土建造者居多。

根据跌水水池的形状可以分为规则式跌水和自然式跌水。规则式跌水用材主要用钢筋混凝土、机砖砌筑，表面用花岗岩、大理石、文化石等装饰。自然式跌水主要用黄石、湖石等天然石块砌筑。

10.2.2 驳岸护坡材料

10.2.2.1 驳岸材料

驳岸是挡土墙的一种，是指在水体边缘与陆地交界处，为稳定岸壁，保护水体不被冲刷或水淹等因素破坏而设置的垂直构筑物。

（1）驳岸形式

驳岸按景观特点可分为草皮岸坡、山石驳岸、块石驳岸、整形石砌体驳岸、石砌台阶式岸坡、钢筋混凝土池壁、板桩式驳岸和卵石及其贝壳岸坡等。

①草皮驳岸　岸坡由低缓的草坡构成。由于岸坡低浅，能够很好地突出水体坦荡、辽阔等特点。而且坡岸上绿草茵茵，景色优美自然，风景效果很好，工程造价不高，因此，这种岸坡在园林湖池水体中的应用十分广泛。

②山石驳岸　采用天然山石，不经人工整形，顺其自然石形砌筑成崎岖、曲折、凹凸变化的自然山石驳岸。这种驳岸适用于水石庭院、园林湖池、假山山涧等水体。

③块石驳岸　分为干砌块石驳岸和浆砌块石驳岸两种。

干砌块石驳岸　利用大块石的自然缝进行拼接镶嵌，而不用任何胶结材料的驳岸。在保证砌叠牢固的前提下，使块石前后错落，多有变化，以造成大小深浅形状各异的石峰、石洞、石槽、石孔、石峡等。由于这种驳岸缝隙密布，生态条件比较好，有利于水中生物的繁衍和生长，适用于多数园林湖池水体。

浆砌块石驳岸　采用水泥砂浆，按照重力式挡土墙的方式砌筑块石驳岸，并用水泥砂浆抹缝，使岸壁面形成冰裂纹、松皮纹等装饰缝纹。

④整形石砌体驳岸　利用加工整形成规则形状的石格，整齐地砌筑成条石砌体驳岸。这种驳岸规则整齐、工程稳固性好，但造价较高，多用于较大面积的规则式水体中。

⑤石砌台阶式岸坡　结合湖岸坡地地形或游船码头修建，用整形石条砌筑成梯级形状的岸坡。这样不仅可适应水位的高低变化，还可以利用阶梯作为休息坐凳，吸引游人靠近水边赏景、休息或垂钓，以增加游园的兴趣。

⑥钢筋混凝土池壁　以钢筋混凝土材料做成池壁和池底，这种池岸的整齐性、光洁性和防渗漏性较好，但造价高，适宜于重点水池和规则式水池。

⑦板桩式驳岸　使用材料较广泛，一般可用混凝土桩、板等砌筑。这种岸坡的岸壁较薄，因此，不宜用于面积较大的水体，而是多适用于局部的驳岸处理。

⑧卵石及其贝壳岸坡　将大量的卵石、砾石与贝壳按一定级配与层次堆积于斜坡的岸边，既可适应池水涨落和冲刷，又可带来自然风采。

不同景观的驳岸如图10-11所示。

图 10-11 不同景观的驳岸

(2)驳岸工程常用结构材料

驳岸的结构一般由基础、墙身和压顶三部分组成。

①驳岸基础材料 有混凝土基础材料、块石基础材料、桩基材料等。

②驳岸墙身材料 主要有钢筋混凝土，C10 块石混凝土，M2.5 水泥砂浆砌筑强度为 MU20、直径在 300mm 以上块石，MU7.5 标准砖和 M5 水泥砂浆砌筑，岸壁临水面用 1∶3 水泥砂浆抹面或用 1∶2 水泥砂浆加 3% 防水粉做成防水抹面层，直径在 300mm 以上块石，480mm×240mm×130mm 大城砖，整形花岗石，自然青石、黄石等。

③驳岸压顶材料 常用预制混凝土块及天然石材做驳岸压顶材料。

④倒滤层材料 一般用碎石或粗砂做倒滤层材料。

驳岸结构如图 10-12 所示。

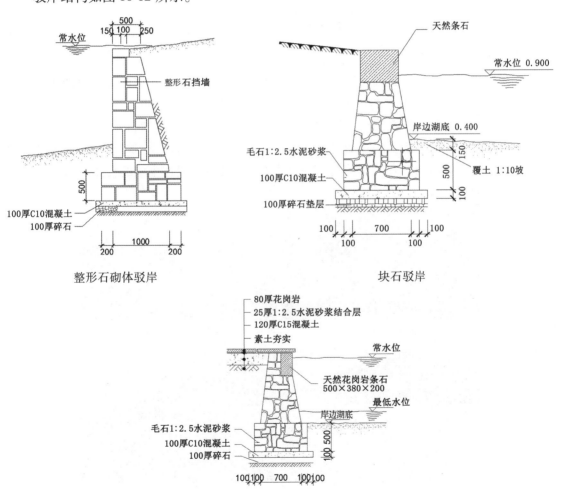

图 10-12 驳岸结构

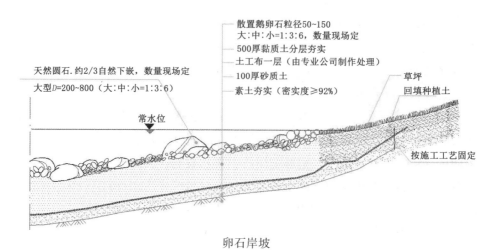

卵石岸坡

图 10-12 驳岸结构（续）

10.2.2.2 护坡材料

如果河湖不采用岸壁直墙而用斜坡，则要用各种材料护坡。护坡的目的是防止出现滑坡现象，减少地面水和风浪的冲刷，以保证斜坡的稳定。护坡（护岸）也是驳岸的一种形式，它们之间并没有具体严格的区别和界限。

一般来说，驳岸有近乎垂直的墙面，以防止岸土下坍；而护坡（护岸）则没有用来支撑土壤的近于垂直的墙面，它的作用在于阻止冲刷，其坡度一般在土壤的自然安息角内。

干砌块石护坡

预制混凝土块体护坡

现浇混凝土护坡

生态护坡

图 10-13 常见护坡类型

常见的护坡形式主要有：浆砌或干砌块石护坡、现浇混凝土护坡、预制混凝土块体护坡、生态护坡。

常见护坡类型如图 10-13 所示。

10.2.3 喷泉、喷雾和喷灌材料

10.2.3.1 喷泉材料

喷泉是一种将水或其他液体经过一定压力通过喷头喷洒出来具有特定形状用于观赏的动态水景，起装饰点缀园景的作用。喷泉系统通常由喷泉喷头、管材和管件、调节及控制设备、加压设备、净化装置及水源等构成。喷泉如图 10-14 所示。

图 10-14　喷　泉

（1）喷泉喷头

喷泉喷头是喷泉水景形成的重要设备。喷泉喷头优先采用铜质、不锈钢质材料，也可用铝合金材质，也有用陶瓷芯和玻璃芯材质的。用于室内时还可采用工程塑料和尼龙等材料。尼龙（几内酰胺）材料主要用于低压喷头。

喷泉喷头的主要类型有单射流喷头、旋转喷头、扇形喷头、多孔喷头、变形喷头、吸力喷头、环形喷头、蒲公英形喷头、组合式喷头。

喷泉喷头应根据声音、风力的干扰、水质的影响、高度和压力、水姿的动态、射流和水色、造型要求、组合形式、控制方法、环境条件、水质状况等因素选择。

单射流喷头，是压力水喷出的最基本的形式，也是喷泉中应用最广的一种喷头。它不仅可以单独使用，也可以组合使用，能形成多种样式的喷水形。扇形喷头的外形很像扁扁的鸭嘴。它能喷出扇形的水膜或像孔雀开屏一样美丽的水花。由两种或两种以上、形体各异的喷嘴，组合成一个大喷头，称作组合式喷头，它能够得到较复杂的花形。

喷泉喷头如图 10-15 所示。

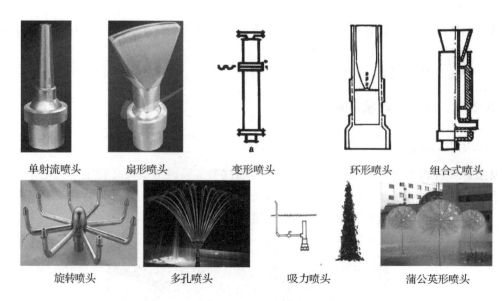

图 10-15 喷泉喷头

(2)管材和管件

喷泉管道主要使用的有两大类：金属管和非金属管。金属管有铜管、不锈钢管、镀锌管；非金属管有 PVC-U 管、PPR 管、复合管等。

①铜管 可在不同的环境中长期使用，使用寿命约为镀锌钢管的 3~4 倍；耐压强度高，具有优良的抗震、抗冲击性能；使用卫生性能好。

公称直径 DN15~250mm，公称压力推荐 1.0MPa 和 1.6MPa。

连接方式有 3 种基本类型：螺纹连接、钎焊承插连接和卡箍式机械挤压连接，也可延伸为法兰式、沟槽式、承插式、插接式、压接式。

②不锈钢管 是中空的长条圆形钢材，具有耐腐蚀、强度高等优点，价格较贵。接口的方式有挤压式、扩环式、法兰式、焊接式等。

每米重量(kg/m) = (外径 - 壁厚) × 壁厚 × 0.024 91

③镀锌管 分热镀锌和电镀锌两种。不耐腐蚀，易生锈。

每米重量(kg/m) = (外径 - 壁厚) × 壁厚 × 0.024 66

公称壁厚(mm)：2.0、2.5、2.8、3.2、3.5、3.8、4.0、4.5。

系数 c：1.064、1.051、1.045、1.040、1.036、1.034、1.032、1.028。

钢的牌号：Q215A、Q215B、Q235A、Q235B。

试验压力值：D10.2~168.3mm 为 3MPa；D177.8~323.9mm 为 5MPa。

④PVC-U 管 是由硬聚氯乙烯塑料通过一定工艺制成的管道。具有不导热、不导电、阻燃等特点，可应用于高腐蚀性水质的管道输送。

主要规格有公称通径 DN15~DN700 十余种。管材最高许可压力为 0.6MPa、0.9MPa

和 1.6MPa 共 3 种规格。管道主要连接方法有承插式连接、黏结剂黏结。

⑤PPR 管　作为一种新型的水管材料，由于其无毒、质轻、耐压、耐腐蚀，正在推广，PPR 管的接口采用热熔技术，管子之间完全融合到了一起，PPR 管号称永不结垢、永不生锈、永不渗漏、绿色高级给水材料。管道连接方法为热熔黏结。

⑥铝塑复合管　是最早替代铸铁管的供水管，其基本构成应为 5 层，由内而外依次为塑料、热熔胶、铝合金、热熔胶、塑料。内外壁不易腐蚀，因内壁光滑，对流体阻力很小，又因为可随意弯曲，所以安装施工方便。

管道系统中起联结、控制、变向、分流、密封、支撑等作用的零部件的统称为管件。主要有弯头、法兰、三通、四通、变径管、弯管、封头、管帽、套管、吊环、垫片、支架等。

管材与管件如图 10-16 所示。

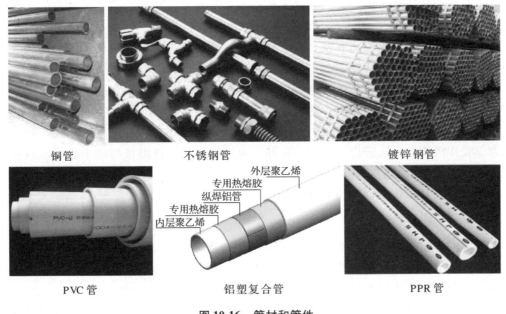

图 10-16　管材和管件

（3）调节及控制设备

喷泉喷射水量、时间和喷水图样变化的控制，主要有以下 4 种方式：

①手阀控制　是最常见和最简单的控制方式，在喷泉的供水管上安装手控调节阀，用来调节各管道中水的压力和流量，主要用于固定造型喷泉的控制。

②程序控制　通过控制器预先设定的运行状态循环变化或保持不变。造价低，适宜于酒店大堂、居民小区等要求安静的环境。

③时钟控制　这是喷泉中经常用到的一种控制方式，有 3 种形式：利用可编程控制器按照预先设定的程序自动循环，按时间变换各种灯光，控制潜水泵电机开、停和电磁阀的通断，使灯光与造型协调一致，这种方式灵活、可靠、改变程序容易，但价格较高；利用电子程序控制器控制彩灯和水泵，程序控制器可任意设定时间的长短，这种方式由数字

钟、计数器等电子线路组成，改变时间容易，价格略低，但时间调节范围有限；直接利用时间继电器、中间继电器、接触器对彩灯、水泵及电磁阀进行控制。

④音乐控制　声控喷泉是利用声音来控制喷泉水型变化的一种自控泉。它一般由声电转换、放大装置，执行机构，动力设备和其他设备四部分组成。声控喷泉的原理是将声音信号转变为电信号，经放大及其其他一些处理，推动继电器或其电子式开关，再去控制设在水路上的电磁阀的启闭，从而控制喷头水流的通断。这样，随着声音的起伏，人们可以看到喷水大小、高矮和形态变化。它能把人们的听觉和视觉结合起来，使喷泉喷射的水花随音乐优美的旋律而翩翩起舞。因此，这样的喷泉被喻为"音乐喷泉"或"会跳舞的喷泉"。

(4) 加压设备

喷泉工程从水源到喷头射流过程中水的输送由加压设备来完成(除小型喷泉外)。

喷泉系统中使用较多的是卧式或立式离心泵和潜水泵，小型的移动式喷泉的供水系统可用管道泵、微型泵等。

①离心泵　又分为单级离心泵、多级离心泵。离心泵具有结构简单、流量均匀、运转平稳、振动小、多种控制选择、流量和扬程范围广的特点，在喷泉系统中广泛应用。

②潜水泵　由水泵、密封体、电动机三大部分组成。分为立式和卧式两种。潜水泵的泵体和电机在工作时都浸入水中，这种水泵的电机必须有良好的密封防水装置。

③管道泵　用于移动式喷泉或小型喷泉，将泵体与循环水的管道直接相连。管道泵的特点为单吸单级离心泵，进出口相同并在同一直线上；如果进出口与轴中心线成直角，则为立式泵。

加压设备及其工作原理如图 10-17 所示。

10.2.3.2　喷雾材料

人造雾的雾粒子像自然云层一样飘动，可创造迷人的风景效果，是风景区、游乐园、喷泉地和舞场等再造自然景观的理想装置，能产生大量的负离子，可美化环境、改善空气质量、营造合适的生态和工作环境。

人造雾系统由高压主机、雾化喷头、电控部分和管路组成。该系统为全自动微电脑控制，设有安全自动泄压、自动缺水断电系统；高压主机用耐磨性好的陶瓷柱塞，可用于高速运转，提高喷雾机水量与效率，保持工作压力；雾化喷嘴有各种不同材质，如铜、铝、特氟龙、303 不锈钢、316 不锈钢、310 不锈钢、硬化不锈钢、哈氏合金、陶瓷、碳化硅、红宝石、蓝宝石、人工钻石、硬质合金等材料，喷嘴的形式也各异，能满足喷雾要求；采用收缩性好、耐候性佳、耐酸碱、耐高压的 PE 或紫铜喷雾管，工作压力为 $50\sim100\text{kg/m}^2$，可依工作需要调整适合的工作压力。

人造雾系统主要利用造雾主机组将水经过系统自身配备的微米级的过滤系统过滤后，进入高压主机，经加压后的水通过耐高压管线输送到喷雾喷嘴产生 $1\sim15\mu\text{m}$ 的水滴，由此激发的雾滴能长时间悬浮在空气中，单一喷头产生的雾长可达到 $3\sim5\text{m}$。

景观喷雾设备如图 10-18 所示。

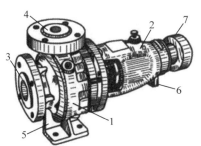 

1—泵体；2—轴承体；3—进水口；
4—出水口；5—泵座；6—支架；
7—联轴器

1—泵盖；2—轴承盒；3—联轴器；
4—吸水口；5—泵座

单级单吸式离心泵——IS型　　单级双吸式离心泵——S(Sh)型　　电动机

潜水泵　　　　　　　　　　　喷泉工作原理（潜水泵）

图 10-17　加压设备及其工作原理

喷雾景观　　　高压主机　　　　　　　喷嘴

图 10-18　景观喷雾设备

10.2.3.3　喷灌材料

绿地喷灌系统是一种模拟天然降水而对植物提供的控制性灌水。喷灌系统通常由喷头、管材和管件、控制设备、过滤装置、加压设备及水源等构成(图 10-19)。

园林工程材料

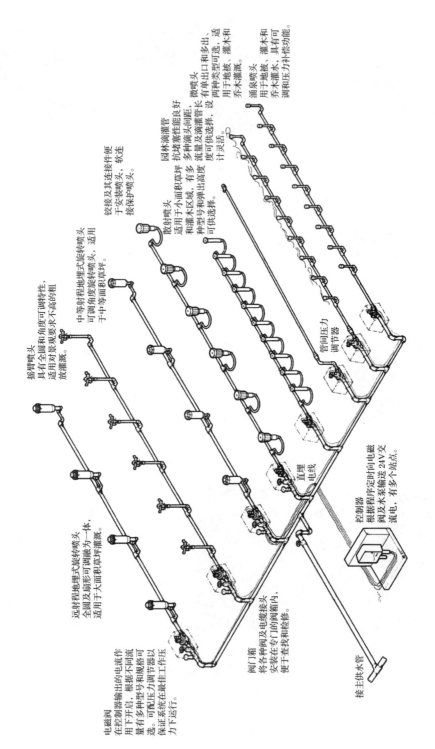

图 10-19 绿地喷灌系统示意图

(1)喷灌喷头

喷头是喷灌系统中的重要设备,一般由喷体、喷芯、喷嘴、滤网、弹簧和止溢阀等部分组成。喷头材料主要有工程塑料、不锈钢和镀铜等。喷头主要有地埋式喷头、摇臂式喷头、树根灌水器、快速取水器、滴头、方形喷嘴、滴灌管等(图10-20)。

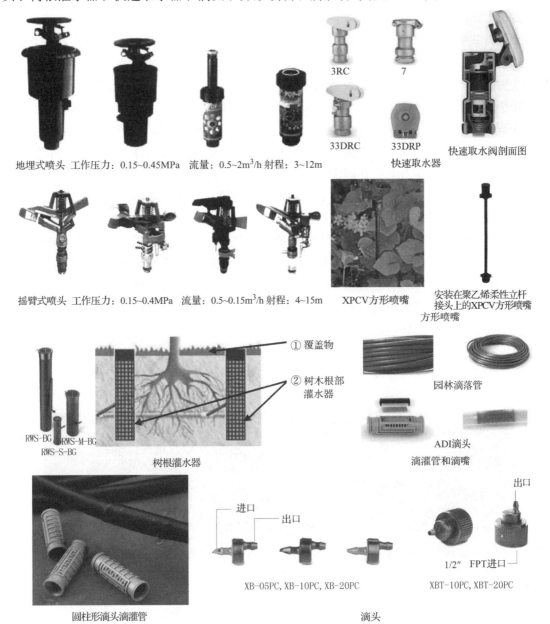

图10-20 喷灌喷头

①地埋式喷头　适用于公园、游乐场、街道等草坪、花卉的喷灌。分为地埋式散射喷灌喷头、地埋式射线喷头和地埋式旋转喷灌喷头3种，其中地埋式散射喷灌喷头是低压近射程的喷头，灌溉小块草坪和绿地，喷洒强度均匀，节水；地埋式射线喷头具有节水的特点，适用于定向喷洒；地埋式旋转喷灌喷头多在园林灌溉中使用，喷灌半径为5~30m，覆盖面很广。

②摇臂式喷头　用于大田喷灌、露天苗圃、果菜园和园艺场等场所，是使用最广泛、性能最稳定的喷头之一。

③树根灌水器　主要应用于大型景观树、成年树、未成年树、小树和灌木。

④快速取水器　又称快速取水阀，主要埋藏于需浇灌的区域，做到随用随取。

⑤滴头　可广泛用于温室、大棚、果树、葡萄、苗圃和园林等远距离株距作物的灌溉。按滴头所在的位置分为管间滴头和管上滴头，其中管间滴头直径与毛管相近并串接在毛管中间，管上滴头插入毛管并固定在管壁上；按对水压的反应分为常规滴头和压力补偿式滴头，常规滴头流量随水压的增加而增加；压力补偿式滴头能随压力变化而改变过水断面或流道长度，保持水量基本不变。

⑥滴灌管　应用于温室、大棚、农田作物，尤其适用于蔬菜、瓜果、花卉、苗圃、园林绿化等，在灌溉系统中，它是按照作物需肥要求，通过低压管网与安装在毛管上的灌水器（滴灌管滴头），将水和作物需要的养分一滴一滴，均匀而又缓慢地滴入作物根部的土壤中，避免了水肥输送过程中的渗漏、挥发与浪费，可以最大程度节省水肥，降低成本。

【工程案例1】开阔草坪选用喷灌系统

设计主题：比较开阔的草地

考虑因素：不能过量灌溉，水滴均匀，灌溉范围较大，有一定的景观效果。

解决方案：1804PC地埋旋转喷头加R13旋转散射喷嘴（图10-21）。

图10-21　开阔草坪选用喷灌系统

【工程案例2】沿墙的种植带选用喷灌系统

设计主题：沿建筑物窄行混种植物

考虑因素：不能过量灌溉，水不能喷洒到建筑物的窗上、墙上，不能对围墙造成

图 10-22 沿墙种植带选用喷灌系统

破坏。

解决方案：园林滴灌管加 XB 滴头(图 10-22)。

(2)喷灌管材和管件

在喷灌工程中，聚氯乙烯(PVC)、聚乙烯(PE)和聚丙烯(PP)等塑料管逐渐取代其他材质的管道，成为喷灌系统主要采用的管材。

①聚氯乙烯(PVC)管　根据管材外观的不同，可将其分为光滑管和波纹管。波纹管因其承压能力不能满足喷灌系统的要求，一般不采用。聚氯乙烯管有硬质聚氯乙烯管和软质聚氯乙烯管之分，绿地喷灌系统主要使用硬质聚氯乙烯管。

绿地喷灌系统使用的硬质聚氯乙烯管件主要是给水系列的一次成型管件，包括胶合承插型、弹性密封圈承插型和法兰连接型管件。

②聚乙烯(PE)管　聚乙烯管材可分为高密度聚乙烯(HDPE)和低密度聚乙烯(LDPE)管材。低密度聚乙烯管材材质较软，力学强度低，但抗冲击性好，适合在较复杂的地形敷设，是绿地喷灌系统中常使用的聚乙烯管材。

③聚丙烯(PP)管　聚丙烯管材的最大特点是耐热性优良，在短期内使用温度可达到 100℃ 以上，正常情况可在 80℃ 条件下长时间使用。

(3)喷灌工程的加压设备

当使用地下水或地表水作为喷灌用水，或者当市政管网的水压力不能满足喷灌的要求时，需要使用加压设备；绿地喷灌系统加压设备有水泵和变频供水设备。

水泵的种类很多，按其能量传递和转换方式的不同可分为叶片式和容积式两种。广泛使用的离心泵、井用泵和潜水泵都属于叶片式水泵。

离心泵是叶片式水泵中利用叶轮旋转时产生的惯性离心力来抽水的。根据水流进水叶轮的方式不同，又可分为单进式(又称单吸式)和双进式(又称双吸式)两种。根据泵体内安装叶轮数目的多少，又可分为单级泵和多级泵两种。

常用水泵型号见表 10-3。

表 10-3 常用水泵型号

常用水泵代号	水泵型号及含义	
LG——高层建筑给水泵	40LG12-15	200QJ20-108/8
DL——多级立式清水泵	40-进出口直径(mm)	200-机座号200
BX——消防固定专用水泵	LG-高层建筑给水泵(高速)	QJ-潜水电泵
ISG——单级立式管道泵	12-流量(m³/h)	20-流量20m³/h
IS——单级卧式清水泵	15-单级扬程(m)	108-扬程108m
DA1——多级卧式清水泵		8-级数8级
QJ——潜水电泵		

10.3 园路铺装材料

10.3.1 园路铺装设计材料

园路是园林的组成部分，是在园中起组织空间、引导游览、交通联系并提供散步休息场所等作用的带状、狭长形硬质地面。既是贯穿全园的交通网络，又是分割各个景区、联系不同景点的纽带。与建筑、水体、山石、植物等造园要素一起组成丰富多彩的园林景观。广场是园林中供人们休憩、观赏、交流等的公共空地。

园路的结构一般是由路面、路基和附属工程三部分组成。以断面组成分为以下3种：

Ⅰ型：贴面类园路，由面层、结合层、基层、垫层组成。

Ⅱ型：大型石板和预制混凝土板路。

Ⅲ型：混凝土路。

10.3.1.1 园路铺装设计材料应用要点

铺装面层材料在设计中的应用有以下要点：

(1) 铺装的颜色选择

铺装的颜色选择是设计的重点，浅色趋向于反射光线，其物体看起来比黑色物体大，因此设计时应通过不同颜色的搭配，与环境统一，或宁静、清洁、安定，或热烈、活泼、舒适，或粗糙、野趣、自然，图案与线条稳定，形成铺装的模式和韵律。

(2) 铺装的材质选择

为了环境效果的整体性，一般采用同一调和、相似调和及对比调和的设计手法来实现质感调和。如在特定的铺装范围，使用同一种铺装材料，就是同一调和；使用同类材料如石材类的花岗石、板岩和鹅卵石等组成大块整齐的地面，它们的质感纹理相似，形成相似调和；在草坪中点缀步石，石坚硬与草坪柔软形成对比调和。另外，大空间要粗犷，用粗糙的表面；小空间要细致，用光滑的表面等。

（3）铺装区域形状的设计

路面的花纹图案、材料与区域意境相结合，形成不同的空间组合，具有统一性。

（4）路缘石、旁沟排水的设计和细部处理

石材、砖和预制混凝土可用来做路缘石，起收边、过渡作用，保证整体一致性。旁沟排水形式有：路缘石侧面的 L 形旁沟、碟形旁沟、带镀锌格栅板或石材盖板的 U 形沟，也可在排水沟上放卵石（图 10-23）。

水洗石人行道与草皮间设置收边材料——路缘石，保证水洗石面层的边界位置的整体性

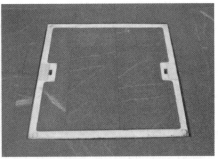

井盖面层铺装与周围地面铺装一致，保证整体铺装效果

不同饰面材料之间的排水沟设计与盖板设计

两边排水沟用卵石填充

图 10-23　不同路面细部处理

10.3.1.2　园路铺装面层设计材料的应用

景观铺装既具有使用功能，要求坚固、平稳、耐磨，又具有一定的粗糙度，少尘，便于清扫，还要符合人们对面层材料的质感、色彩、组合形式、尺度的审美要求。

面层铺装常用的材料有以下类型：

（1）混凝土路面材料

①水泥混凝土　一般采用 C20 混凝土，做 120～160mm 厚。路面每隔 10m 设伸缩缝一道。对水泥混凝土面层的装饰，主要采取各种表面抹灰处理：普通抹灰、彩色水泥抹面、彩色水磨石地面、露骨料饰面、表面压膜。

②沥青混凝土　一般以 30～50mm 厚沥青混凝土作面层。根据沥青混凝土的骨料粒径

大小，有细粒式、中粒式和粗粒式沥青混凝土可供选用。

（2）片块状材料

①片材　是指厚度在 5～20mm 之间的装饰性铺地材料，常用的片材主要有花岗岩、大理石、釉面墙地砖、陶瓷广场砖和马赛克等。这类铺地材料一般都是在整体现浇的水泥混凝土路面上使用。

②块材　通常指厚度在 50～100mm 之间的装饰性铺地材料，通常包括板材类、砌块类、砖 3 种类型：

板材　包括打凿整形的天然石板和预制的混凝土板。

砌块　用凿打整形的石块，或用预制的混凝土砌块铺地。

砖　混凝土方砖、黏土砖。

（3）嵌草路面材料

嵌草路面有两种类型：一种是在块料铺装时，在块料之间留出空隙，其间种草；另一种是制作成可以嵌草的各种纹样的混凝土空心砖。

（4）地面镶嵌与拼花材料

一般用立砖、小青瓦瓦片来镶嵌出线条纹样，并组合成基本的图案。再用各种颜色卵石、砾石镶嵌作为色块，填充大图形面，并进一步修饰铺地图案。

（5）木材路面材料

①圆木桩　用的木材以松、杉、桧为主，直径 100mm 左右，长度平均锯成 150～2200mm。

②木铺　正方形的木条、木板，圆形的、半圆形的木桩等。

③木屑等。

（6）透水透气性路面材料

透水性路面是指能使雨水通过，直接渗入路基的人工铺筑的路面。主要包括砂、碎石及砾石路面，透水性混凝土路面，透水性沥青路面，透水性砖和嵌草砖路面。

园路面层常用材料的特性见表 10-4 所列，常用面层材料的应用见表 10-5 所列。

表 10-4　园路面层常用材料的特性

铺装材料		优点	缺点
整体铺装路面	混凝土	容易铺装，可以有多种表面、颜色、质地；表面耐久性好，可常年使用，用途广泛；使用期维护成本低；表面坚硬，无弹性，可做成曲线形式	要预留伸缩缝，表面美观性差，对基础沉降适应能力差，抗拉强度相对较低而易碎，弹性差，铺筑不当容易分解
	沥青	热辐射低，施工快捷，常年使用，经济适用，耐久性好，维护成本低；弹性好，可做成曲线形式，有透气性沥青可选择	边缘无支撑、易磨损，温度高会软化，汽油、煤油和其他石油溶剂可将其溶解，受冻胀易破坏
	合成表面	用于特殊目的设计（如运动场、跑道），颜色范围广，弹性混凝土或水泥大，可铺设在旧的混凝土或沥青上	铺筑或维修需要专门培训的劳动力，成本高

(续)

铺装材料		优点	缺点
块料铺装路面	砖	颜色范围广，经济美观，维修较容易；牢固、平坦、防滑、渗水、耐磨、抗冻、防腐能力较强，便于施工和管理	清洁困难，易受不均衡沉降影响，会风化
	瓷砖	表面美观，光滑，图案丰富多样	只适于温暖气候，遇水防滑性低，易碎，承载能力差，铺砌成本高
块料铺装路面	土坯砖	颜色和质地丰富多样；铺砌快且容易，底层用沥青固定，使用期会延长	边缘易损坏，易碎，需要较平的基础，尘土较多，适宜于温暖少雨的地区
	板石	铺砌适当耐久性好，天然高质量耐风化的材料	色彩和花纹图案随意性大，费用高，使用时间久遇水防滑性差，有冰冷、生硬感
	木材	与自然环境协调，吸声性好，舒适性好	易腐蚀，需要定期维护，成本高，负重性差
	草坪砖	美观性好，利于保护土壤环境，可承载轻型车辆，不损害植物	易出现松动、断裂，维护成本高
	花岗石	坚硬密实，能承重，可做成不同表面形式，耐久性好	成本较高
	石灰石	质地细腻，颜色多种	易受化学腐蚀
	砂岩	耐久性好	易受化学腐蚀
碎石铺装路面	级配砂石	较经济的表面材料，颜色范围广	有沉降，易成堆，每年要维护、补充；容易生长出杂草
	砂砾	造价低，透水性好	不适合车辆通行，材料易流失
临时铺装路面	模压单体	可选择或设计用于各种表面形式，铺砌时间短，容易拆除、重铺，颜色丰富	易受人为破坏，成本较高

表 10-5 常用面层材料的应用

路面材料大类	路面材料小类	路面类型及应用范围
沥青	沥青路面	车道、人行道、停车场等
	透水性沥青路面	人行道、停车场等
	彩色沥青路面	人行道、广场
混凝土	混凝土路面	车道、人行道、停车场、广场等
	水洗小砾石路面、卵石铺砌路面	园路、人行道、广场等
	混凝土板路面	人行道等
	彩色路面、水磨路面	人行道、广场等
	仿石混凝土预制板路面、混凝土、瓷砖路面	人行道、广场等
	嵌锁形砌块路面	干道、人行道、广场等
砖	普通黏土砖路面、砖砌块路面	人行道、广场等

(续)

路面材料大类	路面材料小类	路面类型及应用范围
花砖	陶瓷广场砖路面、陶瓷锦砖路面、透水性花砖路面	人行道、广场等
天然石	小料石(骰子石)路面	人行道、广场、池畔等
	铺石路面、天然石砌路面	人行道、广场等
砂砾	砂石铺面	步行道、广场等
	碎石路面	停车场等
	机制石粉路面	公园广场等
砂土	砂土路面	园路等
土	黏土路面	公园广场等
	改善土路面	园路、公园广场等
木	木砖路面	园路、游乐场等
	木地板路面	园路、露台等
	木屑路面	园路等
草皮	透水性草皮路面	停车场、广场等
合成树脂	人工草皮路面	露台、屋顶广场等
	弹性橡胶路面	露台、屋顶广场、过街天桥等
	合成树脂路面	体育用
	现浇环氧沥青塑料路面	步行道、广场等

10.3.1.3 附属工程设计材料的应用

(1)道牙

道牙分立道牙和平直道牙两种,又称侧石或缘石,安装在道路两边,利于排水,也是不同区域细部处理的过渡材料,一般采用砖、混凝土或花岗石砌成,园林中也采用瓦、大卵石、不锈钢等材料(图10-24)。

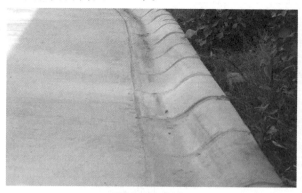

混凝土边沟道牙　　　　　　　条石道牙

图10-24 道牙

(2) 台阶

当路面坡度超过 12% 时，在不通行车的路段上，为便于行走，可设台阶。台阶材料有自然石（如六方石、圆石、鹅卵石）和整形砌石、石块等，木材的角材或圆木柱等，红砖，水泥砖、钢铁等，还有贴面材料如洗米石、瓷砖磨石子、石板等（图 10-25）。

整形砌石台阶　　　　　　　　　自然石台阶

烧结砖台阶　　　　　　　　　洗米石台阶

图 10-25　台　阶

(3) 树池

在人行道或广场上栽种植物要预留树池，其大小根据植物大小而定，一般乔木每边留 1.2～1.5m。种植池池壁和池顶常采用砖、防腐木和铸铁等材料建筑装饰，种植土上利用花灌木、草皮、陶粒、树屑等覆盖装饰（图 10-26）。

10.3.2　园路铺装施工材料

10.3.2.1　园路铺装结构

现代园林景观中的路不仅要斟酌路面的承载能力，更要重视路面的艺术效果。常见路面铺装类型有整体路面、块料路面、碎料路面和木材铺装路面。

① 整体路面　包括沥青混凝土和水泥混凝土铺筑的路面。其平整度好、耐压、耐磨，施工和养护管理简单，多用于园林景观中主干道、次干道或一些从属专用路径。

石材树池

木材与石材树池

砖材树池

砖材与金属材料树池

图 10-26　树　池

②块料路面　各种天然块石、烧结砖、预制混凝土砌块等做路面面层材料。块料路面坚固、平稳，图案色彩丰富，适用于游步道、小径和广场等。

③碎料路面　包括卵石路，各种片石、砖瓦片等碎料拼成的路面、嵌草路、步石、汀步、蹬道等。其图案精美，表现内容丰富，做工细致，用于庭园、游步小路等。

④木材铺装路面　使用木材作面层的园路、栈道、平台等，因天然木材具有独特的质感、色调和纹理，脚感舒适，但造价和保护费用相对较高。所选的木材应为防腐木或天然防腐的硬木材。

常见路面铺装结构如图 10-27 所示。常见路面附属工程结构如图 10-28 所示。

10.3.2.2　园路铺装施工材料的应用

（1）路基材料的施工应用

路基是路面的基础，是按园路的线型（位置）和断面（几何尺寸）要求开挖或堆填而成的岩土结构物。为园路提供一个平整的基面，承受地面上传下来的荷载，也是保证路面具有一定强度和稳定性的重要条件之一。

从材料上分，路基可分为土路基、石路基、土石路基 3 种，一般黏土或砂土开挖后用蛙式夯夯实 3 遍可直接作为路基；如土质不好，需换土或加固处理。整形后土基平整度控制 20mm 内。

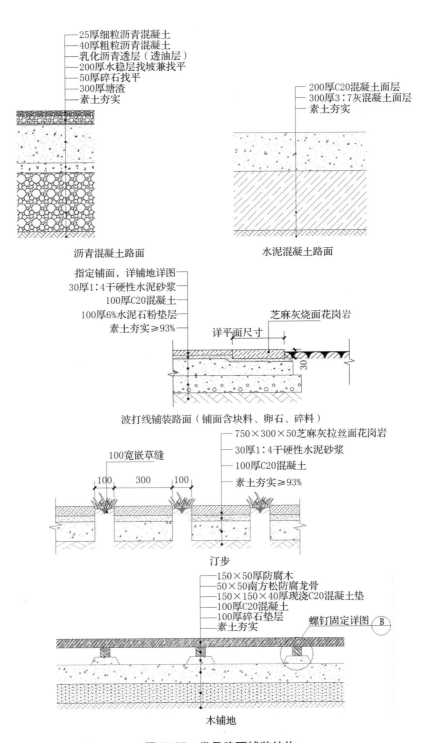

图 10-27　常见路面铺装结构

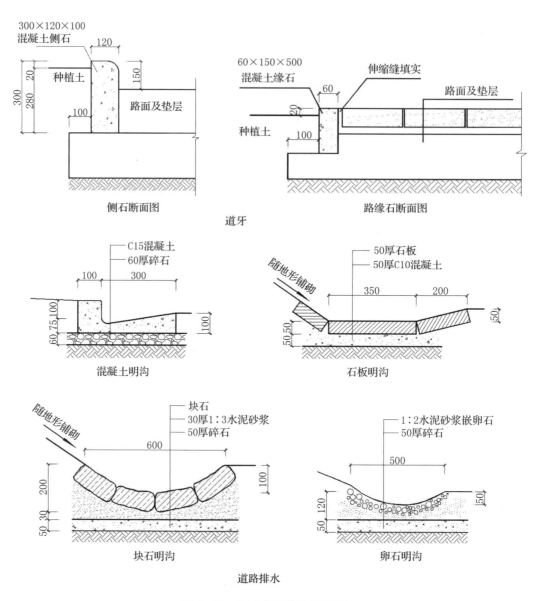

图10-28 常见路面附属工程结构

(2)路面基层及垫层构筑材料的施工应用

下基层施工程序为：素土夯实→碎石(或灰土)垫层→夯实→素混凝土。

①垫层材料

干结碎石 是指在施工过程中少洒水或不洒水，充分压实及用嵌缝料嵌挤，使石料间紧密锁结所构成的具有一定强度的结构，碎石粒径多为30～80mm，厚度为80～160mm，主要用于园路的主路等。

天然级配砂砾 砂砾粒径大于 20mm 的占 40%，5mm 以下的小于 35%，一般厚度为 100～200mm。

石灰土 把土、石灰、水三者拌合均匀，在最佳含水量的条件下成型的结构称为石灰土基层。

煤渣石灰土 也称二渣土，是以煤渣、石灰（或电石渣、石灰下脚）和土 3 种材料，按一定的配比混合，经拌合压实而形成强度较高的一种基层。

二灰土 是以石灰、粉煤灰与土，按一定的配比混合、加水拌匀碾压而成的一种基层结构。

②素混凝土基层材料 施工前做好 C10 素混凝土水泥稳定层级配试验，按设计要求备好材料并进行试验，对水泥必须做安全性测试，做一段试验一段，确定摊铺压实程序，摊铺厚度、压实次数、干密度等，松铺系数根据试验和试验段摊铺情况调整后确定。

(3) 路面结合层材料的应用

采用片块状材料铺砌面层时，在面层和基层之间需做结合层 15～25mm 厚，其做法有 2 种：一种是用湿性的砂浆作结合层铺砌称为湿法铺筑（也称刚性铺地）。常用砂浆有：1:2、1:2.5 或 1:3 水泥砂浆、1:3 石灰砂浆或 M2.5 水泥石灰砂浆。另一种是以干性粉砂状材料作路面面层砌块的垫层和结合层铺砌称为干法铺筑，常用干性粉砂状材料有：干砂、细砂土、1:3 水泥干砂、1:3 石灰干砂、3:7 细灰土等。干法铺筑的路面材料有混凝土路板、预制混凝土方块和砌块、整形石块、石板等。

(4) 道牙材料的施工应用

道牙的基础与路槽同时填挖碾压，结合层采用 1:3 的灰砂浆铺砌。道牙接口处以 1:3 水泥砂浆勾缝，凹缝深 5mm，道牙背后以 1:2 的灰土夯实。

(5) 面层铺装材料应用

①根据设计要求和铺贴方法，准备好各种材料及其辅助材料。块料面层要求规格一致、平整方正，不能有缺棱掉角，不开裂，无凸凹扭曲，颜色均匀。各类材料应按设计图案要求，事先选好、统一编号，以便对号入座。

②面层铺装板的规格应符合设计要求。

③采用 42.5 级普通硅酸盐水泥、32.5 级矿渣硅酸盐水泥或 32.5 级复合硅酸盐水泥。

④采用洁净的没有有机杂质的中粗砂。其含泥量不得超过 3%。各种填充材料、黏结剂应按设计要求进行。

10.4 假山材料

假山是由人工构筑的仿自然山形的土石砌体，是一种仿造的山地环境。假山按堆山的主要材料可分为天然假山、人工假山两种类型。

10.4.1 天然假山材料

10.4.1.1 假山石材

制作山石盆景分为硬石、软石两种。前者质地坚硬，不易吸水，难长青苔；后者质地比较松软，容易吸水，常长青苔。

(1) 硬石类

①太湖石　主要成分是碳酸钙，属石灰岩，湖石。

江苏太湖石　多为青灰、青黑色，天然精雕细琢，曲折圆润。

安徽太湖石　多为灰色，浅灰色等。

房山石(称为"北太湖石")、西同龙太湖石　体态嶙峋透露，质地坚硬，浑厚雄壮。

②灵璧石　主要成分是碳酸钙，属石灰岩，湖石。其纹理颜色丰富，以墨纹为主。宜置于园林、庭院，立石为山，独自成景；装饰于厅堂、宾馆或陈列馆中；装点池塘坡岸、衬托花木草坪；置于居室内或盆盎中。

③英石(英德石)　主要成分是碳酸钙，源于石灰岩，湖石。按表面形态分为直纹石、斜纹石、叠石等。可作园林假山构造材料、单块竖立或平卧成景；小块而峭峻者用以组合制作山水盆景。

④黄腊石(腊石、黄龙玉)　主要成分是石英，属细砂岩或石英岩，质地细腻、油润感强，有黄蜡、白蜡、红蜡、绿蜡、黑蜡、彩蜡等品种。宜做园林置石和其他观赏石。

⑤宣石(宣城石)　主要成分是石英，属石英岩，湖石，颜色有白、黄、灰黑等，以色白如玉为主。适宜做表现雪景的假山，也可做盆景的配石。

⑥龟纹石　主要成分是碳酸钙，属石灰岩，颜色灰白、深灰或褐黄，石面纹理饱满，龟裂清晰，十分坚硬，主要用于景观石欣赏。

⑦硅化木(木化石、树化石)　主要成分是石英。用作园林置石、假山置石、摆件、小品木化石、盆景。

⑧千层石(也称积层岩)　主要成分是碳酸钙和石英相叠，呈灰黑、灰白、灰、棕相间。用于点缀园林、庭院，或做厅堂供石，也可制作盆景。

⑨斧劈石　主要成分是碳酸钙，属页岩。以深灰、黑色为主，属硬石材。适用于大型园庭布置。

⑩石笋石(虎皮石、鱼鳞石、松皮石、白果石)　主要成分是碳酸钙，属观赏石中硬石类，大多呈条柱状，如竹笋做置石、盆景中山峰和丛山；龙骨石做假山，小的经精细制作成盆景、鱼缸石；龙骨石笋石是最理想的鱼缸景石。

⑪钟乳石(又称石灰华)　主要成分是碳酸钙，属石灰岩，可作为镇园、镇店之用。

⑫泰山石　多见不规则卵形，在适当的视觉距离更显现出中国画大写意的神韵。多用

作写字石、园林置石。

⑬水冲石 多以黑、黄、青灰色为主，园林中多作孤石置放，适合刻字，更是游园、景区、别墅区建造人工河、泉滴潭池等水石景观的首选景观石材料。

⑭黄石 一种带橙黄颜色的细砂岩，产地很多，以常熟虞山的自然景观为著名。

⑮卵石 分为河卵石、海卵石和山卵石。卵石的形状多为圆形，表面光滑。

(2)软石类

软石质地疏松，多孔隙，易雕凿，能吸水，可生长苔藓，有利草木扎根生长。养护多年生的软石盆景，每当春夏间一片葱绿，生趣盎然，民间称之为"活石"，但较易风化剥蚀。

①昆石(昆山石) 主要成分是碳酸钙和碳酸镁，属白云岩，小巧玲珑，洁白晶莹，是室内装饰或造园的好材料。

②芦管石 主要成分是碳酸钙，在盆景中适宜奇峰异洞的景观组合。大型芦管石还多用于庭园水池及驳岸造型。

③海母石(又称海浮石、珊瑚石) 主要成分是碳酸钙，属石灰岩，只宜制作中、小型山水盆景。

④浮石 主要成分是石英、石灰石，颜色有黑色、暗绿色、红棕色、黑色等，可广泛用于建筑、园林、盆景等。

⑤砂积石(上水石、石灰华) 主要成分是碳酸钙，属砂岩，在园林、盆景造型中适合表现川派盆景高、悬、陡、深的特点。

常见假山石材如图10-29所示。

10.4.1.2 假山基础材料

(1)桩基材料

①木桩基 桩基的木质必须坚实、挺直，其弯曲度不得超过10%，并只能有1个弯。园林中常用桩基材料有杉木、柏木、松木、橡木、榆木等，其中柏木、杉木最好。

②石灰桩(填充桩) 在地面均匀打孔，再用生石灰或生石灰与砂的混合料填入桩孔压实而成。

(2)灰土基础材料

石灰、素土按一定的比例混合而成。

(3)浆砌块石基础材料

水泥砂浆或石灰砂浆砌筑块石作为假山基础。

(4)混凝土基础材料

常采用混凝土浇筑而成，能在潮湿或水下环境中使用，应用最广泛。

图 10-29 常见假山石材

10.4.1.3 假山结构设施材料

（1）银锭扣

银锭扣为熟铁铸成，其两端成燕尾状，也叫燕尾扣。主要用于加固山石间的水平联系，有大、中、小3种规格。

（2）铁爬钉

铁爬钉也称铁锔子，用熟铁制成，形状像扁铁条做的两端成直角翘起的铁扁担，用于加固山石水平向及竖向的衔接，一般长300~500mm，可根据实际情况定制，也可用粗钢筋打制成两端翘起为尖头的形状，专门用来连接质地较软的山石材料。

（3）铁扁担

铁扁担多用于假山的悬挑部分和作为山洞石梁下面的垫梁，以加固洞顶的结构。可以用200mm以上的扁铁条、40mm×40mm以上的角钢，或直径30mm的螺纹钢条来制作，其长度应根据实际要求确定，一般在700~1500mm之间。如果采用扁铁条做成铁扁担，则铁条两端应成直角上翘，翘头略高于所支承石梁的两端。在假山的崖壁边须向外悬出山石时，也可以采用铁扁担。欲悬出的山石如有洞穴，或是质地较软可凿洞，还可以直接将悬石挑于铁扁担的端头。

（4）铁吊架

铁吊架是用扁铁条打制的铁件设施，主要用于吊挂坚硬的山石。在假山的陡壁边或悬崖边须砌筑向外悬出的山石，而山石材料又特别坚硬，不能通过凿洞来安装连接构件，这是就要用铁质吊架来承担结构的连接作用。

（5）模坯骨架

假山常以铁条或钢筋为骨架，称为模坯骨架，再用石皮贴面，贴石皮时依皱纹、色泽逐一拼接。

以上这些结构设施，在实际施工中都应当与水泥砂浆结合一起使用。水泥砂浆可以将铁件端头的空隙填满，并将铁件与山石黏结一起，使山石的连接更牢固，结构更稳定，铁件被水泥砂浆所包埋，还能够避免生锈，延长其使用寿命。

假山基础结构与铁活加固材料如图10-30所示。

10.4.1.4 假山胶结和填充材料

（1）填充材料

填充材料主要有泥土、碎石、石块、灰块、建筑渣土、废砖石和混凝土等。混凝土采用水泥:砂:石按1:2:4~1:2:6的比例搅拌配制而成。

（2）山石胶结材料

古代主要用泥土堆壅、填筑来固定山石；也用刹垫法干砌、用素土泥浆湿砌石假山。用石灰作胶结材料时，一般都要在石灰中加入一些辅助材料，配制成纸筋石灰、明矾石

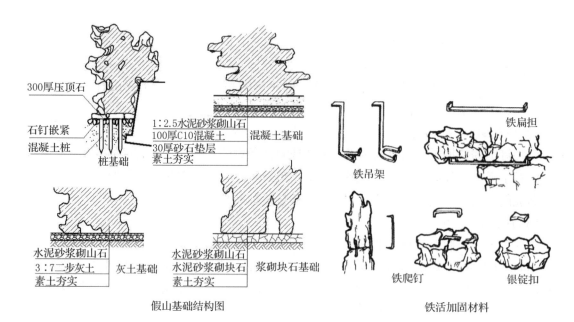

图 10-30　假山基础结构与铁活加固材料

灰、桐油石灰和糯米浆石灰等；现代假山基本使用水泥砂浆或混合砂浆作胶合材料。

(3) 胶合缝表面处理材料（颜料）

胶合缝口处理中需要采用山石的颜色来选颜料进行抹缝。常用的水泥配色颜料有炭黑、氧化铁红、柠檬铬黄、氧化铬绿和钴蓝等。

10.4.1.5　山石材料的选择

(1) 选石的原则

应当是先头后底，先表面后里面，先正面后背面，先大处后细部，先特征点后一般区域，先洞口后洞中，先竖立部分后平放部分。

(2) 选石的步骤

第一，需要选主峰或孤立小山峰的峰顶石、悬崖崖头石、山洞洞口用石；第二，选留假山山体向前凸出部位的用石和山前山旁显著位置上的用石以及土山山坡上的石景用石等；第三，选一些重要的结构用石；第四，其他部位的用石在施工中随用随选，用一块选一块。

(3) 选石考虑因素

山石尺度、石形、皱纹、石态、石质、颜色。

10.4.2　人工假山材料

人工假山是以水泥混凝土、钢结构、钢丝网或 GRC（低碱度玻璃纤维水泥）等作原材料，利用泥塑、雕塑的艺术手法塑造成型的假山，又称塑石、塑山。人工假山依原材料不同可分为水泥塑山、GRC 塑山和 FRP 塑山等。假山与溪流、驳岸、瀑布、树木、园林建筑、小品等配合，更具有艺术和观赏价值。

10.4.2.1 人工假山的种类

（1）水泥塑山

水泥塑山是以砖石材料、钢丝网、钢骨架等为原材料，水泥作胶凝材料，人工雕塑制作而成。根据其内部构造骨架材料的不同，可分为砖石骨架塑山、钢骨架塑山。

水泥塑山的制作所使用的材料如下：

①混凝土垫层作为垫层。

②用水泥、黄泥、河砂配成可塑性较强的砂浆作为胶凝材料。

③骨架结构有砖石结构、钢架结构以及两者的混合结构等。砖石骨架以砖石为原材料，人工砌叠，其石内可以是实心的，也可以是空心的；钢骨架以钢材作原材料，用直径 8~12mm 的钢筋，编扎成山石的模坯形状，作为结构骨架，用水泥砂浆进行内外抹面，塑石的石面壳体厚度为 4~6mm，石内一般是空的。

④用石粉、色粉按适当比例配白水泥或普通水泥调成砂浆塑面。

⑤用颜料粉和水泥加水拌匀，逐层洒染设色。

（2）GRC 塑山

GRC 塑山是一种以耐碱玻璃纤维为增强材料，水泥砂浆为基体材料的纤维水泥复合材料。与传统的混凝土水泥制品相比，它的突出特点是具有很好的抗拉和抗折强度以及韧性。这种材料尤其适合做装饰造型和表现强烈的质感。仿真度高、施工工期短，是制作假山的理想材料。并且不受天然石料的局限，造型变化更加丰富随意，表面质感肌理及色彩表现手段更加多样，甚至可以使用更具现代感的抽象、夸张手法，结合现代高科技灯光手段，为景观设计师发挥无限想象力创造了条件。可运用于假山、驳岸、置石的制作，广泛运用于公园、小区、厂区等休闲环境的建设。但 GRC 塑石假山在使用几年后，容易出现假山表面掉色、假山拼接缝开裂、假山破损、倒塌、移位等问题。

GRC 塑山制作流程为：低碱水泥、砂、水、添加剂→玻璃纤维→混合后喷出→附着模具压实→装预埋件→脱模→表面处理→组件成品，构架制作→各组件成品的单元定位面层处理→成品。

（3）FRP 塑山

FRP 塑山是由不饱和树脂及玻璃纤维结合而成的一种质轻柔韧的复合材料，俗称玻璃钢。其特点是可塑性大、密度小、重量轻、易使用、搬运方便，所以很适合做硬模。

FRP（玻璃纤维强化树脂）塑山制作流程为：泥模制作→翻制石膏→玻璃钢制作→基础和钢框架制作安装→玻璃钢预制件拼装→修补打磨→油漆→成品。

10.4.2.2 上色材料的应用

（1）上色颜料的种类

塑山的上色颜料有丙烯颜料、乳液涂料、氧化铁颜料3种：

①丙烯颜料　与水稀释，直接用刷子刷于塑山表面。其特点是光鲜亮丽，但容易褪色。

②乳液涂料　由苯丙乳胶漆或丙烯酸树脂、天然岩石砂粒，经特殊工艺流程制作而成，使用喷枪喷涂。乳液涂料具有优良的耐酸碱、防水、环保、耐高低温、不褪色、不龟裂、不脱落。塑山的颜色耐久性可达15年以上，通常用于大型塑山，更适用于溶洞制作着色。

③氧化铁颜料　选用不同颜色的氧化铁颜料加白水泥再加适量的107胶配制而成。色彩多样化，经喷涂套色工艺变换可使质感如同真石一般，具备大理石、花岗岩的条纹、点纹、斜纹的真石效果。

（2）石色水泥砂浆的配制

石色水泥砂浆的配制方法有两种：

①采用彩色水泥配制而成　如塑黄石假山时以黄色水泥为主，配以其他色调，这种方法简便易行，但是色调过于呆板和生硬，且颜色种类很有限。

②在白水泥中掺加色料　此方法可以配成各种石色，且色调较为自然逼真，但技术要求较高，操作较为烦琐。石色水泥砂浆配合比见表10-6所列。

表10-6　石色水泥砂浆配合比

仿色	白水泥	普通水泥	氧化铁黄	氧化铁红	硫酸钡	107胶	黑墨汁
黄石	100		5	0.5		适量	适量
红色山石	100		1	5		适量	适量
通用石色	70	30				适量	适量
白色山石	100				5	适量	

假山山体上色必须遵循前重、后淡，上轻、下重，凹处冷、凸处暖的原则。上色时首先必须对整个山体有一个很好的认识，不能只看局部，要结合当地地理地貌、岩层和周边自然环境来判断色彩搭配，还要正确运用色彩在环境中的变化，做到灵活多变。

上色主要枪喷、壶洒、刷涂、笔描并用，这样上出来的颜色才会有肌理、有质感、有分量、有软有硬、有血有肉。多种工具和工序并用，通过色彩的分离，以饱和颜色作明暗、鲜灰、冷暖等交织，在组合中求得协调和统一。

10.5　园林建筑材料

园林建筑主要是指除房屋建筑以外的供观赏和游憩的各种构筑物，主要有亭、园门、廊、墙、景墙、桥、榭舫、楼阁、台、厅堂轩等建筑物，运用天然和人工材料如泥土、水、植物、砖瓦、木、石等来创造各种用途和条件的空间，它将自然山水与中国民族建筑和谐地结合在一起，形成富有诗情画意的美丽景园，也是园林景观重要的组成部分。

园林中单体建筑的使用功能，古人常用"堂以宴、亭以憩、阁以眺、廊以吟"概言之。它们可以单独构成景点或用作实用建筑物。

园林建筑多采用木构和土石结构方式为主，由台基部分、柱梁或木造部分、屋顶3个部位组合而成，而屋顶的特殊轮廓，更是中国建筑外形上显著的特征。

10.5.1 园林古建筑材料

中国古建筑以木材、砖、瓦为主要建筑材料，以木构架结构为主要的结构方式。木构架有抬梁、穿斗、井干3种不同的结构方式，其骨干木构件称为大木如立柱、横梁、坊、斗拱、顺檩、椽等，各个构建之间的结点以榫卯相吻合，构成富有弹性的框架，负责制作组合、安装这些大木构件的专业称作大木作。

10.5.1.1 古建砖瓦及砖雕材料

古建砖以青砖为主，古建瓦以琉璃瓦和青瓦为主，广泛用于园林、寺庙、古塔名胜的修建。中国古建青砖雕刻艺术工艺品由东周瓦当、汉代画像砖等发展而来，即在青砖上雕刻出动物、山水、花卉、人物等图案，是古建筑中很重要的一部分装饰艺术形式，主要用来装饰寺、庙、观、庵及民居的构件和墙面。

（1）古建用砖

古建筑中所用砖的种类较多，不同的建筑等级、建筑形式，所选用的砖也不同。园林仿古建筑砖因各个窑厂的生产工艺和要求不同，出现了不同类型和质量的砖料，大致可分为城砖、停泥砖、砂滚砖、开条砖、方砖、杂砖6类。

①城砖 仿古建筑中规格最大的一种砖，多用于城墙、台基和墙脚等体积较大的部位。城砖有大小城砖，大的为大城样砖，规格480mm×240mm×128mm；小的为二城样砖，规格440mm×220mm×110mm。另外有临清城砖，是特指山东临清所生产的砖，因其质地细腻、品质优良而出名；还有澄浆城砖，是指将泥料制成泥浆，经沉淀后取上面细泥制成的优质砖。

②停泥砖 以优质细泥（通称停泥）制作，经窑烧而成，常用于墙身、地面、砖檐等部位。停泥砖有大小停泥砖，大停泥砖规格410mm×210mm×80mm；小停泥砖规格280mm×140mm×70mm。

③砂滚砖 用砂性土壤制成的砖，质地较粗，品质较次，一般用作背里砖和糙墙砖。

④开条砖 简称条砖，多用于开条、补缺、檐口等。在制作中，常在砖面中部划一道细线，以便施工切砍，砖比较窄小，其宽度小于半长度，厚度小于半宽度。

⑤方砖 大面尺寸呈方形的砖，多用于博风、墁地等。依制砖尺寸分为尺二方砖、尺

四方砖、尺七方砖、二尺方砖、二尺二方砖、二尺四方砖等。

⑥杂砖　指不能列入上述类别的其他砖，包括："四丁砖"，又称蓝手工砖，民间小土窑烧制的普通手工砖，用于要求不太高的砌体和普通民房，其规格与现代普通砖相近，即240mm×115mm×53mm；"金砖"，即指质量最好的特制砖，敲之具有清脆声音，专供京城使用；"斧刃砖"，又称斧刃陡板砖，砖较薄，多用于侧立贴砌，一般规格240mm×120mm×40mm；"地趴砖"，专供铺砌地面的砖。

(2) 古建用瓦

古建屋顶用瓦有琉璃瓦和青瓦（布瓦）两种，琉璃瓦带釉，颜色有红色、黄色、蓝色、绿色等多种；青瓦不带釉。

①琉璃瓦件　分为瓦件类、脊件类、饰件类、特殊瓦件四大部分。

瓦件类　板瓦、筒瓦、滴水、勾头、博脊瓦、正当勾、过桥盖瓦等。

脊件类　通脊、垂脊、博脊、斜脊、兽座、摘头等。

饰件类　正吻、脊兽、屋脊走兽（走兽的安置次序为：首先是仙人指路，其后为龙、凤、狮、天马、海马、狻猊、狎鱼、獬豸、斗牛、行什10个，在使用中一般成单数）、仙人、套兽、合角吻。

特殊瓦件　星星瓦、竹节勾头、竹节筒瓦、竹节瓦滴水、咧角盘子、无脊瓦、竹节板瓦、兀扇瓦、蝴蝶瓦（即尖泥瓦）等。

琉璃瓦件的种类和应用如图 10-31 所示。

琉璃瓦屋顶

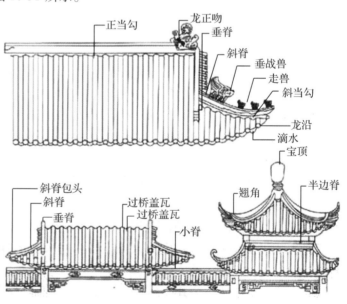
琉璃瓦件的种类及用途

图 10-31　琉璃瓦件的种类和应用

②青瓦及瓦件　仿古青瓦主要构件及配件包括：勾头、滴水、筒瓦、板瓦、脊瓦、当勾、博古、正吻、三连砖、瓦条、圆混、双龙戏珠、宝顶、花盘子、跑兽、角尖、瓦脸、花边等（图10-32）。

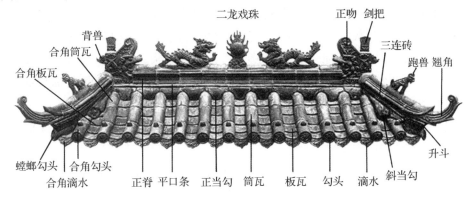

图 10-32　青瓦主要构件及配件

(3) 砖雕

砖雕一般作为建筑构件或大门、照壁、墙面的装饰，图案一般以龙凤呈祥、松柏、兰花、竹、菊花、荷花、鲤鱼等寓意吉祥和人们所喜闻乐见的内容为主（图10-33）。

图 10-33　砖雕及应用

10.5.1.2　古建灰浆材料

唐宋以前，从一般房屋到高耸砖塔的砖砌体，所使用的胶结材料都是黄泥；直到宋末明初以后，才开始使用石灰。随着时代发展，各种灰浆得到广泛应用。

(1) 原材料

古建灰浆的原材料,基本上都是地方性材料,最主要的有以下几种:

①泼灰、泼浆灰、煮浆灰　泼灰是将生石灰进行摊开、泼水、攒堆,如此反复均匀地泼洒3次,攒堆2次,使之成为粉末状态,然后经过筛选而成。泼浆灰是将经过筛选后的泼灰,分层用青灰浆(白灰:青灰=1:0.15加水调匀)泼洒,再闷15d后使用。煮浆灰也称石灰膏,即用生石灰块加水泡胀,经消解膨胀后,搅拌成浆,然后过筛沉淀而成。

②青灰　北京西郊山区出产的矿物胶结材料,呈黑色块状,浸水搅拌后形成黏腻的胶液青浆,再经过滤干燥后而成。

③麻刀　用白麻制作的纤维丝,经切断成丝段,长麻段长30~50mm,短麻段长不超过15mm。

④糯米汁、生桐油　糯米汁也称浆米汁、江米汁,即用糯米熬制而成的浆汁。生桐油即指未经熬制的桐油。

⑤其他　包括盐卤、黑烟子、白矾等。

(2) 种类

清朝以后,经过长时期的摸索和积累,形成了品种齐全的灰浆体系,包括砌筑、瓦作、抹灰和基础等的用灰,这些灰浆都具有价格低廉,不对墙体产生膨胀、干裂等副作用的特点。

古建灰浆材料种类、制作方法和用途见表10-7所列。

表10-7　古建灰浆材料种类、制作方法和用途

名称		配制方法	用途说明
浆类	白灰浆	将块石灰加水浸泡成浆,搅拌均匀过滤去渣即成生灰浆;用泼灰加水,搅拌过滤即成熟灰浆	一般砌体灌浆,掺入胶后用于内墙刷浆
	色灰浆	将白灰浆和青灰浆混合即成月白浆,10:1混合为浅色,10:2.5混合为深色。将白灰浆和黄土混合即成桃花浆,常按3:7或4:6体积比	砌体灌浆和墙面刷浆
	青灰浆	用青灰块加水浸泡,搅拌均匀,过滤去渣而成	砖墙面刷浆和屋面瓦作
	色土浆	将红(黄)土加水成浆,兑江米汁和白矾,搅拌均匀即成。色土:江米汁:白矾=20:8:1	色灰墙面刷浆
	烟子浆	将黑烟子加胶水调和成糊状后,兑清水搅拌而成	青瓦屋顶刷浆、墙面镂花
	江米浆	用江米汁:白矾=2:1(质量比)兑成纯江米浆;用生石灰:江米浆=6:4(质量比)兑成石灰江米浆;用江米汁:白矾:青灰浆=1:0.3:10(质量比)兑成青灰江米浆	砌体灌浆、脊背
	油浆	用青灰(月白)浆兑1%生桐油搅拌而成	屋顶瓦作刷浆
	盐卤浆	用盐卤:水:铁面粉=1:5:2搅拌而成	固定石活铁件
	杂杂浆	将灰浆:黏土:生桐油=1:3:0.05拌合均匀后,加5%碎砖拌合而成	基础及地面下防潮垫层

(续)

名称		配制方法	用途说明
灰类	老浆灰	用青灰浆:白灰浆=7:3拌合均匀,搅成稀粥状过筛发胀而成	墙体砌筑、黑活瓦作
	纯白灰	即白灰膏,用白灰浆沉淀而成	砖墙砌筑、内墙抹灰
	月白灰	将月白浆沉淀而成	砖墙砌筑、内墙抹灰
	葡萄灰	用白灰:霞土:麻刀=2:1:0.1加水拌合而成	墙面抹灰打底
	花灰	用泼浆灰加少量水或泼浆灰与青浆调和而成	调脊时下瓦条、衬灰和混砖砌筑
	麻刀灰	用泼灰加水调和成灰膏,灰膏:麻刀=20:1拌合而成	墙体抹灰,瓦背调脊
	油灰	用泼灰:面粉:桐油=1:1:1调制而成,加青灰或烟子可调颜色深浅	砖石砌体勾缝,黏接砖活、石活
	纸筋灰	将草纸泡烂掺入白灰内捣匀而成,白灰:草纸=20:1.5	内墙抹灰
	护板灰	将麻刀掺入月白灰捣制而成,月白灰:麻刀=50:1	屋顶脊背
	夹垄灰	将麻刀掺入老浆灰内捣制均匀而成,老浆灰:麻刀=30:1;或泼浆灰(或泼灰加颜料):煮浆灰=3:7,加3%麻刀加水调匀而成	屋顶瓦作
	裹垄灰	①打底面,泼浆灰:麻刀=100:(3~4)(质量比)加水调匀而成;②抹面用,煮浆灰:麻刀=100:(3~5)(质量比)掺颜料调匀而成	屋顶瓦作
	江米灰	用月白灰:麻刀:江米浆=25:1:0.3捣制均匀而成	琉璃构件砌筑、夹垄
	砖面灰	在月白灰或老浆灰内,掺入砖粉末搅拌均匀而成,灰膏:砖面=2.5:1	砖砌体补缺
	麻刀油灰	用生桐油泼生灰块:过筛加麻刀=100:5(质量比)加适量面粉和水,用重物反复锤砸而成	黏接石头
	素灰	各种不掺麻刀的煮浆灰(灰膏)或泼灰。勾瓦脸用素灰叫节子灰,筑筒瓦用素灰叫熊头灰	勾瓦脸、筑筒瓦
	色灰	各种灰加颜料而成。常用的颜料有青浆、烟子、红土粉、霞土粉等	砖墙砌筑、内墙抹灰
	白麻刀灰	长麻刀:月白灰膏=5:100(质量比)拌制而成	墙体抹灰
	砖药	砖面:白灰膏=4:1加水调匀而成;或灰膏:砖面=7:3加少许青灰加水调匀而成	砖砌体补缺

(3)特点

中国古代建筑中所用的灰浆,都是用天然材料经过简单加工,按经验比例配合而成的,它虽不及现代水泥砂浆高强、快干等,但它具有对墙体不产生膨胀、干裂等特点。古建筑灰浆材料的特点如下:

①灰浆质地比较细,有很好的流动性及和易性 中国古建筑的重要砌体,多采用施工缝隙细小的"干摆墙"或"丝缝墙"。在"干摆墙"中,砖与砖之间不允许打灰浆,墙体完全是磨砖对缝的干摆砖砌筑,只待完成一段墙体后,再灌注灰浆,使浆液挤压到缝隙中;在

"丝缝墙"中，灰缝 2~3mm，比现代建筑灰缝 10mm 小很多。因此，只有细腻、流动性及和易性好的古建灰浆才适宜这样的灰缝。

②灰浆干缩慢，失水率低　由于砌筑墙体灰浆干缩慢，失水率低，砖块与灰浆之间空隙小，水分挥发慢，会减少干燥裂缝，使墙体整体强度得到保证。

③灰浆中的石灰，能发挥膨胀性的后劲作用　古建灰浆中石灰比例较大，石灰浆汁是经过沉淀过滤后的细小颗粒，它们吸水后会发生膨胀，由于灰浆中水分挥发慢，能够充分发挥石灰膨胀后劲，更加密实填充细小灰缝，从而加强砌体的坚固性。

④灰浆的取材方便，价格便宜　古建灰浆所使用的原材料，大多是地方性材料，可就地取材，减少周转环节，促使材料价格降低，从而减少整体投资费用。

10.5.1.3　古建油漆彩画材料

（1）彩画颜料

在古代建筑中，彩绘是其重要组成部分。彩绘俗称丹青，即古代劳动人民在古建筑物上绘制装饰画，不仅美观，而且有一定的防水性，可延长建筑物寿命。

建筑彩画所用颜料可分为矿物质（无机）颜料和植物（有机）颜料两种。

①矿物质（无机）颜料　彩画常用矿物质（无机）颜料有洋绿、石绿、沙绿、佛青、银朱、石黄、铬黄、雄黄、铅粉、立德粉、钛白粉、广红、赭石、朱砂、朱膘、石青、普鲁士蓝、黑烟子和金属颜料等。彩画常用矿物质（无机）颜料见表10-8所列。

表 10-8　彩画常用矿物质（无机）颜料

颜料	介绍
洋绿	即进口绿，洋绿色彩非常美丽，具有覆盖和耐光力，但遇湿易变色，宜存放在干燥处，涂刷应避开阴雨天气，毒性最大
石绿	又称孔雀石绿或岩绿青，呈块状，是洋绿进口之前使用较普遍的绿颜料，毒性很大
沙绿	国产颜料，比洋绿深、暗，一般用在洋绿内加佛青以代之，有大毒
佛青	又称群青、沙青、回青或洋蓝等。沙粒状，具有耐日光、耐高温、遮盖力强、不易与其他颜料起化学反应等特点
银朱	用汞与石亭脂（即加过工的硫黄）精炼而成。色泽纯正，鲜艳耐久、有一定的覆盖力。正尚斋银朱是一种非常名贵的入漆银朱，佛山银朱仅次于正尚斋银朱
石黄	又名黄金石，是我国特产的一种黄色颜料，色泽较浅、不易褪色、覆盖力强，有毒
铬黄	彩画中使用量较多的一种黄色，色较深，黄中偏红。其耐光性差，有毒
雄黄	石黄内提炼出来的深色颜料，色泽鲜艳，覆盖力强，在阳光下不耐久，做雄黄玉彩画时才使用
铅粉	国产白粉，俗称中国铅粉，呈块状。不易与其他颜料起化学反应，相对密度（比重）大，覆盖力强，容易刷厚，遇湿气易变黑变黄等缺陷，有毒
立德粉	又称洋铅粉、锌钡粉，覆盖力强、不易刷厚，在阳光照射下易由白变暗。不能与洋绿配兑使用，无毒
钛白粉	色洁白，覆盖力强，耐光耐热，在阳光下不易变色，无毒

(续)

颜料	介绍
广红	又称红土子或广红土，色泽稳定，不易与其他颜料起化学反应，价廉，是常用颜料之一
赭石	又名土朱，赤铁矿中的产品，天然块状石，色性稳定经久不褪色，透明
朱砂	天然块状石，色泽稳定、沉重。多用于白活中
朱膘	朱砂研细入胶后浮于上部的膘，色鲜艳透明、持久，绘制白活时必不可少的颜料
石青	国产名贵颜料，覆盖力强、色彩稳定，不易与其他颜料起不良反应
普鲁士蓝	又称毛蓝、铁蓝等，颜色稳定持久，一般用于画白活
黑烟子	一种比较经济的颜料，相对密度(比重)轻，不与任何颜料起化学反应
金属颜料	指金箔、泥金、银箔、铜箔、金粉、银粉等。 金箔分库金和赤金。库金是最好的金箔，颜色偏深、偏红、偏暖，光泽亮丽，每张规格 93.3mm×93.3mm，贴在彩画上不易氧化，永不褪色；赤金颜色偏浅、偏黄白、色泽偏冷，每张规格 83.3mm×83.3mm，亮度和光泽次于库金。 泥金是用金箔和白芨(一种植物的含胶质根茎)手工泥制而成，其亮度和光泽不如贴金，做高级彩画时用笔以水稀释添用。 银箔比金箔稍厚，直接映现白银的效果，但贴后须罩油，否则会很快氧化。 铜箔色泽近似金箔，很容易氧化，贴后罩上保护涂料可减缓氧化速度。 金粉、银粉是用来调制金漆和银漆，也容易氧化变色

②植物质(有机)颜料　植物质(有机)颜料多用于绘画山水人物花卉等(即白活)部分，常用的有藤黄(海藤树内流出的胶质黄液，有剧毒)、胭脂、洋红、曙红、桃红珠、柠檬黄、紫罗兰、玫瑰、花青等。着色力强、透明性好，但耐光性差、耐久性差、不稳定。

绝大多数的彩画做法是运用水胶(指动物质皮骨胶)做黏结胶，用作调制沥粉和各种颜料，这种用胶作彩画称为"胶作彩画"；少数彩画作法以光油代水胶作黏结胶，只用作调制各种颜料，这种用光油代水胶做法的彩画称为"油作彩画"。

(2)油漆材料

古建油漆材料主要是指油、打满与调灰材料、腻子、颜料加工和油饰色彩配兑等。

①油　有灰油、光油和金胶油。灰油用生桐油 50kg、土籽灰 3.5kg、樟丹粉 2kg 熬制而成；光油用生桐油 40kg、白苏籽油 10kg、干净土籽粒 2.5kg 熬制而成；金胶油由饰面光油 5kg、食用豆油 0.22 kg 加兑而成，在建筑饰面上制作贴金、扫金、扫青、扫绿等都需要用金胶油，起黏结作用。

②打满与调灰材料　打满又称油满，是调制地杖灰的胶结材料，由灰油 50kg、生石灰块 25kg、面粉 25kg、水 50kg 混合而成。地杖灰是指做垫层用的塑性材料。地杖的做法多样，有两道灰、三道灰、四道灰、一麻四灰、一麻五灰、一麻一布六灰、两麻六灰等。地

杖灰用生石灰粉25kg、缩甲基纤维素0.75kg、食用盐0.25kg、聚醋酸乙烯乳液0.375kg、水50kg配制而成。地杖所用的麻为上等麻，其长度不小于100mm。

③腻子　种类很多，地杖属于腻子的范畴。除地杖外，为弥补地杖表面光滑度不足，在地杖表面做腻子，有浆灰腻子、土粉子腻子；为遮盖木材表面的缺陷，在木材表面上做清色饰面，有水色粉、油色粉、漆片腻子和石膏腻子等。

④颜料加工　在古建油漆工程中，饰面所使用的颜料多为干颜料，这些颜料使用前，须进行必要加工处理，包括漂洗、脱硝、研磨和过筛、串油等。

⑤油饰色彩配兑

颜料色彩配兑　自然界中的颜料，通过太阳光反射出来有红橙黄绿青蓝紫七色，但在美术中，所有的颜色都是由原色、间色、复色、清色和补色中色素含量的变化，配兑出与自然界相近似的丰富色彩。常见颜料色彩见表10-9所列。

表10-9　常见颜料色彩

色彩	介绍
原色	指红、黄、蓝三色是构成其他颜色的基本色，它本身不能用其他任何颜色配兑出来，所以称为"三原色"
间色	用三原色中的任何两种颜色，进行等量配兑所得出的中间颜色叫间色。如等量红与蓝进行混合得出紫色、等量蓝与黄进行混合得出绿色、等量黄与红进行混合得到橙色
复色	用两种原色进行差量混合，或两种间色进行混合，所得出的颜色叫复色
清色	指黑、白两色，它与三原色的不同之处是，无论把它加到原色、间色或复色中去，都只能使其加深或变浅，而不能使其转化成其他颜色，故称为清色
补色	在每种间色中，若加入一些与其相对的原色，就会使其色彩变得浑暗、沉着，而这种原色称为相对间色的补色。如蓝是橙色的补色，黄是紫色的补色，红是绿色的补色等

油饰色彩配兑　油饰色彩配兑不是颜料与颜料的简单掺和，它是用单一品种的颜料，事先调制成各种颜色的色油，然后用一种色油与另一种色油进行配兑而制成的。

10.5.2　园林新型建筑材料

10.5.2.1　现代园林建筑材料

观景亭廊的形式多样，类似的设施有台、塔、楼、阁、舫、榭、花架等。观景亭廊的建筑材料选用，中国传统上以木构瓦顶居多，也有采用木构草顶及全部石构的。现代一般用水泥、钢筋混凝土、铜材等多种材料制成仿竹、仿松木的观景亭廊，情趣盎然；也可用各种轻型材料以及张拉膜材料等。景观亭廊用材料如图10-34所示。

钢架+玻纤瓦

张拉膜+金属锚+拉索结构

竹架+膜顶

混凝土+琉璃瓦屋面

钢筋混凝土+石栏杆+琉璃瓦屋顶

石材+木材+玻璃

图 10-34　景观亭廊用材料

10.5.2.2　现代园林小品材料

(1) 休憩类园林小品

休憩类园林小品是供游客观景及休息的建筑物及坐具，使游客在旅游环境中停留时间更长，精力更充沛。这类设施主要有休闲桌椅、观景亭廊。可选择的建筑材料很多，如金属、钢筋混凝土、竹木材、石材等。休憩类园林建筑小品如图 10-35 所示。

图 10-35　休闲桌椅用材料

（2）信息类园林小品

起引导性与展示性、传达各类信息的园林小品称为信息类园林小品，这类设施在园林景观中极为活跃、引人注目。其种类较多，主要包括导游牌、说明牌、标识牌、画廊、计时塔、电话亭等，设计形式及采用的材料多样（图 10-36）。

天然石材+防腐木+磨砂玻璃

钢骨架+涂层钢板

图 10-36　信息类园林建筑小品材料应用

　　　　混凝土骨架+有机玻璃　　　　　　金属+塑钢板　　　　　　　天然石材+木材

图 10-36　信息类园林建筑小品材料应用（续）

（3）卫生设施

卫生设施包括饮水器、洗手台、垃圾箱、公厕，一般设置在大量人流滞留、漫步、休息或有室外用餐的公共场所，如广场、行街、人行道、公园、绿地、游乐场等（图 10-37）。

①饮水器与洗手台　主要是方便游客。饮水器与洗手台的主要材质有不透钢、天然石材等。

②垃圾桶　主要材料有玻璃钢、铝合金、金属与木材结合、混凝土等。

（4）装饰类园林小品

装饰类园林小品有景区大门、景墙、雕塑小品、花钵、梳篦、旗帜等，是园林中常用的设施。常用的材料有天然石材、混凝土、砖、金属材料、木材等。装饰类设施材料应用如图 10-38 所示。

（5）功能类小品

功能类小品主要有游乐设施、户外健身器械、塑胶跑道、安全地垫等景观设施等（图 10-39）。在广场、景区内设置游乐设施、健身器材，能充分调动人们的积极性，让到处都充满活力。安全地垫和塑胶跑道等具有吸撞效能、减少伤害、长久耐用、容易清洁，应用于儿童游乐场、幼儿园、中小学体育器械区、游乐设施场地、敬老院、人行天桥、体操场和公园等（图 10-39）。

①游乐设施　是指用于经营，在封闭的区域内运行，承载游客游乐的设施。主要材料有塑料、钢制支柱等。

②户外健身器械　材质多为钢管涂漆和塑料制品。

不锈钢饮水器　　　　　　天然石材洗手台

砖瓦结构公厕　　　　　　玻璃钢垃圾筒

图 10-37　卫生设施用材料

木构景区大门　　　　金属景墙　　　　石雕塑

图 10-38　装饰类设施材料应用

游乐设施　　　　户外健身器械　　　塑胶跑道

图 10-39　功能类设施材料应用

③塑胶跑道 又称全天候田径运动跑道，由聚氨酯预聚体、混合聚醚、废轮胎橡胶、EPDM 橡胶粒或 PU 颗粒、颜料、助剂、填料组成。

【技能训练】

技能 10-1　管材管件材料的认识

1. 目的要求

通过认识给排水管材管件及附属设施，熟悉管材、管件、附属设施的类型、规格、作用。

2. 材料与工具

(1)各种类别、规格管材、管件、附属设施。

(2)记录本、笔。

3. 内容与方法

(1)认识给排水工程中不同类型的管材，了解各种不同材质管件的特点，应用时选择要点。

(2)认识给排水、喷灌的管件，了解其在给排水及喷灌中的应用。

(3)认识给排水及喷灌系统控制设备，了解其使用方式。

4. 实训成果

填写表 10-10。

表 10-10　管材、管件、附属设施识别报告表

序号	名称	型号	规格	用途
1				
2				
3				
⋮				

技能 10-2　喷泉材料的认识

1. 目的要求

通过认识喷泉有关材料，熟悉喷头、管件、调节控制设备的类型、规格。

2. 材料与工具

(1)各种类别、规格喷头管件；

(2)记录本、笔。

3. 内容与方法

(1)认识不同类型的喷头,了解各种喷头喷射水花的效果、喷射原理。

(2)认识喷泉管件及附件,了解其特性及用途。

(3)认识喷泉调节控制设备,了解其控制原理及效果。

4. 实训成果

填写表 10-11。

表 10-11 喷泉材料识别报告

序号	名称	型号	规格	单位	用途
1					
2					
3					
⋮					

技能 10-3　水池材料的应用

1. 目的要求

通过认识水池有关材料,熟悉水池常用的结构材料和装饰材料。

2. 材料与工具

记录本、笔。

3. 内容与方法

(1)认识不同类型的水池,记录其结构材料和各层材料作用。

(2)认识水池装饰材料,记录池底、池壁及压顶材料种类及规格。

(3)熟悉常见园林水池的组成。

4. 实训成果

请写出图 10-10 水池结构所用材料的名称、型号、规格、用途,填入表 10-12 中。

表 10-12 水池所用材料

序号	名称	型号	规格	用途
1				
2				
3				
⋮				

技能10-4　广场材料的应用

1. 目的要求

识读广场施工图，了解广场的构造，所用材料种类、规格、颜色等。

2. 材料与工具

笔和本子。

3. 内容与方法

（1）识别图10-40中广场使用的材料，并记录材料的名称、规格、颜色等。

（2）识别图10-40中广场的结构，写出广场结构用材料的名称、规格、用途等。

4. 实训成果

完成广场材料清单（表10-13）。

表10-13　广场材料清单

序号	名称	颜色	规格型号（配比）	单位	使用部位	图号
1	花岗岩 光面	蒙古黑	30厚，300mm×300mm×30mm	mm	地面波打线	广场平面图2
2						
3						
⋮						

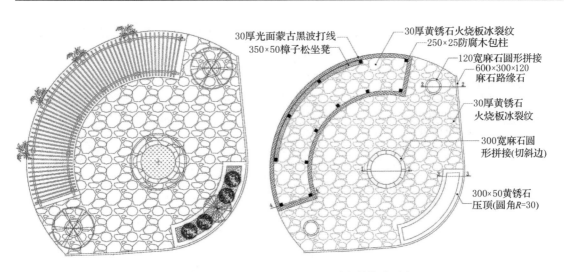

图10-40　广场施工图

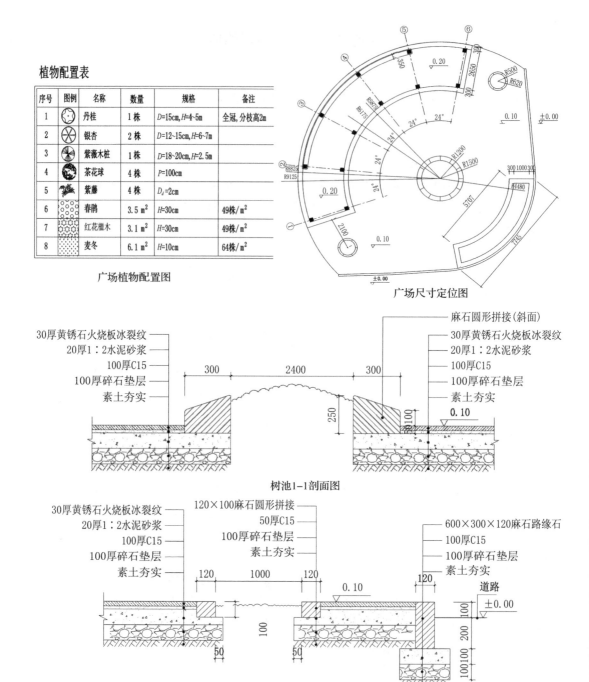

图 10-40　广场施工图（续）

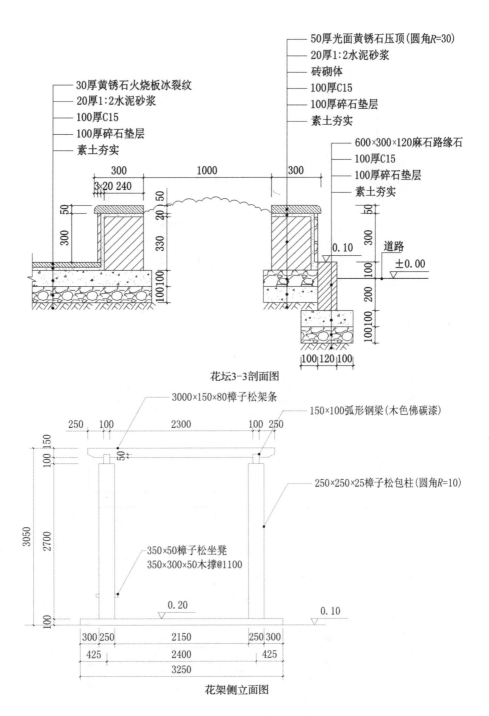

图10-40 广场施工图(续)

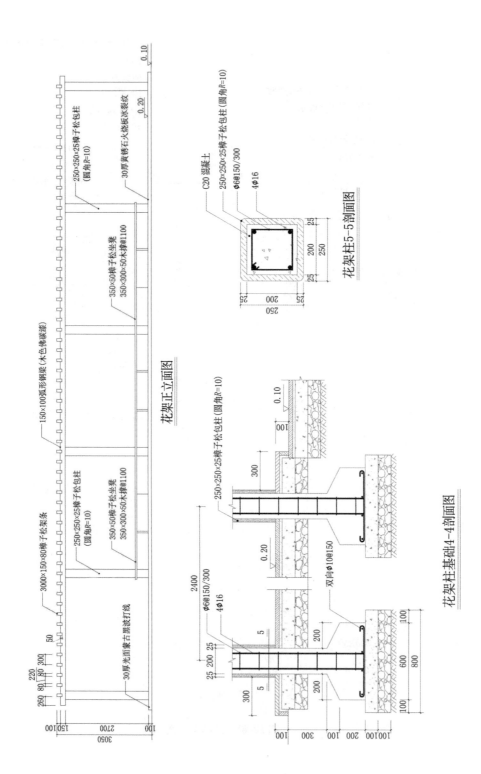

图 10-40 广场施工图（续）

技能 10-5　园林建筑小品材料的识别

1. 目的要求

通过对指定公园的调查，了解公园内园林建筑小品的种类、名称、规格、用途等。熟悉园林建筑小品常用的结构材料和装饰材料，能区分材料品种特征。

2. 材料与工具

纸、笔、测具。

3. 内容与方法

（1）用测量工具量测材料的外形、几何尺寸。

（2）写出园林建筑小品的名称、外观特征、规格，并指出其用途。

4. 实训成果

完成园林建筑小品材料识别报告表（表10-14）。

5. 注意事项

注意安全，防止伤到手脚。

表10-14　园林建筑小品材料识别报告表

序号	小品名称	规格、型号	主要用材
1	垃圾桶	50mm×50mm×100mm	GRC 材料
2			
3			
⋮			

【拓展知识】

古建筑维修新材料的应用

我国是一个历史悠久的国家，在这片幅员辽阔的国土上遍布着许许多多风格各异的古建筑，它们都是中华文明源远流长的见证，也是我国灿烂的文化积淀和宝贵的文化遗产。对古建筑的维修保养，其目的是利用科学技术的方法来保护古建筑，使之能"益寿延年"，长留人间。所有的保护和修缮工作都是为了能够保留文物自身的历史信息，同时也是为了最大程度上客观地尊重历史。

在古建筑维修工程中，为保存其原有价值必须坚持"四保存"的原则。

第一，保存原来的建筑形制。古建筑的形制包括建筑原来的平面布局、造型、艺术风格等。每个朝代的建筑布局与造型都有它的特点，不仅反映了建筑功能、建筑的制度，也反映了社会情况，民族文化的风格。

第二，保存原来的建筑结构。古建筑的结构主要是反映科学技术的发展，随着社会的发展，对各类建筑物的要求不断提高，不同时期建筑物的结构方式有差异，它们是建筑科学价值进程的标志。建筑结构是决定建筑类型的内在因素，应注意一些特殊的结构，如山西五台山佛光寺大殿顶部的人字叉手（唐代）是国内仅存的弧例。佛光寺里文殊殿的复梁（金代）、朔县崇福寺观音殿的大叉手梁架（金代）、赵城文胜寺的大人字梁（元代）、广西容县真武阁的杠杆悬柱结构（明代）等都是具有特殊价值的结构，在维修工程中不能改变。砖石结构、铜铁结构、竹篾结构也都有其时代、地区、民族特点的，在修缮工程中应特别注意。

第三，保存原来的建筑材料。古建筑中建筑材料的种类很多，有木材、竹子、砖、石、泥土、琉璃、金、银、铜、铁等。根据不同建筑结构的需要而选择使用不同的材料，从而确定其建筑结构与艺术形式。如木材产生了井干式、抬梁式和穿斗式的结构，砖石材料产生了叠涩或拱券式结构，铜铁金属必然要用铸锻的方法才能建造。因此，建筑材料、建筑结构与建筑艺术的关系是不可分割的。

第四，保存原来的工艺技术。要真正保存古建筑的原状，除了保存其形制、结构材料之外，还需要保存原来的传统工艺技术，做到"修旧如旧"。

保存传统的工艺技术也不排除使用现代化科研、测绘、施工和运输工具。使用新材料、新技术能够更多、更好地保存古建筑原形制原结构、原材料，更有利于原工艺技术的操作，也更有利于古建筑的保护。

新材料的使用不是替换原材料，仅仅是为了补强或加固原材料、原结构。

在木构建筑的维修工程中，常常会遇到大梁或柱子等构件糟朽、劈裂的情况。用环氧树脂配剂予以灌注、充填，这样既保住了九百多年的大殿主要构件，又解决了柱子的加固问题。环氧树脂配剂还可用于黏结木料，拼镶一些原来构件的残缺、糟朽部分及砖石建筑、古窟崖壁的黏结加固、灌注填充。如山西大同云冈石窟、河南龙门石窟的崖体加固、溶洞缝隙填充工程都收到了较好的效果，但环氧树脂一经用上就不能更改。

钢、铁、铜、锡等金属材料本是我国加固古建筑的传统材料，在建筑的实物中经常可以看到。如用于木结构梁柱劈裂加固的铁箍，梁柱拔榫加固的铁扒锯、铁拉扯，梁头榫卯加固的铁托垫等，效果非常显著。金属材料加固可不改变原来材料的本质，作为附加材料，也不改变原结构的性能，仅起辅助加强作用。因此，将金属材料用于古建维修工程加固的方法很值得重视。金属材料不仅适用于木结构的加固，而且用于砖石建筑的加固效果也很好。一千多年前隋代赵州桥上就使用了腰铁、铁拉杆等来增强它的坚固性。在我国南方各地许多居民、祠堂、寺庙的高大砖墙上也用了丁字形拉杆来拉固。

环氧树脂黏结与钢铁金属构件合并使用往往能达到很好的效果。如木构梁柱的加固除了用钢箍、钢钉、暗榫等之外，再加环氧树脂黏结就更加坚固了。又如砖石建筑和岩壁加固，除了用环氧树脂配剂黏结、灌注之外，再加上钢箍、钢杆，效果会更好。

水泥虽然被称为古建筑维修的大敌，但可用于隐蔽地方的加固。

【自主学习资源库】

1. 园林工程. 陈盛彬. 化学工业出版社, 2009.
2. 环境艺术装饰材料与构造. 李蔚, 傅彬. 北京大学出版社, 2010.
3. 园林工程建设材料与施工机械. 周景斌. 化学工业出版社, 2009.
4. 园林建筑材料与构造. 武佩牛. 中国建筑工业出版社, 2007.
5. 园林建筑设计与施工技术. 陈盛彬, 张利香. 中国林业出版社, 2015.
6. 园林景观水景给排水设计施工手册. 田建林, 张柏. 中国林业出版社, 2012.
7. 景观材料及应用. 杨丽, 乔国栋, 王云才. 上海交通大学出版社, 2013.
8. 景观材料与构造. 高颖. 天津大学出版社, 2011.
9. 园路·园桥·广场工程. 孙超. 机械工业出版社, 2015.
10. 中国传统建筑彩画讲座, 第二讲: 传统建筑彩画的颜材料成分、沿革、色彩代号、颜料调配技术及防毒知识. 蒋广全. 古建筑传统技术, 2013(04).

【自测题】

一、填空题(20分, 每小题1分)

1. 排水管渠有( )和( )之分。
2. ( )的功能是便于维护人员检查和清理管道, 也是管段的连接点, 通常设置在管道方向坡度和管径改变的地方。
3. 水泵按其能量传递和转换方式的不同可分为( )和( )两种。
4. 水池按构筑材料可以分为( )、( )和( )。
5. 园林驳岸按景观特点可分为( )、( )、( )、( )、( )、( )和( )等类型。
6. 管网材料根据用途有( )、( )、( )和( )等。
7. 喷泉是一种将水或其他液体经过一定压力通过喷头喷洒出来, 具有特定形状的组合体, 提供水压的一般为水泵。一个完整的喷泉系统一般由( )、( )、( )三部分组成。
8. 混凝土路面材料包括( )和( )。
9. 园路的结构一般是由( )、( )和( )三部分组成。
10. 干法铺筑的路面材料有( )、( )、( )和石板等。
11. 以( )、( )与( ), 按一定的配比混合、加水拌匀碾压而成的一种基层结构称为二灰土。
12. 假山的类型按堆山的主要材料来分有( )、( )、( )和( )4种类型。

13. 太湖石有4个主要的特征是(　　)、(　　)、(　　)、(　　)。
14. 四大名石是指(　　)、(　　)、(　　)和(　　)。
15. 景观设施可分为(　　)、(　　)、(　　)、(　　)、服务类和功能类设施。
16. 户外健身器械材质多为(　　)和(　　)。
17. 传统的景观设施所用材料大多为(　　)、(　　)和(　　)等。
18. 园林仿古建筑砖料可分为：城砖、(　　)、砂滚砖、(　　)、(　　)、(　　)6类。
19. 屋顶用瓦分为(　　)和青瓦(布瓦)两种，(　　)带釉，颜色有(　　)、(　　)、蓝色、(　　)等多种，青瓦不带釉。
20. 建筑彩画所用的颜料可分为(　　)颜料和(　　)颜料两大类。

二、单项选择题(20分)

1. 下列不是射程分类喷头的有(　　)。
   A. 近射程喷头　　B. 中射程喷头　　C. 远射程喷头　　D. 地埋式喷头
2. 下列不是电缆构成的是(　　)。
   A. 缆芯　　B. 绝缘层　　C. 保护层　　D. 铠装
3. 给水工程是由(　　)构成的。
   A. 取水工程和净水工程　　B. 雨水与污水排泄系统
   C. 供水系统和排水系统　　D. 构筑物和管道系统
4. 园林排水工程一般包括(　　)。
   A. 灌溉工程与排水工程　　B. 供水系统和排水系统
   C. 雨水排水系统和污水排水系统　　D. 构筑物和管道系统
5. LED是(　　)。
   A. 发光二极管　　B. 氙灯　　C. 金属卤化物灯　　D. 钠灯
6. 不能用作喷泉管道的有(　　)。
   A. 铜管镀锌管　　B. 不锈钢管　　C. 混凝土管　　D. PPR管
7. 在选择喷头直径时，必须与链接的内径相配合，喷嘴前应有不少于(　　)倍喷嘴口直径的直线管道长度或设整流装置，管径相接不能有急剧变化，以保证喷水的设计水姿造型。
   A. 20　　B. 30　　C. 40　　D. 50
8. 有的喷头的喷孔较细小，受水质影响比较大，如果水质不好容易发生堵塞，但有的影响很小，如(　　)喷头。
   A. 直流　　B. 蒲公英　　C. 涌泉　　D. 吸力
9. 绿地喷灌由于要承受压力，所以不宜使用管材是(　　)。
   A. PP　　B. PE　　C. 光滑管PVC　　D. 波纹管PVC

10. 下面不属于水泥混凝土路面面层装饰形式是(　　)。
   A. 普通抹灰　　B. 彩色水磨石　　C. 露骨料饰面　　D. 彩色沥青混凝土
11. 透水性路面是指能使雨水通过，直接渗入路基的人工铺筑的路面，不包括(　　)。
   A. 砂、碎石及砾石路面　　　　B. 透水性混凝土路面
   C. 透水性砖和嵌草砖路面　　　D. 花岗岩铺地路面
12. (　　)是不可以铺筑整体路面的。
   A. 水泥混凝土　　B. 水磨石路面　　C. 表面压模路面　　D. 建菱砖路面
13. 一般路面的结构从上至下最上层是(　　)。
   A. 面层　　B. 结合层　　C. 基层　　D. 垫层
14. 下面不属于湖石类的是(　　)。
   A. 太湖石　　B. 英德石　　C. 灵璧石　　D. 水秀石
15. 石头表面有蜡状光泽，圆润光滑，质感似蜡的是(　　)。
   A. 太湖石　　B. 英德石　　C. 黄蜡石　　D. 水秀石
16. 人造塑山主要的类型不包括(　　)。
   A. 混凝土塑山　　B. GRC塑山　　C. 泥土塑山　　D. CFRC塑山
17. 常用的假山基础材料不包括(　　)。
   A. 桩基　　B. 灰土　　C. 混凝土　　D. 黏土砖
18. 由人工构筑的仿造的山地环境，仿自然山形的土石砌体，可赏可憩可游可攀登的园景设施是(　　)。
   A. 水景　　B. 石景　　C. 假山　　D. 塑山
19. (　　)是不具备山形，但以奇特的怪石形状为审美特征的石质观赏品。
   A. 水景　　B. 石景　　C. 假山　　D. 塑山
20. (　　)形体方正，见棱见角，节理面近乎垂直，雄浑沉实，立体感强，块钝而棱锐，给人以方正、稳重和顽劣感。
   A. 黄石　　B. 黄蜡石　　C. 青石　　D. 笋石
21. 园林中常用桩材为杉、柏、松、橡、桑、榆等，其中(　　)最好，选取其中较平直而又耐水湿的作为桩基材料。
   A. 橡、榆　　B. 杉、松　　C. 柏、松　　D. 柏、杉
22. 假山铁活加固材料有银锭扣、铁爬钉、铁扁担、(　　)和模坯骨架等。
   A. 角铁　　B. 铁皮　　C. 铁吊架　　D. 铁钉
23. 下列不属于瓦件类的是(　　)。
   A. 板瓦　　B. 筒瓦　　C. 滴水　　D. 垂脊
24. 古建油漆材料没有(　　)。

A. 油 B. 打满与调灰材料
C. 腻子 D. 藤黄

25. 现代亭屋顶室内部位,一般( )。
A. 吊顶 B. 不吊顶 C. 吊架 D. 悬挂仿物

26. 古建筑屋顶用瓦分为青瓦和( )两种。
A. 石棉瓦 B. 油粘瓦 C. 石板瓦 D. 琉璃瓦

27. 告示牌是属于( )。
A. 信息类设施 B. 装饰类设施 C. 服务性设施 D. 交通防护类设施

28. ( )是指用于经营目的,在封闭的区域内运行,承载游客游乐的载体。
A. 休闲设施 B. 娱乐设施 C. 游乐设施 D. 健身设施

三、多项选择题(20分)

1. 给水管材有( )。
A. 铸铁管 B. 钢管 C. 钢筋混凝土管 D. 塑料管

2. 状态性控制阀门有( )。
A. 手控阀 B. 电磁阀 C. 水力阀 D. 球阀

3. 柔性不渗水材料主要包括( )。
A. 玻璃纤维布 B. 三元乙丙橡胶(EPDM)薄膜
C. 橡胶薄膜、油毛毡防水层 D. 混凝土

4. 管件主要有( )。
A. 接头 B. 弯头 C. 三通 D. 四通
E. 管堵以及活性接头

5. 喷泉喷头的类型有( )。
A. 变形喷头 B. 地埋式喷头 C. 蒲公英喷头 D. 单射流喷头
E. 组合式喷头

6. 池底通常采用( )或混凝土池底表面抹灰装饰处理,也可采用釉面砖、陶瓷锦砖等片材贴面处理等。
A. 卵石 B. 干铺 C. 砾石 D. 砂

7. 在室外开阔处或者多风地带可以选择( )喷头。
A. 半球形 B. 牵牛花 C. 吸力 D. 蒲公英

8. 各类驳岸材料有( )几种。
A. 桩基整形条石驳岸 B. 桩基浆砌块石驳岸
C. 竹桩驳岸 D. 浆砌块石驳岸

9. 自然式跌水用材主要用( )等天然石块砌筑。
A. 湖石 B. 文化石 C. 黄石 D. 花岗石

10. 园林中的道路为园路,包括( )。
   A. 道路　　　　B. 广场　　　　C. 游憩场地　　　D. 石山
11. 一般路面部分从上至下结构层次的分布顺序是( )。
   A. 面层　　　　B. 结合层　　　C. 基层　　　　　D. 垫层
12. 水泥混凝土路面,一般采用( )混凝土,做厚( ),路面每隔10m设伸缩缝一道。
   A. C20　　　　 B. 120~160cm　C. 120~160mm　　D. MU20
13. 块材通常指厚度在50~100mm之间的装饰性铺地材料,通常包括板材类、砌块类、砖3种类型,具体有( )等。
   A. 天然石板　　B. 混凝土板　　C. 建菱砖　　　　D. 凿打整形的石块
14. 园路垫层材料有( )等。
   A. 天然级配砂砾　B. 混凝土板　　C. 干结碎石　　　D. 二灰土
15. 亭一般由( )组成。
   A. 台基　　　　B. 亭柱　　　　C. 亭顶　　　　　D. 亭台
16. 亭的建造,应遵循选材原则,一般选用( )等材料。
   A. 茅草　　　　B. 铝合金　　　C. 仿茅草　　　　D. 充气塑料
17. 砌筑墙体砖按其生产工艺分为( )与( )。
   A. 烧结砖　　　B. 空心砖　　　C. 实心砖　　　　D. 非烧结砖
18. 彩画材料包括( )。
   A. 黄胶　　　　B. 金箔　　　　C. 石青　　　　　D. 靛青
19. 琉璃瓦件包括以下哪几部分?( )
   A. 瓦件类　　　B. 脊件类　　　C. 饰件类　　　　D. 特殊瓦件
   E. 油粘瓦
20. 室外雕塑的材料一般有( )。
   A. 天然石材　　B. 金属材料　　C. 人造石材　　　D. 高分子材料
   E. 陶瓷材料
21. 塑胶跑道材料是由( )、混合聚醚、废轮胎橡胶、颜料、助剂、填料组成。
   A. PU材料　　　B. LLDPE材料　C. EPDM橡胶粒　　D. PVC橡胶粒
22. 室外照明的光源有( )等。
   A. 白炽灯　　　B. 高压汞灯　　C. 卤钨灯　　　　D. 荧光灯

四、判断题(20分,每小题0.5分)

1. 缆芯属于电缆构成的一部分。　　　　　　　　　　　　　　　　　　( )
2. 地埋式喷头是射程分类喷头。　　　　　　　　　　　　　　　　　　( )
3. 接头、弯头、铠装都属于管件。　　　　　　　　　　　　　　　　　( )

4. 沟渠是指用土建筑材料在工程现场砌筑成的口径较大的暗沟。（   ）
5. 管件的接头可分内接头、外接头、内部接头、同径或异径接头等。（   ）
6. 变压器型号栏内"SJ-10/6"的意义如下：S 表示三相，J 表示油浸自冷式，10 表示容量为 10kVA，6 表示变压器高压一侧的额定电压为 6kVA。（   ）
7. LED 是一种钠灯，现已大量用于景观装饰中，如标识牌、光雕塑、道路照明等。（   ）
8. 园林排水工程一般包括雨水排水系统和污水排水系统。（   ）
9. 在喷灌工程中，聚氯乙烯(PVC)、聚乙烯(PE)和聚丙烯(PP)等塑料管逐渐被其他材质的管道取代，成为喷灌系统采用的主要管材。（   ）
10. 检查井之间的最大间距在管径小于 500mm 时为 100m。为了检查和清理方便，相邻检查井之间的管段应在一条直线上。（   ）
11. 喷雾喷嘴主要有地埋式喷嘴和撞击式喷嘴。（   ）
12. 喷头优先采用钢质材料，可采用不锈钢和铝合金材料，也有采用陶瓷和玻璃的；用于室内时也可采用工程塑料和尼龙等材料；尼龙（几内酰胺）材料主要用于低压喷头。（   ）
13. 在喷泉的过滤系统中，一般在水泵底阀外设网式过滤器和在水泵进水口前装除污器。当水中混有泥沙时，用网式过滤器较为合适。（   ）
14. 驳岸基础材料有混凝土基础材料、块石基础材料、桩基材料。（   ）
15. PVC-U 管是由硬聚氯乙烯塑料通过一定工艺制成的管道。PVC-U 管材导热，不导电，阻燃，突出应用于高腐蚀性水质的管道输送，质量和经济效果达到最佳。（   ）
16. 石材、砖和预制混凝土等可用来做路缘石，起收边、过渡作用，保证整体一致性。（   ）
17. 瓷砖表面光滑，美观，图案灵活多样，适合于温暖的气候，遇水防滑性较低。（   ）
18. 园路的结合层材料一般用粗砂、C20 素混凝土和 M2.5 混合砂浆等。（   ）
19. 在草坪中点缀步石，石坚硬与草坪柔软形成相似调和。（   ）
20. 道牙是安装在道路边缘利于排水，起保护路面作用，也是不同区域细部处理的过渡材料。（   ）
21. 制作山石盆景的材料分硬石、软石两种。前者质地坚硬，不易吸水，难长青苔；后者质地比较松软，容易吸水，常长青苔。（   ）
22. 园林景石主要分为湖石、黄石、青石、石笋石等几类。（   ）
23. 泰山石多见不规则卵形，在适当的视觉距离更显现出中国画大写意的神韵。多用作写字石、园林置石。（   ）
24. 假山石料的选择要讲究山石的颜色搭配，在假山的突出部位可以选择颜色深一些的山石。   (   )
25. 大卵石石形浑圆，不宜进行石间组合，因此一般常作假山的材料。   (   )
26. 湖石类适于用作特置的单峰石和环透式假山。   (   )
27. 选石要考虑因素有：山石尺度、石形、皱纹、石态、石质和颜色。   (   )
28. 选石应当是：先头后底，先表后里，先正面后背面，先大处后细部，先特征点后一般区域，先洞口后洞中，先竖立部分后平放部分。   (   )
29. 古代假山施工基本上全采用水泥砂浆或混合砂浆来胶合山石。   (   )
30. 塑山塑石表面应用石色水泥浆刷涂或喷涂非水溶性颜色，或在砂浆中添加颜料及石粉调配出所需的石色。   (   )
31. 现代亭多指运用现代建筑和装饰材料来建造，造型与结构简化或为异域文化造型和结构的亭。   (   )
32. 宝顶大体可分为顶座和顶珠两部分。   (   )
33. 赭石、朱砂、靛青、藤黄、铅粉，属于矿物质颜料。   (   )
34. 走兽的安置次序为龙、凤、狮、仙人指路、天马、海马、狻猊、狎鱼、斗牛、行什等，在使用中一般成双数。   (   )
35. 古建筑灰浆的基本材料是水泥，由它与其他材料配合组成各种灰浆。   (   )
36. 介绍牌、解说牌、导向牌属于信息类设施。   (   )
37. 花坛、木葡萄架、木亲水平台属于装饰类设施。   (   )
38. 塑木表面需要油漆处理。   (   )
39. 儿童游乐场一般用塑胶地垫保护儿童玩乐。   (   )
40. 古建筑灰浆一般干缩快，失水率低。   (   )

五、问答题(20分，每小题2分)

1. 在绿地喷灌系统中广泛使用的水泵有哪些类型？
2. 列举喷灌使用的各种喷头和管道的特征。
3. 水池结构的5个组成部分是什么？并说明其常用的材料。
4. 园路的结构一般由哪些部分组成？各部分常用的构筑材料有哪些？
5. 常见片块状路面面层材料有哪些？各类型材料一般应用在哪些场地？
6. 水泥混凝土面层装饰主要有哪些方法？
7. 假山的基础有哪些类型？各类型基础对材料的选用有什么要求？
8. 现代亭建筑中亭的基础、亭身、屋顶三大部分选择的材料有哪些？
9. 游乐设施有哪些种类？
10. 古建灰浆的特点有哪些？

附录
相关材料技术标准

1. 《砌体结构设计规范》(GB 50003—2011)
2. 《天然饰面石材试验方法》(GB 9966—2001)
3. 《天然花岗石建筑板材》(GB/T 18601—2009)
4. 《天然大理石建筑板材》(GB/T 19766—2005)
5. 《天然石灰石建筑板材》(GB/T 23453—2009)
6. 《天然砂岩建筑板材》(GB/T 23452—2009)
7. 《天然板石》(GB/T 18600—2009)
8. 《木材含水率测定方法》(GB/T 1931—2009)
9. 《制材工艺术语》(GB/T 11917—2009)
10. 《建筑材料及制品燃烧性能分级》(GB 8624—2006)
11. 《木结构设计规范》(GB 50005—2003)
12. 《低合金高强度结构钢》(GB/T 1591—2008)
13. 《钢筋混凝土用钢 第1部分：热轧光圆钢筋》(GB 1499.1—2008)
14. 《钢筋混凝土用钢 第2部分：热轧带肋钢筋》(GB 1499.2—2007)
15. 《钢筋混凝土用余热处理钢筋》(GB 13014—2013)
16. 《冷轧带肋钢筋》(GB 13788—2008)
17. 《冷轧扭钢筋》(JG 190—2006)
18. 《冷轧扭钢筋混凝土构件技术规程》(JGJ 115—2006)
19. 《建筑生石灰》(JC/T 479—2013)
20. 《建筑石膏》(GB/T 9776—2008)
21. 《通用硅酸盐水泥》(GB 175—2007)
22. 《用于水泥和混凝土中的粉煤灰》(GB 1596—2005)
23. 《通用硅酸盐水泥》(GB 175—2007)
24. 《水泥细度检验方法筛析法》(GB/T 1345—2005)
25. 《水泥细度检验方法比表面积法》(GB/T 8074—2008)
26. 《水泥标准稠度用水量、凝结时间、安定性检验方法》(GB/T 1346—2011)
27. 《水泥胶砂强度检验方法(ISO)法》(GB/T 17671—1999)
28. 《通用硅酸盐水泥》(GB 175—2007)
29. 《水泥包装袋》(GB 9774—2010)
30. 《砌筑水泥》(GB/T 3183—2003)
31. 《道路硅酸盐水泥》(GB/T 13693—2005)
32. 《中热硅酸盐水泥、低热硅酸盐水泥、低热矿渣硅酸盐水泥》(GB 200—2003)
33. 《低热微膨胀水泥》(GB 2938—2008)

34.《铝酸盐水泥》(GB/T 201—2015)
35.《白色硅酸盐水泥》(GB/T 2015—2005)
36.《彩色硅酸盐水泥》(JC/T 870—2012)
37.《粒化高炉矿渣》(GB/T 203—2008)
38.《砌筑砂浆配合比设计规则》(JGJ/T 98—2010)
39.《混凝土用水标准》(JGJ 63—2006)
40.《用于水泥和混凝土中的粉煤灰》(GB/T 1596—2005)
41.《建筑砂浆基本性能试验方法》JGJ 70—2009
42.《建筑砂浆基本性能试验方法》(JGJ 70—2009)
43.《建设用砂》(GB/T 14684—2011)
44.《普通混凝土用砂、石质量及检验方法标准》(JGJ 52—2006)
45.《建设用碎石、卵石》(GB/T 14685—2011)
46.《混凝土质量控制标准》(GB 50164—2011)
47.《普通混凝土力学性能试验方法》(GB/T 50081—2002)
48.《混凝土结构设计规范》(GB 50010—2010)
49.《普通混凝土配合比设计规程》(JGJ 55—2011)
50.《轻骨料混凝土技术规程》(JGJ 51—2002)
51.《公路沥青路面设计规范》(JTG D50—2006)
52.《公路沥青路面施工技术规范》(JTG F40—2004)
53.《预拌混凝土》(GB/T 14902—2012)
54.《烧结普通砖》(GB/T 5101—2003)(强改推)
55.《烧结多孔砖和多孔砌块》(GB/T 13544—2011)(强改推)
56.《烧结空心砖和空心砌块》(GB/T 13545—2014)
57.《建筑卫生陶瓷分类及术语》(GB/T 9195—2011)
58.《陶瓷砖》(GB/T 4100—2015)
59.《平板玻璃》(GB 11614—2009)
60.《建筑用安全玻璃 第2部分：钢化玻璃》(GB 15763.2—2005)
61.《建筑用安全玻璃 第3部分：夹层玻璃》(GB 15763.3—2009)
62.《中空玻璃》(GB 11944—2002)
63.《干挂空心陶瓷板》(GB/T 27972—2011)
64.《建筑幕墙用铝塑复合板》(GB/T 17748—2016)
65.《一般工业用铝及铝合金板、带材 第2部分：力学性能》(GB/T 3880.2—2012)
66.《普通装饰用铝塑复合板》(GB/T 22412—2016)
67.《合成树脂乳液外墙涂料》(GB/T 9755—2001)

68.《合成树脂乳液砂壁状建筑涂料》(JG/T 24—2000)
69.《复层建筑涂料》(GB/T 9779—2015)
70.《合成树脂装饰瓦》(JG/T 346—2011)
71.《种植屋面耐根穿刺防水卷材》(JC/T 1075—2008)
72.《自粘聚合物改性沥青防水卷材》(GB 23441—2009)
73.《聚氨酯防水涂料》(GB/T 19250—2003)
74.《建筑用硅酮结构密封胶》(GB 16776—2005)
75.《聚合物水泥防水涂料》(GB/T 23445—2009)
76.《土工合成材料现场鉴别标识》(GB/T 14798—2008)
77.《土工合成材料应用技术规范》(GB 50290—2014)
78.《电线电缆识别标志方法 第2部分：标准颜色》[GB 6995.2—2008(T)]

图 2-2 石材饰面板表面处理

图 2-5 天然花岗石常用品种

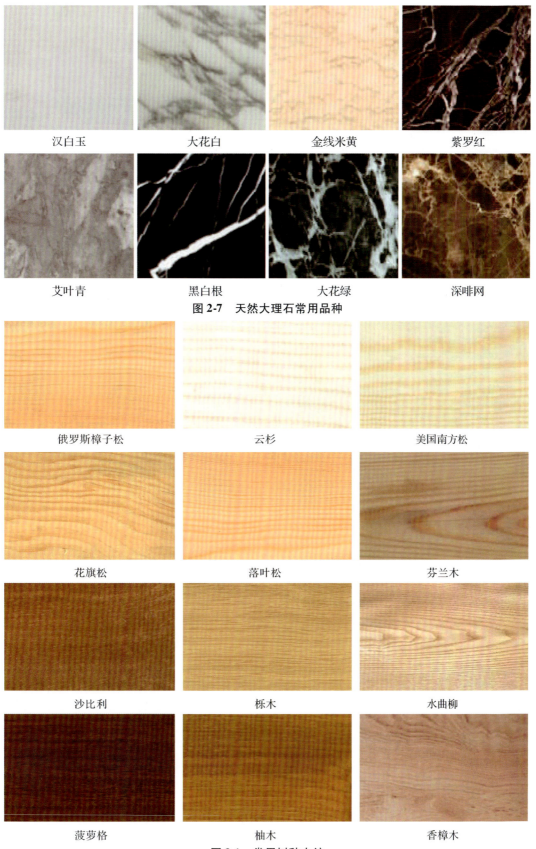

图 2-7　天然大理石常用品种

图 3-1　常用树种木纹

图 10-29　常见假山石材